国 家 级 职 业 教 育 规 划 教 材
人力资源和社会保障部职业能力建设司推荐
高等职业技术院校机电一体化技术专业任务驱动型教材

自动化生产线设备装调诊断技术

人力资源和社会保障部教材办公室组织编写

主 编 李 健

中国劳动社会保障出版社

简介

本书以在全国职业技术院校“自动化生产线装调与诊断”课程中得到广泛应用的教学设备与实训平台YL—335自动化生产线为载体，按照自动化生产线的不同单元分6个模块介绍。每个模块按照单元的认知、机械安装、气动控制回路连接与调试、电气控制回路连接与调试、PLC程序的编写与调试分为若干个任务。主要内容包括：供料单元的安装、调试与编程，加工单元的安装、调试与编程，装配单元的安装、调试与编程，分拣单元的安装、调试与编程，输送单元的安装、调试与编程，自动生产线系统整体控制。

本书由武汉职业技术学院李健主编，姜新桥参编，天津中德职业技术学院杨健主审。

图书在版编目(CIP)数据

自动化生产线设备装调诊断技术/李健主编. —北京：中国劳动社会保障出版社，2013
高等职业技术院校机电一体化技术专业任务驱动型教材
ISBN 978-7-5167-0608-4

Ⅰ.①自… Ⅱ.①李… Ⅲ.①自动生产线-设备安装-高等职业教育-教材②自动生产线-调试方法-高等职业教育-教材③自动生产线-故障诊断-高等职业教育-教材 Ⅳ.①TP278.06

中国版本图书馆CIP数据核字(2013)第224359号

中国劳动社会保障出版社出版发行
（北京市惠新东街1号 邮政编码：100029）

*

北京谊兴印刷有限公司印刷装订 新华书店经销
787毫米×1092毫米 16开本 15.5印张 357千字
2013年9月第1版 2021年5月第7次印刷
定价：29.00元

读者服务部电话：(010) 64929211/84209101/64921644
营销中心电话：(010) 64962347
出版社网址：http://www.class.com.cn
http://jg.class.com.cn

前言

为了更好地满足企业对机电一体化技术专业高技能人才的需求，全面提升教学质量，人力资源和社会保障部教材办公室组织全国有关院校的一线教学专家、企业技术专家，在充分调研企业生产实际和学校教学需求的基础上，精心编写了高等职业技术院校机电一体化技术专业教材。本套教材紧紧围绕机电产品装调、机电产品维护、机电产品技改等岗位的要求，参照《国家职业标准·维修电工》《国家职业标准·装配钳工》《国家职业标准·数控机床装调维修工》等国家职业标准，以及企业机电一体化设备装调、维护、技改的基本工作流程，确定以机电产品装调能力、机电产品维护能力、机电产品技改能力培养为主要教学目标。

本套教材选用数控机床设备及自动化生产线设备这两类常用的机电一体化设备作为主要教学载体，并通过三个阶段实现对机电一体化产品的装调、维护、技改能力的培养。

第一阶段为基础通用能力培养。主要通过《机械制图与 AutoCAD 绘图》《机电电路制图与 CAD 绘图》《机械基础》《装配钳工技术》《电工电子技术》《机械制造技术》的教学，使学生能读懂机电一体化设备的机械结构图样、电气与电子电路图样并具备一定的图样绘制能力，能进行常用机械结构、电气与电子电路的装调、维护、技改工作，以及掌握检验机床设备加工精度的基本机械加工技术。

第二阶段为分系统装调、维护、技改能力培养。主要通过《气动液压传动技术》（机械运动系统），《电机控制技术》（伺服拖动系统），《传感器应用技术》（信号检测系统），《PLC 应用技术》《单片机应用技术》（电气控制系统）的教学，使学生能够熟练地进行对应分系统的装调、维护、技改工作。

第三阶段为全系统装调、维护、技改能力培养。在具备基础通用能力以及分系统装调、维护、技改能力的基础上，主要通过《数控设备装调诊断技术》《自动化生产线设备装调诊断技术》的教学，使学生能熟练地进行机电一体化设备的全系统装调、维护、技改工作。

在教材内容的组织上，采用任务驱动的编写思路。在教材的每一单元，首先提出具体的学习任务，使学生明确目标，产生学习的积极性；然后结合具体实例，讲解完成任务所需要的相关知识，使学生的认识由感性上升到理性；在任务实施环节，详细介绍完成任务的步骤和注意事项，使学生能够顺利完成任务，增强学生的成就感。

为方便教学，本套教材均配有免费电子课件，可在中国人力资源和社会保障出版集团网站（www.class.com.cn）下载。其中《机械制图与 AutoCAD 绘图》《机械基础》《电工电子技术》《机械制造技术》《气动液压传动技术》等专业基础课还配有习题册。

在本套教材的编写过程中，得到了有关省市人力资源和社会保障部门、高等职业技术院校和相关企业的大力支持，教材的编审人员做了大量的工作，在此表示衷心的感谢！同时，恳切希望广大读者对教材提出宝贵的意见和建议。

人力资源和社会保障部教材办公室

2012 年 6 月

目录

模块一 供料单元的安装、调试与编程

自动化生产线是现代工业的生命线。机械制造、电子信息、石油化工、轻工纺织、食品、制药、汽车制造以及军工生产等现代工业的发展都离不开自动化生产线。

自动化生产线是在流水线和自动化专机的功能基础上逐渐发展形成的自动工作的机电一体化装置系统。它通过自动化输送系统及其他辅助装置，按照特定的生产流程，将各种自动化专机连接成一体，并通过气动、液压、电动机、传感器和电气控制系统使各部分联合动作，使整个系统按照规定的程序自动地工作，连续、稳定地生产出符合技术要求的特定产品。这种自动工作的机电一体化系统即为自动化生产线。

本书以 YL—335 自动化生产线为例讲解。YL—335 自动化生产线是在全国职业技术院校得到广泛应用的教学设备与实训平台，它可以模拟与实际生产情况十分接近的控制过程。

YL—335 自动化生产线由安装在铝合金导轨式实训台上的供料单元、加工单元、装配单元、成品分拣单元、输送（搬运）单元共 5 个工作单元及一些辅助模块组成，其外观如图 1—0—1 所示。这 5 个工作单元构成一个典型的自动生产线的机械平台，系统各机构采用了气动驱动、变频器驱动和步进电动机或伺服电动机位置控制等技术。系统的控制方式采用每一个工作单元由一台 PLC 承担其控制任务，各 PLC 之间通过 RS485 串行通信实现互连的分布式控制方式。其中，每一个工作单元都可自成一个独立的系统来进行本地控制，同时 5 个工作单元又可构成一条自动生产线由 PLC 网络主站进行整体控制。

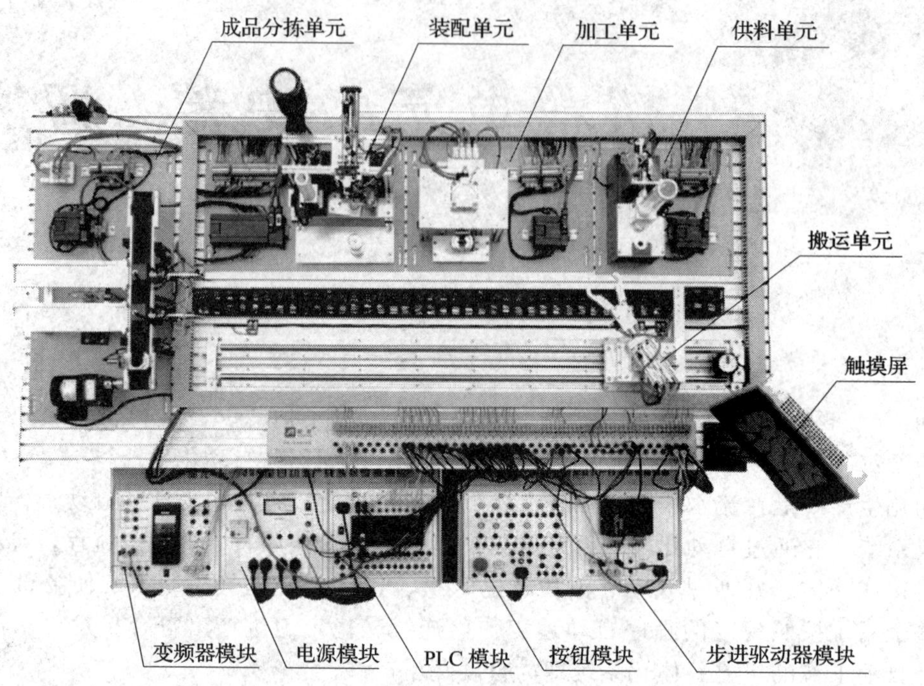

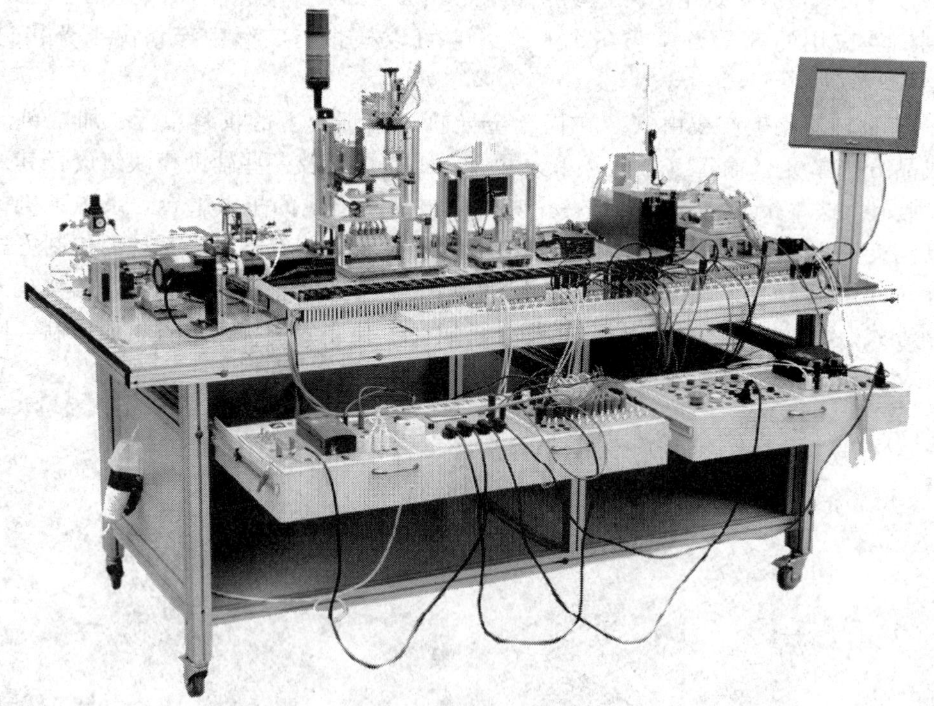

图 1—0—1　YL—335 自动化生产线外观

任务1　供料单元结构与功能的认知

知识点

◎ 供料单元结构与功能的认知

◎ 供料单元中所用传感器的认知

◎ 供料单元中气动元件的认知

任务提出

供料单元是自动生产线中的起始单元，用于向系统中的其他单元提供原料，即自动上料系统。供料单元主要应用了气动控制技术、机械技术、传感器应用技术、PLC 控制技术。

本任务是认知 YL—335 自动化生产线供料单元的结构与功能。

任务分析

要完成本任务，需要学习传感器、PLC 和气动控制等技术的基础知识，了解供料单元的工作过程。

任务实施

一、供料单元的结构和功能

供料单元具体的功能是按照需要将放置在料仓中的待加工工件（原料）自动地推出到物料台上，以便输送单元的机械手将其抓取，输送到其他单元。

供料单元的主要结构组成为：工件推出与支撑（包括大工件装料箱、推出气缸、夹紧气缸、磁性开关、漫反射光电传感器）、电磁阀组、端子排组件、PLC、底板等，如图 1—1—1 所示。

供料单元的功能部分核心结构为工件推出与支撑部分，如图 1—1—2 所示。该部分用于储存工件原料，并在需要时将大工件装料箱（俗称料仓）中最下层的工件推出到落料支撑板（俗称物料台）上。

该部分的工作原理是：工件垂直叠放在大工件装料箱中，推出气缸处于大工件装料箱的底层并且其活塞杆可从大工件装料箱的底部通过。当活塞杆在退回位置时，它与最下层工件处于同一水平位置，而夹紧气缸则与次下层工件处于同一水平位置。在需要将工件推出到落料支撑板上时，首先使夹紧气缸的活塞杆推出，压住次下层工件；然后使推出气缸活塞杆推出，从而把最下层工件推到落料支撑板上。在推出气缸返回并从大工件装料箱底部抽出后，再使夹紧气缸返回，松开次下层工件。这样，大工件装料箱中的工件在重力的作用下，就自动向下移动一个工件，为下一次推出工件做好准备。

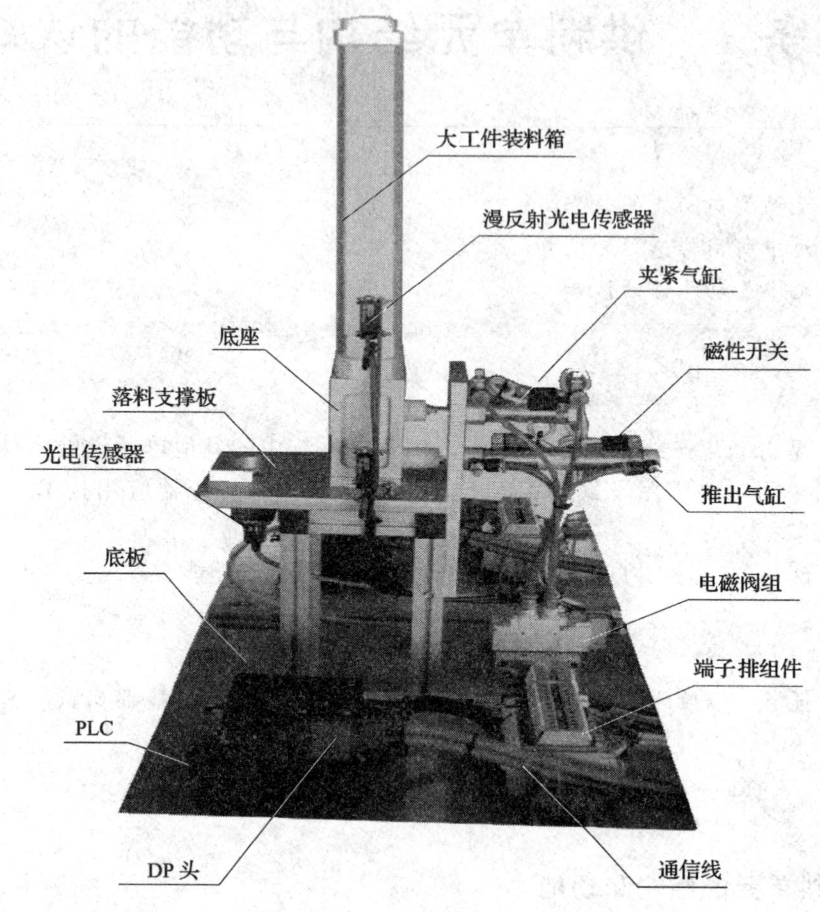

图 1—1—1　供料单元

二、供料单元中的传感器

供料单元中使用的传感器都是接近传感器，它利用传感器对所接近的物体具有的敏感特性来识别物体的接近，并输出相应开关信号，因此，接近传感器通常也称为接近开关。

接近传感器有多种检测方式，包括利用电磁感应引起检测对象的金属体中产生涡电流的方式、捕捉检测体的接近引起电气信号的容量变化的方式、利用磁石和引导开关的方式、利用光电效应和光电转换器件作为检测元件等。下面主要介绍本单元中所使用的漫反射光电传感器和磁性开关。

1．漫射式光电传感器（漫射式光电接近开关）

由供料单元结构图可知，在底座和装料管第 4 层工件位置，分别安装了一个漫射式光电传感器。它们的功能是检测大工件装料箱中有无储料或储料是否足够。漫射式光电接近传感器是利用光照射到被测物体上后反射回来的光线来工作的，由于物体反射的光线为漫射光，故称为漫射式光电接近开关。它由光源（发射光）和光敏元件（接收光）两个部分组成，它的光发射器与光接收器处于同一侧位置，且为一体化结构。在工作时，光发射器始终发射检

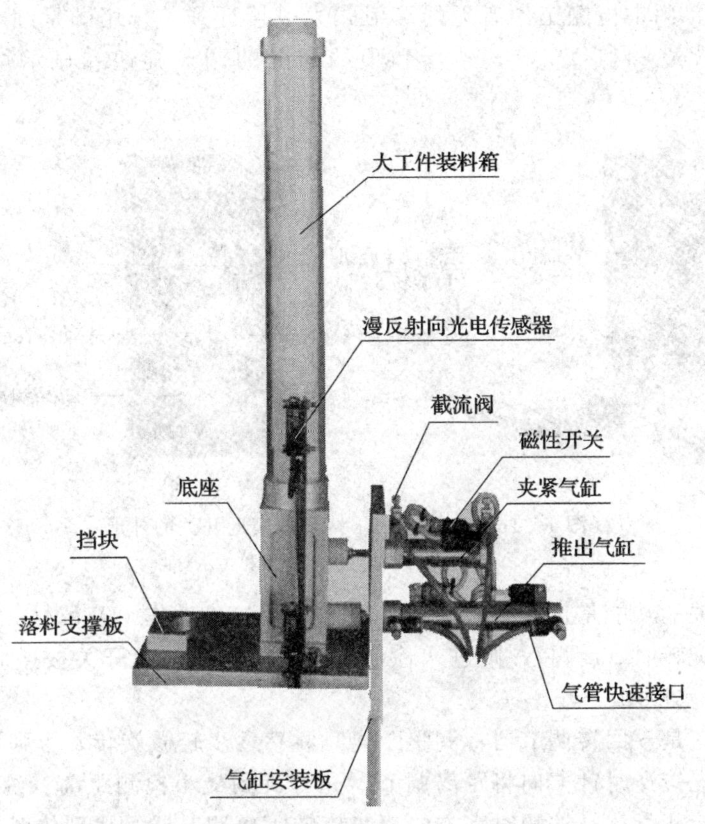

图 1—1—2　工件推出与支撑及漏斗部分

测光，若接近开关前方一定距离内没有物体，则没有光被反射到接收器，接近开关处于常态而不动作；反之若接近开关的前方一定距离内出现物体，只要反射回来的光强度足够，则接收器接收到足够的漫射光就会使接近开关动作而改变输出的状态。图 1—1—3 为漫射式光电接近开关的工作原理示意图。

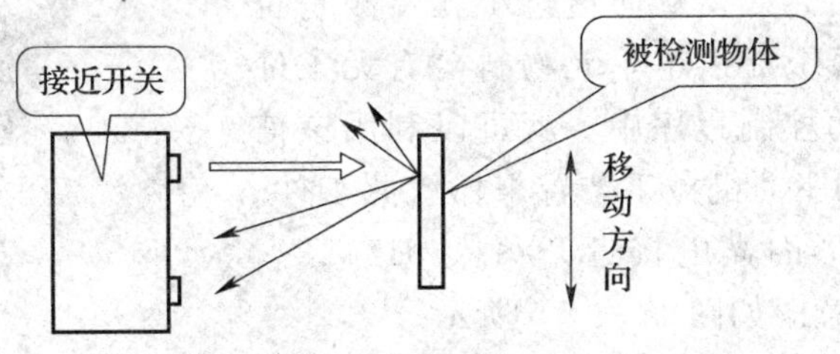

图 1—1—3　漫射式光电接近开关的工作原理

由此可见，若该部分机构内没有工件，则处于底层和第 4 层位置的两个漫射式光电接近开关均处于常态；若仅在底层起有 3 个工件，则底层处光电接近开关动作而第 4 层处光电接近开关为常态，表明工件已经快用完了。这样，大工件装料箱中有无储料或储料是否足够，就可用这两个光电接近开关的信号状态反映出来。在控制程序中，就可以利用该信号状态来判断底座和大工件装料箱中储料的情况，为实现自动控制奠定了硬件基础。

供料单元中，用来检测工件有无的漫射式光电接近开关选用的是细小光束且放大器内置型光电开关（CX—411 型），其外形和顶端面上的调节旋钮和显示灯如图 1—1—4 所示。

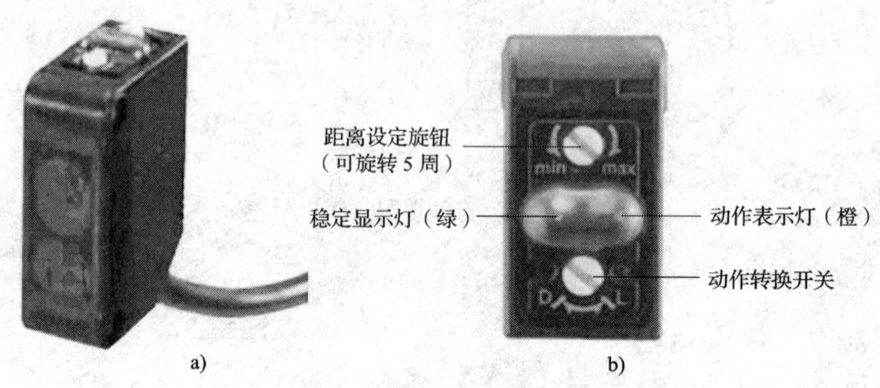

图 1—1—4　CX—411 型光电接近开关的外形

a）整体外形　b）顶端旋钮和显示灯

动作转换开关的功能是选择受光动作（Light）或遮光动作（Drag）模式。即当此开关按顺时针方向充分旋转时（L 侧），则进入检测－ON 模式；当此开关按逆时针方向充分旋转时（D 侧），则进入检测－OFF 模式。

距离设定旋钮是 5 回转调节器，调整距离时注意逐步轻微旋转，否则调节器会空转。调整的方法是，首先按逆时针方向将距离调节器充分旋到最小检测距离（约 20 mm），然后根据要求距离放置检测物体，按顺时针方向逐步旋转距离调节器，找到传感器进入检测条件的点；拉开检测物体距离，按顺时针方向进一步旋转距离调节器，找到传感器再次进入检测状态，一旦进入，向后旋转距离调节器直到传感器回到非检测状态的点。两点之间的中点为稳定检测物体的最佳位置。

被推料缸推出的工件将落到物料台上。物料台上面开有小孔，物料台下面也设有一个漫射式光电接近开关，工作时向上发出光线，从而透过小孔检测是否有工件存在，以便向系统提供本单元物料台有无工件的信号。在输送单元的控制程序中，就可以利用该信号状态来判断是否需要驱动机械手装置来抓取此工件。该光电开关选用圆柱形的光电接近开关（MHT15—N2317 型），其外形示意图如图 1—1—5 所示。

图 1—1—5　MHT15—N2317 型光电接近开关

2．磁感应接近开关（磁性开关）

从供料单元结构图可见，气缸两端分别有缩回限位和伸出限位两个极限位置，这两个极限位置都分别装有一个磁感应接近开关（也叫做磁性开关）。磁性开关的基本工作原理是：当有磁性物质接近时，磁性开关便会动作，并输出信号。若在气缸的活塞（或活塞杆）上安装上磁性物质，在气缸缸筒外面的两端位置各安装一个磁性开关，就可以用这两个磁性开关分别标识气缸运动的两个极限位置。当气缸的活塞杆运动到哪一端时，该端的磁性开关就动作并发出电信号。在PLC的自动控制中，可以利用该信号判断推料及顶料缸的运动状态或所处的位置，以确定工件是否被推出或气缸是否返回。在磁性开关上设置有LED用于显示它的信号状态，供调试时使用。磁性开关动作时，输出信号“1”，LED亮；不动作时，输出信号“0”，LED不亮。磁性开关的安装位置可以调整，调整方法是松开磁性开关的紧定螺栓，让它顺着气缸滑动，到达指定位置后，再旋紧紧定螺栓。磁性开关有蓝色和棕色2根引出线，使用时蓝色引出线应连接到PLC输入公共端，棕色引出线应连接到PLC输入端子。磁性开关的内部电路如图1—1—6虚线框内所示，为了防止实训时接线错误损坏磁性开关，YL—335生产线上所有磁性开关的棕色引出线都串联了电阻和二极管支路。因此，使用时若引出线极性接反，该磁性开关不能正常工作。

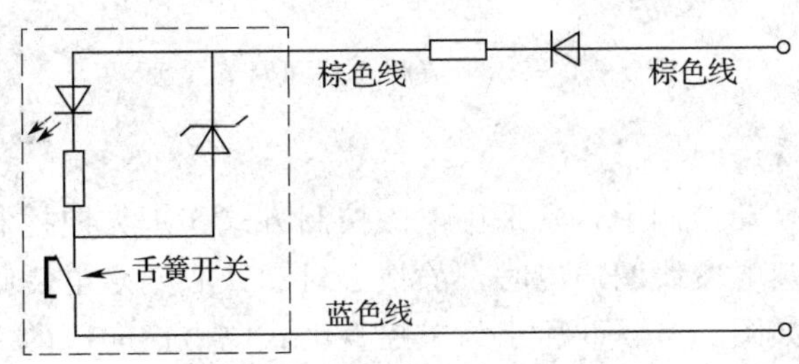

图1—1—6 磁性开关内部电路

三、供料单元中的气动元件

1. 气缸

在供料单元中，安装了夹紧气缸与推出气缸。如图1—1—7所示为安装了带快速接头的限出型气缸节流阀的气缸外观。为了使气缸的动作平稳可靠，气缸的作用气口都安装了限出型气缸节流阀。气缸节流阀的作用是调节气缸的动作速度。节流阀上带有气管的快速接头，只要将合适外径的气管往快速接头上一插就可以将气管连接好，使用时十分方便。

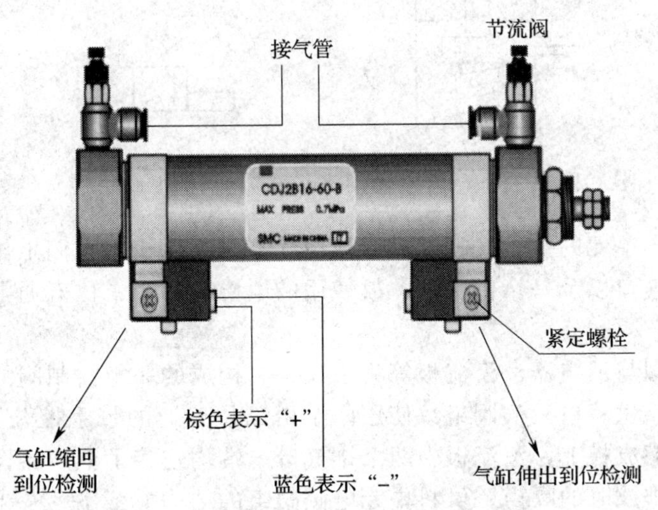

图1—1—7 安装上气缸节流阀的气缸

图 1—1—8 所示为一个双动气缸装有两个限出型气缸节流阀的连接和调节原理。当调节节流阀 A 时，可调整气缸的伸出速度；当调节节流阀 B 时，可调整气缸的缩回速度。这种控制方式，活塞运行稳定，是最常用的控制方式。

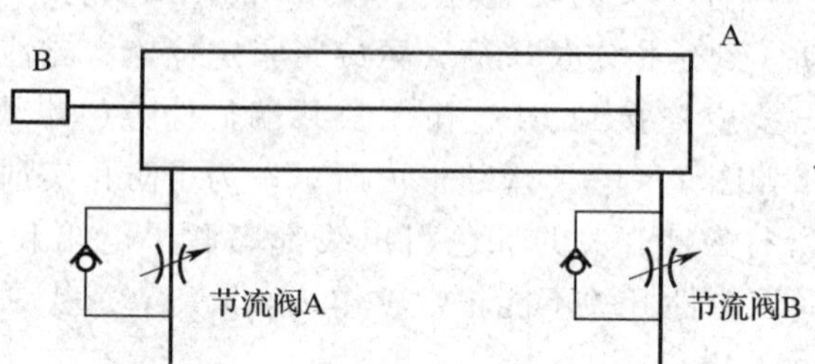

图 1—1—8 节流阀连接和调节原理

2. 电磁换向阀

在气缸的气流方向自动控制中，常采用电磁控制方式实现方向控制，称为电磁换向阀。

电磁换向阀是利用其电磁线圈通电时，静铁心对动铁心产生电磁吸力使阀芯切换，达到改变气流方向的目的。如图 1—1—9 所示为单控直动式电磁换向阀的工作原理，图中为电磁铁断电状态，弹簧的作用是导通 A、T 通道，封闭 P 通道；当电磁铁通电时，压缩弹簧导通 P、A 通道，封闭 T 通道。

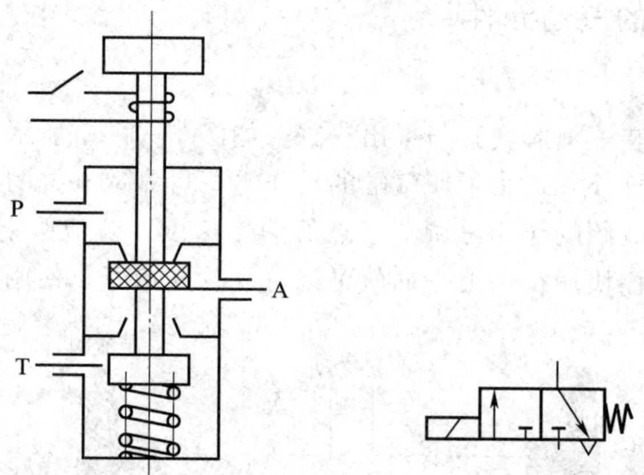

图 1—1—9 单控直动式电磁换向阀的工作原理

本系统各个工作单元的执行气缸都是双作用气缸，因此控制它们工作的电磁阀需要有两个工作口和两个排气口以及一个供气口，故使用的电磁阀均为二位五通电磁阀。

3. 电磁阀组

阀组是将多个阀与消声器、汇流板等集中在一起构成的一组控制阀的集成，而每个阀的功能是彼此独立的。供料单元的阀组只使用两个由二位五通的带手控开关的单电控电磁阀，两个阀集中安装在汇流板上，汇流板中两个排气口末端均连接了消声器，消声器的作用是减少压缩空气向大气排放时的噪声。供料单元电磁阀组的结构如图 1—1—10 所示。

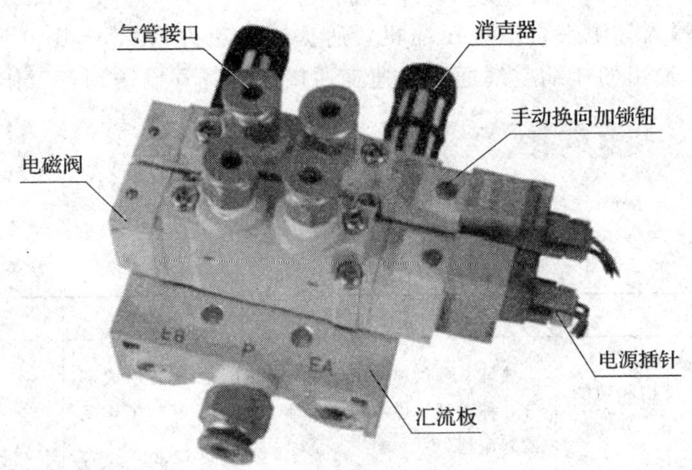

图 1—1—10　供料单元的电磁阀组

本单元的两个阀分别对顶料气缸和推料气缸进行控制，以改变各自的动作状态。本单元所采用的电磁阀，带手动换向加锁钮，有锁定（LOCK）和开启（PUSH）两个位置。用小旋具把加锁钮旋到 LOCK 位置时，手控开关向下凹进去，不能进行手控操作。只有在 PUSH 位置，才可用工具向下按。信号为“1”，等同于该侧的电磁信号为“1”；常态时，手控开关的信号为“0”。在进行设备调试时，可以使用手控开关对阀进行控制，从而实现对相应气路的控制，以改变推料缸等执行机构的运动，达到调试的目的。

4．气源处理装置

YL—335 系统的气源处理组件及其回路原理如图 1—1—11 所示。气源处理组件是气动控制系统中的基本组成器件，它的作用是除去压缩空气中所含的杂质及凝结水，调节并保持恒定的工作压力。在使用时，应注意经常检查过滤器中凝结水的水位，在超过最高标线以前，必须排放，以免被重新吸入。气源处理组件的气路入口处安装一个快速气路开关，用于启/闭气源，当把气路开关向左拔出时，气路接通气源，反之把气路开关向右推入时气路关闭。

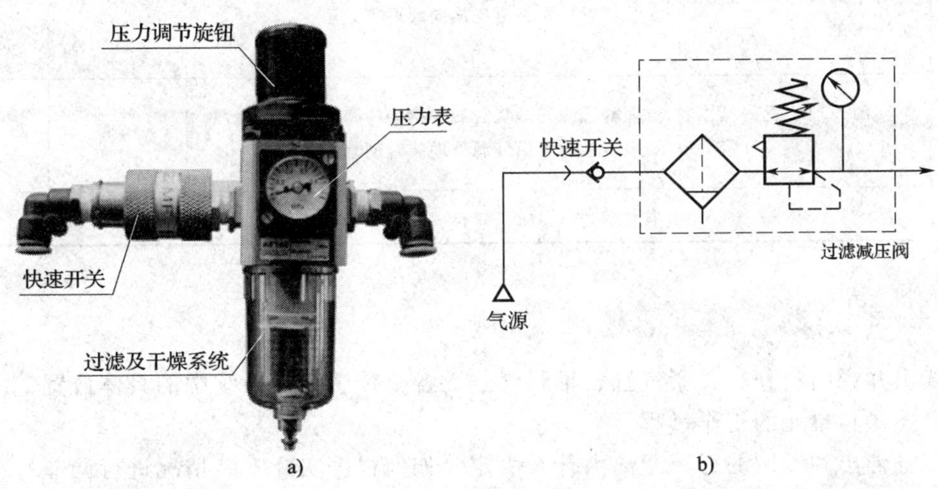

图 1—1—11　气源处理组件

a）气源处理组件实物　b）气动原理

气源处理组件输入气源来自空气压缩机，所提供的压力为0.6～1.0 MPa，输出压力为0～0.8 MPa可调。输出的压缩空气通过快速三通接头和气管输送到各工作单元。

任务评价

评分标准见表1—1—1。

表1—1—1　　评分标准

序号	考核内容	评分标准	配分	得分
1	供料单元结构和功能的认知	熟练掌握供料单元的基本结构，知晓各组成部分名称；理解供料单元基本功能，了解其工作及控制流程	40	
2	漫反射光电传感器工作原理和调节方法的认知	掌握漫反射光电传感器工作原理；能够对其灵敏度进行调节；能够指出其在供料单元中的安装位置	10	
3	磁感应接近开关工作原理和安装方法的认知	掌握磁感应接近开关工作原理；掌握其基本安装方法；能够指出其在供料单元中的安装位置	10	
4	普通气缸结构和调节方法的认知	能够指出本单元所用气缸的安装位置；理解各气缸在系统中所起的作用；了解气缸的基本结构	10	
5	电磁换向阀工作原理的认知	掌握电磁换向阀基本工作原理；能够合理选用适合本单元的电磁换向阀	10	
6	供料单元电磁阀组结构与电磁换向阀调节方法的认知	掌握电磁阀组基本结构；知晓本单元电磁阀组安装位置；掌握电磁换向阀调节方法	10	
7	气源处理装置的基本认知	理解气源处理装置的基本结构和简单工作原理；知晓本系统所用气源处理装置型号	10	
合计总分			100	

思考与练习

1. 找出并说明料仓、夹紧气缸、推料气缸、各个传感器在系统中的具体位置。
2. 简述供料单元的工作过程。
3. 气缸伸出和缩回的行程距离由什么决定？如何根据实际安装情况进行调节？

任务 2　供料单元的机械安装

技能点

◎ 机械装配和操作技能

◎ 常用装配工具、检测工具的使用

知识点

◎ 供料单元的机械结构组成

◎ 供料单元机械安装步骤和方法

◎ 铝合金框架的基本安装方法

任务提出

供料单元的机械结构按照功能可以分为铝合金型材支撑架、物料台及料仓底座、推料机构三个部分。除了机械部件之外，还有一些配合机械动作的气动元件和传感器。

本任务要求在底板上完成 YL—335 自动生产线供料单元各机械结构的安装，同时要求将本单元电气控制中所使用的电磁阀组、PLC、接线端子排也固定安装在底板上。

任务分析

要完成本任务，需要具备机械安装的基础知识，掌握常用装配工具包括内六角扳手、螺钉旋具组件、呆扳手等的使用技能以及常用检测工具，如条式水平仪和铸铁直角铁的使用技能。

相关知识

一、常用装配工具的认知

常用的装配工具与检测工具在前期课程“装配钳工技术”中会有详细介绍，此处简单列出该任务中所需要用到的工具，见表 1—2—1。

表 1—2—1　　常用的装配与检测工具

名　称	作　用
内六角扳手	1. 旋紧连接各零部件的内六角螺栓 2. 将部件固定于工作台上 3. 调整带轮的张紧度
螺钉旋具组件	1. 旋紧紧固螺钉和磁感应接近开关等调整螺钉 2. 旋紧导线的压紧端子 3. 调整传感器的安装位置、检测距离与检测范围

续表

名　称	作　用
呆扳手	安装、调节气缸和传感器
条式水平仪	铝合金支撑架以及传送带水平测量
铸铁直角铁	铝合金支撑架与工作台面的垂直度

二、铝合金框架的安装方法

1. 根据铝合金支架的结构形状，计算好所需要的预置螺母的数量（包括安装支架和安装连接件、传感器等附件的预置螺母），如果螺母的数量不足，那么后续的安装工作将无法完成。

2. 将预置螺母按照图 1—2—1 所示的方法沿铝合金型材的槽从端部推入，每根铝型材中放置的预制螺母的数量要足够。

3. 用内六角螺栓穿过压铸角铝的定位孔，在预置螺母上旋转几圈，不要旋得太紧，以便于定位。

4. 将预置螺母连同螺栓和角铝一起，移动到需要安装连接的位置进行初步定位连接，连接方式主要有角连接和 T 形连接。

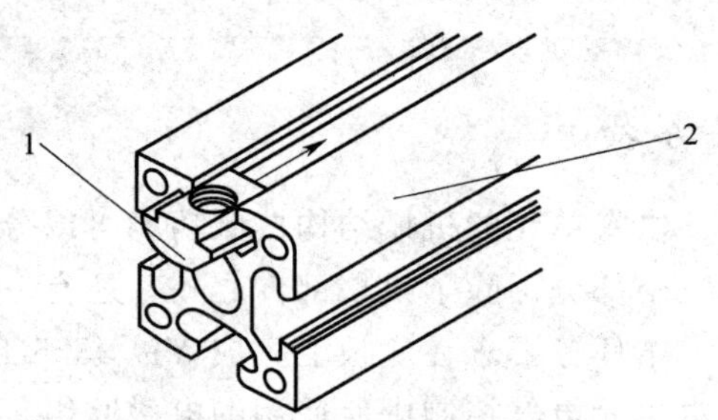

图 1—2—1　预置螺母的安放

1—预置螺母　2—铝合金型材

5. 按照铝合金框架的几何结构选择合适的连接方式进行初步定位连接，螺栓不要旋得太紧，以便于后续调整。

6. 经过反复测量，不断调整铝合金型材安装位置高度以及相互之间的垂直关系。按照装配要求调整好安装位置及水平、垂直关系，然后将所有螺栓旋紧。

7. 在铝合金框架装配、组装完成之后用塑料端盖将铝合金型材端部盖好并压紧，以免铝合金型材边缘伤人。

任务实施

一、准备工作

在进行安装之前，应在教师指导下，通过先导任务的学习，熟悉本单元的功能和动作过程，熟悉本单元各组成结构，初步建立整体安装思路。

二、机械安装

按照“零件→组件→组装”的思路，首先将各个零件安装成组件，然后进行组装。所组合成的供料单元组件包括铝合金型材支撑架组件、物料台及料仓底座组件和推料机构组件，如图 1—2—2 所示。

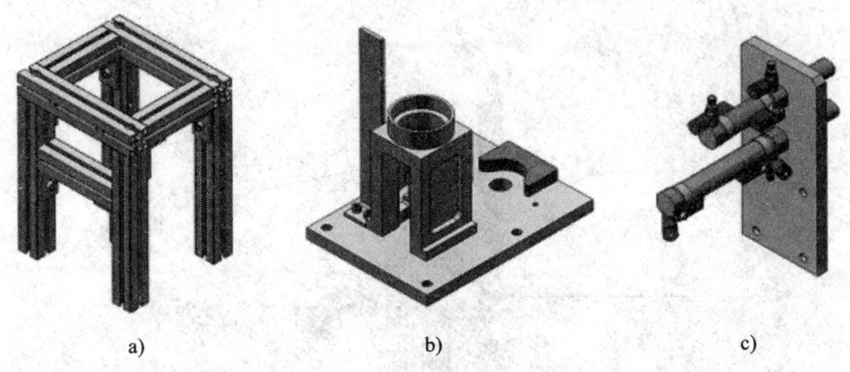

图 1—2—2　供料单元组件

a）铝合金型材支撑架组件　b）物料台及料仓底座组件　c）推料机构组件

1. 铝合金型材支撑架组件的安装

铝合金型材支撑架组件的安装方法按照前述铝合金框架的安装方法进行，按照图 1—2—3 所示的结构组成与安装过程来完成。

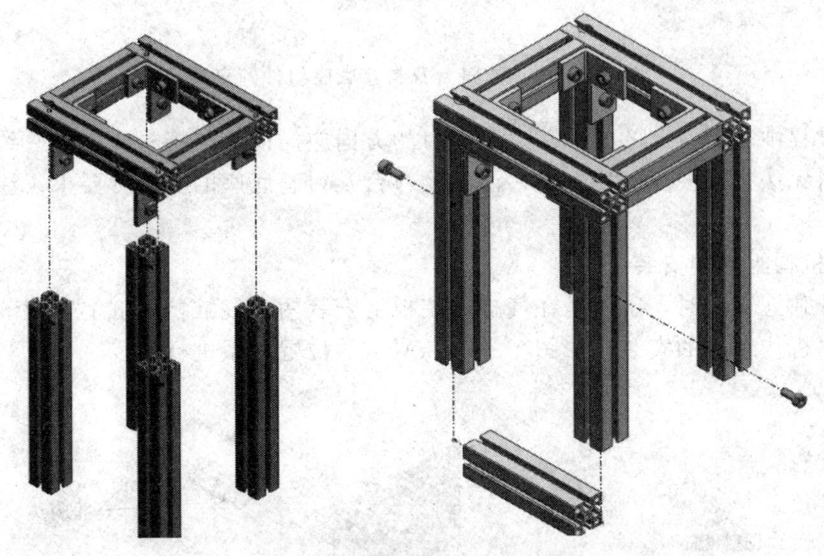

图 1—2—3　铝合金型材支撑架的结构组成与安装过程

在安装过程中，必须注意安装的顺序，以免先安装部分对后安装部分造成机械干涉，造成无法安装，从而因返工耽误装配的时间。一定要计算好铝合金型材支撑架各处所用螺母的个数，并在相应位置的 T 形槽内预先放置足够数量的螺母，否则将造成无法安装或安装不可靠。装配型材支撑架时，注意调整好各条边的平行度及垂直度，然后再锁紧螺母。铝合金型材支撑架上的螺栓一般是具有空间对称结构的成组螺栓，锁紧螺栓时一定要按成组螺栓的“对角线”装配，以免造成局部应力集中，长时间会影响铝合金型材的形状。

2. 物料台及料仓底座组件的安装

在本组件独立安装时，首先把传感器支架安装在物料台下方，在上方安装料仓底座。然后安装另外两个传感器的支架。物料台及料仓底座组件的安装按照图 1—2—4 所示的位置关系进行。

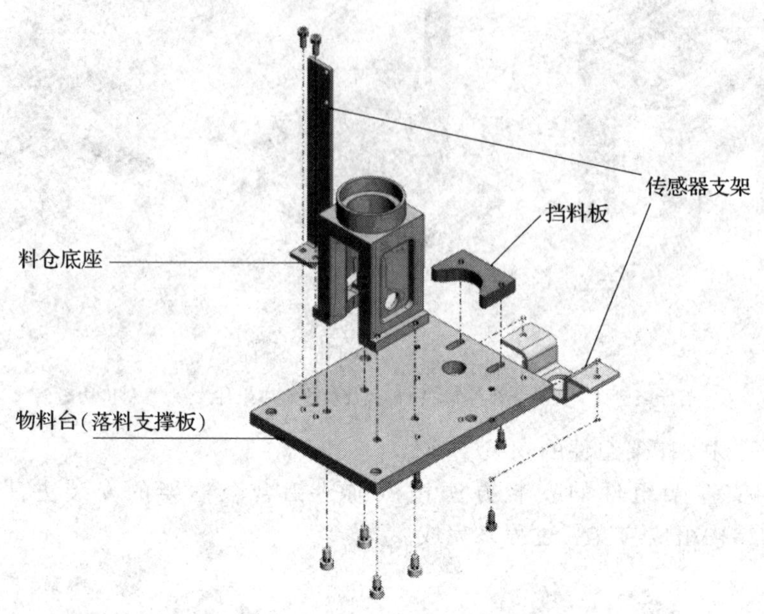

图 1—2—4 物料台及料仓底座组件的安装

在安装过程中需要注意的是：注意出料口的方向应向前，与挡料板方向一致，否则会造成工作时物料无法推出甚至破坏气缸；注意物料台及料仓底座的垂直度要求；注意连接螺栓的安装顺序。

3．推料机构组件的安装

在本组件独立安装时，主要是在气缸安装板上安装两个气缸，气缸上安装节流阀，安装推料头。推料机构组件的安装按照图 1—2—5 所示的位置关系进行。

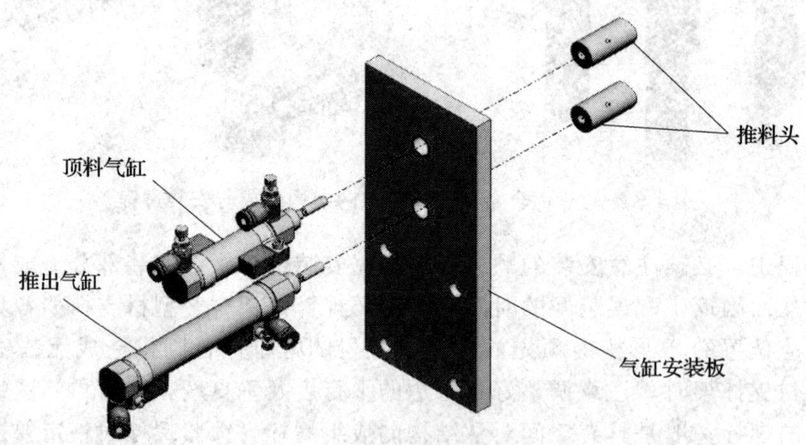

图 1—2—5 推料机构组件的安装

在安装过程中需要注意的是：注意出料口的方向应向前，与挡料板方向一致；推料位置要手动调整推料气缸或者挡料板位置螺栓，否则位置不到位将引起工件推偏。

4．总体组装

将铝合金型材支撑架组件、物料台及料仓底座组件和推料机构组件按照图 1—2—6 所示的位置关系组装在一起。首先将物料台及料仓底座组件整体安装在落料支撑架上。要注意支撑架的横架方向是在后面，螺钉先不要拧紧，方向不能反。接着安装推料机构组件，将装有推料机构的气缸支撑板固定在落料板支撑架上，再将支撑架的螺钉拧紧。最后将以上整体安装到底板上，并固定于工作台上，在工作台第 4 道、第 10 道槽口安装螺钉固定。

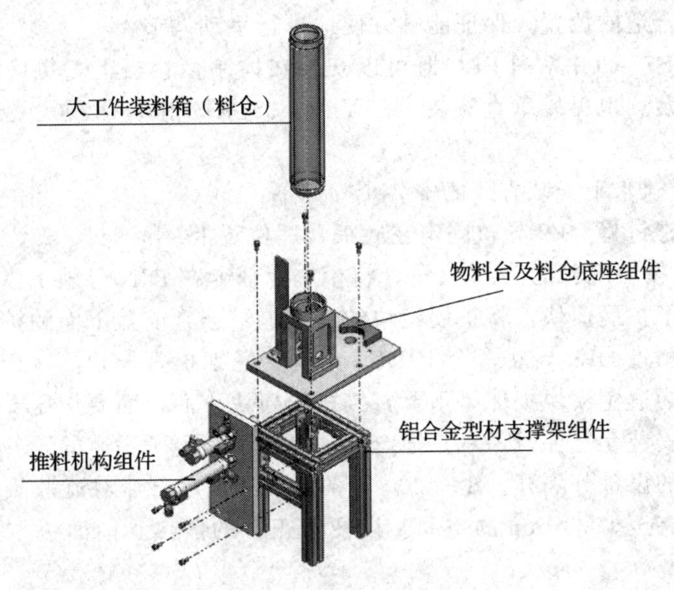

图 1—2—6　总体组装

5．安装大工件装料箱（料仓）

把大工件装料箱垂直插入到料仓底座内，确保安装牢固且垂直无晃动。

6．传感器的安装

（1）磁性开关的安装

磁性开关的安装位置可以调整，调整方法是松开磁性开关的紧定螺栓，让它顺着气缸滑动，到达指定位置后，再旋紧紧定螺栓。夹紧气缸只要把工件夹紧即可，因此行程很短，因此它上面的 2 个磁性开关几乎靠在一起。如果磁性开关安装位置不当，会影响控制过程。目前只是进行传感器的初步位置安装，必须等待系统进行电气回路调试时再进行精确的调整。

（2）漫射式光电开关的安装

底座和装料管安装的光电开关，若该部分机构内没有工件，光电开关上的指示灯不亮；若在底层起有 3 个工件，底层处光电开关亮，而第 4 层处光电接近开关不亮；若在底层起有 4 个工件或者以上，2 个光电开关都亮。否则调整光电开关位置或者光强度。

物料台开有小孔，物料台下面也设有一个光电开关，工作时向上发出光线，从而透过小孔检测是否有工件存在，以便向系统提供本单元物料台有无工件的信号。在输送单元的控制程序中，就可以利用该信号状态来判断是否需要驱动机械手装置来抓取此工件。该光电开关选用圆柱形的光电接近开关（MHT15—N231 型）。需要注意的是：所用工件中心也有个小孔，调整传感器位置时，防止传感器发出光线透过工件中心小孔而没有反射，从而引起误动作。同样，目前也只是进行光电开关的初步位置安装，必须等待系统进行电气回路调试时再进行精确的调整。

7. 电磁阀组、PLC、接线端子排的固定安装

电磁阀组和接线端子排的安装较为简单，采用紧固螺钉将它们固定在底板合适位置上即可。需要注意的是本单元所用的电磁阀如前所述可以使用手控开关进行控制，从而实现对相应气路的控制，以改变推出气缸等执行机构的控制，从而达到调试目的。因此在进行电磁阀组的安装时应选择合适的位置，保证能够方便地进行手动调节。

本单元所用的 S7—200 系列 PLC 既可以安装在控制柜背板上，也可以安装在标准导轨上；既可以水平安装，也可以垂直安装。在 YL—335 系统中 S7—200 系列 PLC 采用 DIN 导轨水平安装的方式。

PLC 的 DIN 导轨水平安装方式的安装步骤如下：

（1）先用紧固螺钉将 DIN 导轨固定在底板合适位置上。

（2）打开 PLC 模块底部的 DIN 夹子，将模块背部卡在 DIN 导轨上。

（3）如果使用了扩展模块，将扩展模块的扁平电缆连到前盖下面的扩展口。

（4）旋转模块贴近 DIN 导轨，合上 DIN 夹子。仔细检查模块上 DIN 夹子与 DIN 导轨是否紧密固定好。为避免模块损坏，不要直接按压模块正面，而要按压安装孔的部分。

按照惯例，在安装元器件时，总是把产生高电压和高电子噪声的设备与诸如 S7—200 这样的低压、逻辑型的设备分隔开。S7—200 设备的设计采用自然对流散热方式，在器件的上方和下方都必须留有至少 25 mm 的空间，以便于正常的散热。前面板与背板的板间距离也应保持至少 75 mm。

任务评价

评分标准见表 1—2—2。

表 1—2—2　　评分标准

序号	考核内容	评分标准	配分	得分
1	职业素养与安全意识	现场操作安全保护符合安全操作规程；工具摆放、包装物品等的处理符合职业岗位的要求	10	
2	团队协作与敬业精神	团队有分工、有合作，配合紧密；遵守纪律，尊重教师，爱惜设备和器材，保持工位的整洁	10	
3	铝合金型材支撑架组件的安装	按时按要求完成安装工作；安装牢固无松动现象；定位精确；型材相互之间位置关系符合要求；各螺栓旋紧力平均，无局部应力集中现象	15	
4	物料台及料仓底座组件的安装	按时按照位置关系完成安装工作；安装牢固无松动现象；出料口的方向与挡料板方向一致；物料台及料仓底座的垂直度符合要求	15	
5	推料机构组件的安装	按时按照位置关系完成安装工作；安装牢固无松动现象；气缸及节流阀安装正确	15	

续表

序号	考核内容	评分标准	配分	得分
6	总体组装	按时按照位置关系完成安装工作；安装牢固无松动现象；各螺栓旋紧力平均，无局部应力集中现象	15	
7	传感器的安装	按时按要求完成安装工作；安装牢固无松动现象；传感器定位基本准确，便于调整	10	
8	料仓、电磁阀组、PLC、接线端子排的安装	按时按要求完成安装工作；安装牢固无松动现象；端子排、电磁阀组、PLC安装位置符合要求，适合走线	10	
		合计总分	100	

思考与练习

1. 按照装配顺序完成供料单元的机械安装实训。

2. 在装配顺序中是否可以进行顺序上的调整？为什么？

3. 讨论在机械安装中哪些部件在进行气动回路调试和电气控制回路调试时需要进行调整，从而符合控制要求。

任务3　供料单元气动控制回路的连接与调试

技能点

◎ 气动系统回路图的基本认知

◎ 供料单元气动控制回路的连接

◎ 供料单元气动控制回路的调试

知识点

◎ 供料单元气动控制回路的工作原理

◎ 供料单元气动控制回路的设计

任务提出

气动控制回路是本工作单元的动作执行机构，由PLC控制电磁阀，进而由电磁阀控制气缸，实现推料和顶料。

本任务要求根据YL—335自动生产线供料单元气动控制回路工作原理图（见图1—3—1），进行供料单元气动控制回路的连接，并进行调试。

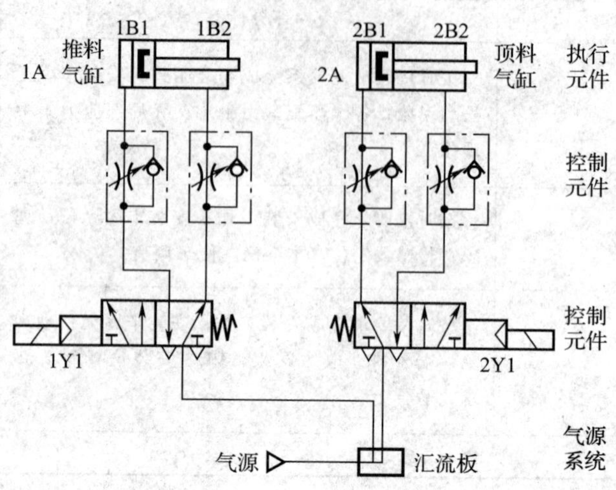

图 1—3—1 供料单元气动控制回路工作原理

任务分析

要完成本任务，需要读懂气动系统回路原理图，熟悉供料单元顶料和推料动作过程，确定各气缸初始位置，掌握用于调试的主要元件节流阀和电磁阀的操作方法。

相关知识

工程上气动系统回路图是以气动元件图形符号组合而成的，故应在气动系统原理图读图之前熟悉和了解气动元件的功能、符号与特性。除此之外，还需要对气动系统原理图、气动元件以及管路的表示方法有所了解。这方面的内容在前期课程“气动液压传动技术”中已经作了详细介绍，在此不再赘述。

由供料单元气动回路原理图 1—3—1 可知，图中最上层执行元件 1A 和 2A 分别为推料气缸和顶料气缸。1B1 和 1B2 为安装在推料气缸的两个极限工作位置的磁感应接近开关，2B1 和 2B2 为安装在顶料气缸的两个极限工作位置的磁感应接近开关。系统电气连接与 PLC 程序编写完成后，这两个磁感应接近开关的安装位置分别决定了这两个气缸的伸出和回缩行程。第二层控制元件为安装了带快速接头的限出型气缸节流阀，调节节流阀可以控制气缸活塞杆的伸出、缩回运动的速度。第三层控制元件为两个二位五通的带手控开关的单控电磁阀，对于单控电磁阀来说，在无电控信号时，阀芯在弹簧力的作用下会被复位，其外观图如图 1—1—10 所示，1Y1 和 2Y1 分别为控制推料气缸和顶料气缸的电磁阀的电磁控制端，由本单元控制 PLC 的输出来控制。最下层气源系统由连接到汇流板上的气泵来产生气动力源，包括空气压缩机、压力开关、过载安全保护器、储气罐、压力表、气源开关、主管道过滤器。本自动化生产线使用的气泵所提供的压力为 0.6～1.0 MPa，输出压力为 0～0.8 MPa 可调。

任务实施

一、气动回路的连接

1．连接

按照图 1—3—1 所示气动系统回路工作原理从气泵开始，将气管依次连接到汇流板，然后在汇流板上安装两个二位五通单控电磁阀，接着在汇流板中两个排气口末端连接消声器，消声器的作用是减小压缩空气在向大气排放时的噪声，再将两个节流阀分别安装在气缸的作用气口上，最后用气管将电磁阀工作口与气缸上的节流阀相连接，完成气动回路的连接。在此尤其要注意顶料气缸和推料气缸的初始位置，因此两个气缸在进行气路连接时要根据原理图选择不同的工作口进行连接。连接调试结束后扎紧气管，并固定在铝合金型材支撑架上。

2．连接注意事项

回路连接要完全满足供料单元气动控制原理图中各执行元件动作的关系。当进行回路连接时，气管一定要完全插到快速接头中，轻轻拉拔各连接位置的气管，以不出现松动为宜；连接时注意气管的选取长度要适宜，太长或太短都不利于运动件的运动；用不同颜色的气管表示气体的进出；气管要在快速接头中插紧，不能有漏气现象；气管走向应按序排布，均匀美观，不能交叉、打折；外露气管必须用扎带扎紧，松紧适宜。

二、气动回路的调试

在供料单元控制气路连接完成后，为了确保执行元件能满足工作需要而良好运行，需要对气动回路进行调试，具体的调试步骤如下。

1．接通气源前，先用手轻轻拉拔各快速接头处的气管，确认各管路中不存在气管未插好的情况。同时，将调节各执行元件速度的节流阀开度调到最小，避免气源接通后各执行元件突然动作产生较大冲击，导致设备或人员伤害事故发生。

2．打开气泵，接通气源，将过滤减压阀的压力调节手柄向上提起，顺时针或逆时针慢慢转动压力调节手柄，观察压力表，待压力表气压指在 0.5 MPa 左右时，压下压力调节手柄锁紧。切忌过度转动压力调节手柄，以防其损坏和压力突然升高。

3．检查气动回路的气密性，观察气路中是否存在漏气，若有漏气的情况，则要根据响声判断找出漏气的位置及原因。若由于气管破损或气动元件损坏导致漏气，则需更换气管或气动元件；若由于没有插好气管导致漏气，则需重新插好气管。

4．用电磁阀上的手动换向加锁钮检验顶料气缸和推料气缸的初始位置和动作位置是否符合工作要求。用小旋具把加锁钮旋到 LOCK 位置时，手控开关向下凹进去，不能进行手控操作。只有在 PUSH 位置，可用工具向下按，信号为“1”，等同于该侧的电磁信号为“1”；常态时，手控开关的信号为“0”。手动换向加锁钮初始时应处于 PUSH 位置。需要注意的是，旋动手控旋钮的力度不宜太大，否则很容易使其损坏。常态时，顶料气缸活塞杆应在伸出位置，推料气缸活塞杆应在缩回位置，当对应电磁阀动作时，顶料气缸活塞杆应在缩回位置，推料气缸活塞杆应在伸出位置。如果发现气缸运动方向不对，则要对调该气缸上节流阀或电磁阀的两快速连接气口上的气管。

5. 调整气缸节流阀来进行气缸活塞杆的伸出和缩回运动速度的调试。轻轻转动其节流阀上的调节螺钉，逐渐打开节流阀的开度，确保输出气流能使气缸的活塞杆滑块平稳滑动，以气缸的活塞杆运行无冲击、无卡滞为宜，最后再锁紧节流阀的调节螺母。

6. 按照图 1—3—2 所示来连接线路进行电磁阀的动作调试，模拟 PLC 对电磁阀的控制。

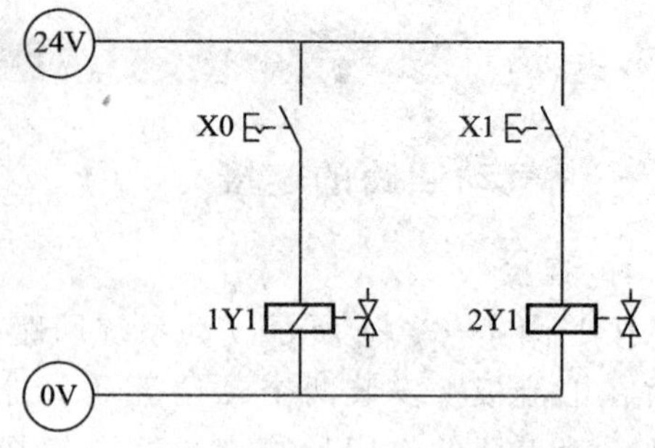

图 1—3—2 供料单元气动部分调试原理

任务评价

评分标准见表 1—3—1。

表 1—3—1 **评分标准**

序号	考核内容	评分标准	配分	得分
1	职业素养与安全意识	现场操作安全保护符合安全操作规程；工具摆放、包装物品等的处理符合职业岗位的要求	10	
2	团队协作与敬业精神	团队有分工、有合作，配合紧密；遵守纪律，尊重教师，爱惜设备和器材，保持工位的整洁	10	
3	气动回路的连接	回路连接要完全满足供料单元气动控制原理图中各执行元件动作的关系；回路连接符合实训要求步骤；气管与快速接头连接紧密，无漏气现象；气管选取长度适宜，颜色分明，布局合理；所有排布好的气管必须用尼龙带绑扎，松紧度以不使气管变形为宜，外形要整齐美观	40	
4	气动回路的调试	接通气源前操作正确，符合安全规范；打开气泵时符合安全操作规程，保证人员及设备安全；气动回路气密性检查准确，更换气管操作符合要求；电磁阀手动调试操作无误，气缸初始位置正确；节流阀调节气缸运动速度操作正确，活塞杆运行速度适宜；采用原理图进行电磁阀动作调试接线正确，结果准确	40	
	合计总分		100	

思考与练习

1．供料单元气动回路中各气缸初始位置由什么决定？当初始位置不符合控制要求时，应如何调整？

2．供料单元气动回路的连接与调试时需要注意哪些问题？

任务4　供料单元电气控制回路的连接与调试

技能点

◎ 供料单元电气控制回路的连接

◎ 供料单元电气控制回路的调试

知识点

◎ PLC的基本知识

◎ 供料单元输入/输出端口的分配

◎ 供料单元PLC控制原理图的设计

任务提出

电气控制回路是本工作单元的控制机构，传感器、电磁阀、PLC、输入按钮、指示灯等器件共同组成电气控制回路，根据供料单元电气控制原理图完成其安装和调试，从而实现本单元的工作要求。

YL—335自动化生产线供料单元电气控制原理如图1—4—1所示。

任务分析

本任务要求在深入理解供料单元顶料和推料工作过程的基础上，读懂供料单元电气控制原理图，进行供料单元电气控制回路的连接，包括传感器、电磁阀、输入按钮等与PLC的电气连接，并进行电气控制回路的调试。

相关知识

一、PLC的基本知识

YL—335自动化生产线控制系统一般采用西门子S7—200系列PLC，此处以该系列为例介绍。

1．S7—200系列PLC概述

S7—200系列CPU包括CPU 221、CPU 222、CPU 224、CPU 224XP和CPU 226等型号。S7—200 CPU是将一个微处理器、一个集成电源和数字量I/O点集成在一个紧凑的封

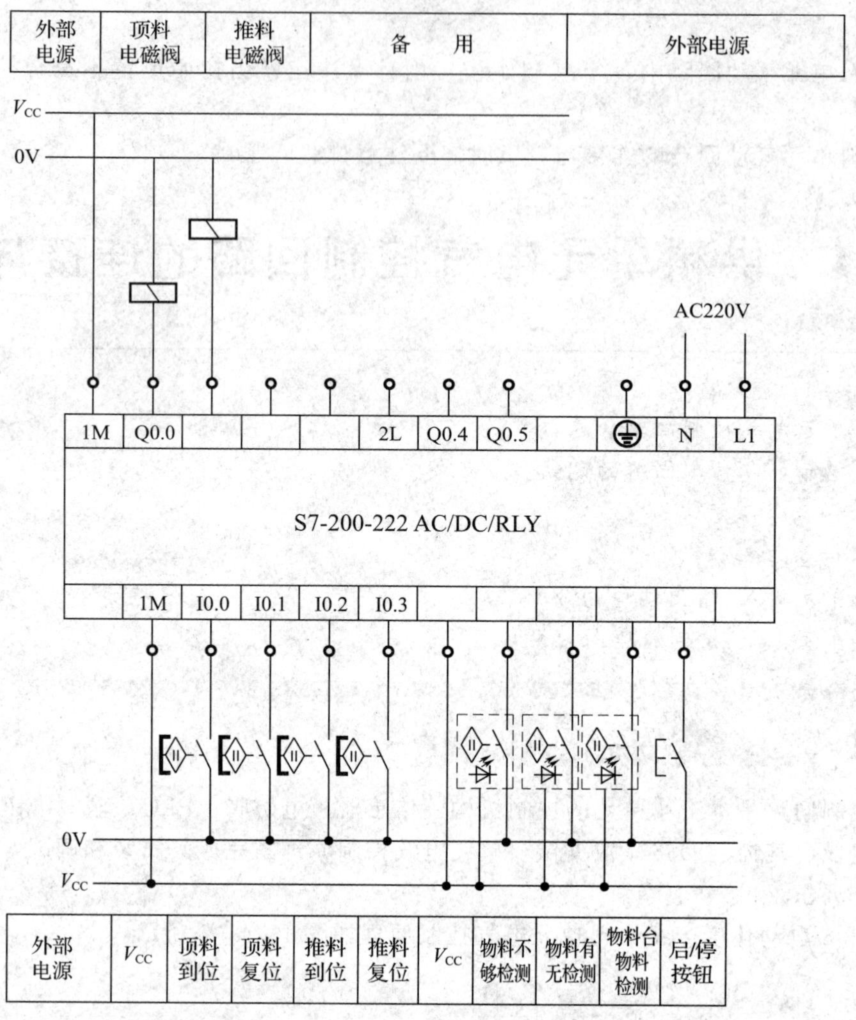

图 1—4—1 供料单元电气控制原理

装中，从而形成了一个功能强大的微型 PLC，如图 1—4—2 所示。在下载了程序之后，S7—200 将保留所需的逻辑，用于监控应用程序中的输入输出设备。

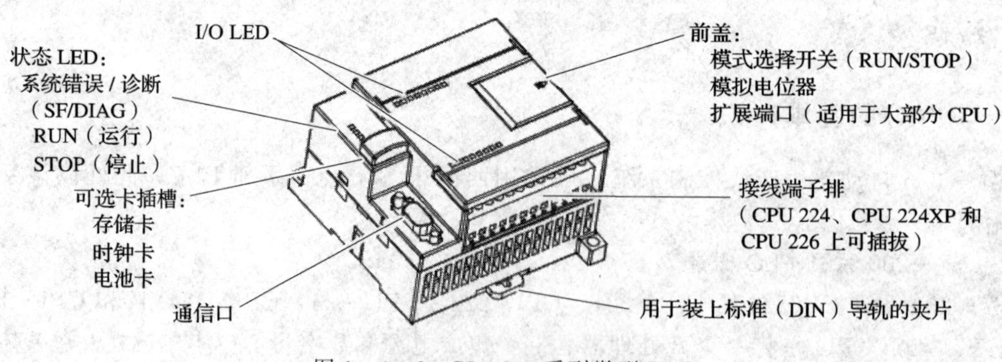

图 1—4—2 S7—200 系列微型 PLC

S7—200 是在扫描循环中完成它的任务。任务循环执行一次称为一个扫描周期。在一个扫描周期中，S7—200 将执行部分或全部下列操作：

（1）读输入：S7—200 将物理输入点上的状态复制到输入过程映象寄存器中。

（2）执行逻辑控制程序：S7—200 执行程序指令并将数据存储在变量存储区中。

（3）处理通信请求：S7—200 执行通信任务。

（4）执行 CPU 自诊断：S7—200 检查固件、程序存储器和扩展模块是否工作正常。

（5）写输出：在输出过程映象寄存器中存储的数据被复制到物理输出点。

2. S7—200 系列 PLC 的编程元件

（1）数字量输入继电器（I）

输入继电器也就是输入映象寄存器，每个 PLC 的输入端子都对应有一个输入继电器，它用于接收外部的开关信号。输入继电器的状态唯一地由其对应的输入端子的状态决定，在程序中不能出现输入继电器线圈被驱动的情况，只有当外部的开关信号接通 PLC 的相应输入端子的回路，则对应的输入继电器的线圈“得电”，在程序中其常开触点闭合，常闭触点断开。这些触点可以在编程时任意使用，使用数量（次数）不受限制。

数字量输入继电器用“I”表示，输入映象寄存器区属于位地址空间，范围为 I0.0～I15.7，可进行位、字节、字、双字操作。实际输入点数不能超过这个数量，未用的输入映象寄存器区可以做其他编程元件使用，如可以当通用辅助继电器或数据寄存器，但这只有在寄存器的整个字节的所有位都未占用的情况下才可作他用，否则会出现错误执行结果。

（2）数字量输出继电器（Q）

输出继电器也就是输出映象寄存器，每个 PLC 的输出端子都对应有一个输出继电器。当通过程序使得输出继电器线圈“得电”时，PLC 上的输出端开关闭合，它可以作为控制外部负载的开关信号。同时在程序中其常开触点闭合，常闭触点断开。这些触点可以在编程时任意使用，使用次数不受限制。

数字量输出继电器用“Q”表示，输出映象寄存器区属于位地址空间，范围为 Q0.0～Q15.7，可进行位、字节、字、双字操作。实际输出点数不能超过这个数量，未用的输出映象区可作他用，用法与输入继电器相同。在 PLC 内部，输出映象寄存器与输出端子之间还有一个输出锁存器。在每个扫描周期的输入采样、程序执行等阶段，并不把输出结果信号直接送到输出锁存器，而只是送到输出映象寄存器，只有在每个扫描周期的末尾才将输出映象寄存器中的结果信号几乎同时送到输出锁存器，对输出点进行刷新。

（3）通用辅助继电器（M）

通用辅助继电器如同电气控制系统中的中间继电器，在 PLC 中没有输入输出端与之对应，因此通用辅助继电器的线圈不直接受输入信号的控制，其触点也不能直接驱动外部负载。所以，通用辅助继电器只能用于内部逻辑运算。

通用辅助继电器用“M”表示，通用辅助继电器区属于位地址空间，范围为 M0.0～M31.7，可进行位、字节、字、双字操作。

（4）特殊标志继电器（SM）

在辅助继电器中有一些具有特殊功能，还有一些是用来存储系统的状态变量、有关的控制参数和信息的，这些辅助继电器称为特殊标志继电器。用户可以通过特殊标志继电器来沟通 PLC 与被控对象之间的信息，如可以读取程序运行过程中的设备状态和运算结果信息，利用这些信息用程序实现一定的控制动作。用户也可通过直接设置某些特殊标志继电器位来使设备实现某种功能。

特殊标志继电器用“SM”表示，特殊标志继电器区根据功能和性质不同具有位、字节、字和双字操作方式。其中 SMB0、SMB1 为系统状态字，只能读取其中的状态数据，不能改写，可以位寻址。系统状态字中部分常用的标志位说明如下：

SM0.0：始终接通。

SM0.1：首次扫描为“1”，以后为“0”，常用来对程序进行初始化。

SM0.2：当机器执行数学运算的结果为负时，该位被置“1”。

SM0.3：开机后进入 RUN 方式，该位被置“1”，一个扫描周期。

SM0.4：该位提供一个周期为 1 min 的时钟脉冲，30 s 为“1”，30 s 为“0”。

SM0.5：该位提供一个周期为 1 s 的时钟脉冲，0.5 s 为“1”，0.5 s 为“0”。

SM0.6：该位为扫描时钟脉冲，本次扫描为“1”，下次扫描为“0”。

SM1.0：当执行某些指令，其结果为“0”时，将该位置“1”。

SM1.1：当执行某些指令，其结果溢出或为非法数值时，将该位置“1”。

SM1.2：当执行数学运算指令，其结果为负数时，将该位置“1”。

SM1.3：试图除以“0”时，将该位置“1”。

其他常用特殊标志继电器的功能可以参见 S7—200 系统手册。

(5) 变量存储器 (V)

变量存储器用来存储变量。它可以存放程序执行过程中控制逻辑操作的中间结果，也可以使用变量存储器来保存与工序或任务相关的其他数据。

变量存储器用“V”表示，变量存储器区属于位地址空间，可进行位操作，但更多的是用于字节、字、双字操作。变量存储器也是 S7—200 中空间最大的存储区域，所以常用来进行数学运算和数据处理，存放全局变量数据。

(6) 局部变量存储器 (L)

局部变量存储器用来存放局部变量。局部变量与变量存储器所存储的全局变量十分相似，主要区别是全局变量是全局有效的，而局部变量是局部有效的。全局有效是指同一个变量可以被任何程序（包括主程序、子程序和中断程序）访问；而局部有效是指变量只和特定的程序相关联。

S7—200 PLC 提供 64 个字节的局部存储器，其中 60 个可以作暂时存储器或给子程序传递参数。主程序、子程序和中断程序都有 64 个字节的局部存储器可以使用。不同程序的局部存储器不能互相访问。机器在运行时，根据需要动态地分配局部存储器：在执行主程序时，分配给子程序或中断程序的局部变量存储器是不存在的，当子程序调用或出现中断时，需要为之分配局部存储器，新的局部存储器可以是曾经分配给其他程序块的同一个局部存储器。

局部变量存储器用“L”表示，局部变量存储器区属于位地址空间，可进行位操作，也可以进行字节、字、双字操作。

(7) 顺序控制继电器（S）

顺序控制继电器用在顺序控制和步进控制中，它是特殊的继电器。有关顺序控制继电器的使用请阅读本书后续有关内容。

顺序控制继电器用“S”表示，顺序控制继电器区属于位地址空间，可进行位操作，也可以进行字节、字、双字操作。

(8) 定时器（T）

定时器是可编程序控制器中重要的编程元件，是累计时间增量的内部器件。自动控制的大部分领域都需要用定时器进行定时控制，灵活地使用定时器可以编制出动作要求复杂的控制程序。

定时器的工作过程与继电器接触器控制系统的时间继电器基本相同。使用时要提前输入时间预置值。当定时器的输入条件满足且开始计时时，当前值从“0”开始按一定的时间单位增加；当定时器的当前值达到预置值时，定时器动作，此时它的常开触点闭合，常闭触点断开，利用定时器的触点就可以按照延时时间实现各种控制规律或动作。

(9) 计数器（C）

计数器用来累计内部事件的次数。可以用来累计内部任何编程元件动作的次数，也可以通过输入端子累计外部事件发生的次数，它是应用非常广泛的编程元件，经常用来对产品进行计数或进行特定功能的编程。使用时要提前输入它的设定值（计数的个数）。当输入触发条件满足时，计数器开始累计其输入端脉冲电位跳变（上升沿或下降沿）的次数；当计数器计数达到预定的设定值时，其常开触点闭合，常闭触点断开。

(10) 模拟量输入映象寄存器（AI）、模拟量输出映象寄存器（AQ）

模拟量输入电路用以实现模拟量/数字量（A/D）之间的转换，而模拟量输出电路用以实现数字量/模拟量（D/A）之间的转换，PLC 处理的是其中的数字量。

在模拟量输入/输出映象寄存器中，数字量的长度为 1 字长（16 位），且从偶数号字节进行编址来存取转换前后的模拟量值，如 0、2、4、6、8。编址内容包括元件名称、数据长度和起始字节的地址，模拟量输入映象寄存器用 AI 表示、模拟量输出映象寄存器用 AQ 表示，如 AIW10、AQW4 等。

PLC 对这两种寄存器的存取方式不同之处在于，对模拟量输入寄存器只能作读取操作，而对模拟量输出寄存器只能作写入操作。

(11) 高速计数器（HC）

高速计数器的工作原理与普通计数器基本相同，它用来累计比主机扫描速率更快的高速脉冲。高速计数器的当前值为双字长（32 位）的整数，且为只读值。

高速计数器的数量很少，编址时只用名称 HC 和编号，如 HC2。

(12) 累加器（AC）

S7—200PLC 提供 4 个 32 位累加器，分别为 AC0、AC1、AC2、AC3，累加器（AC）是用来暂存数据的寄存器。它可以用来存放数据如运算数据、中间数据和结果数据，也可用来向子程序传递参数，或从子程序返回参数。使用时只表示出累加器的地址编号，如 AC0。

累加器可进行读、写两种操作，在使用时只出现地址编号。累加器可用长度为 32 位，但实际应用时，数据长度取决于进出累加器的数据类型。

二、供料单元的 PLC 输入/输出端口的分配

供料单元的电气控制回路是以 PLC 为核心组成的，下面参见图 1—4—1 供料单元的电气控制原理图以及本单元所用的外部输入输出设备传感器、电磁阀等来进行 PLC 输入/输出端口的分配。

参见图 1—1—1 供料单元，在底座和对应料仓中第 4 层工件所在高度位置，分别安装了 1 个漫射式光电开关，分别用于判断料仓中有无储料和储料是否足够。物料台面开有小孔，物料台下面也设有一个漫射式光电接近开关，工作时向上发出光线，从而透过小孔检测是否有工件存在，以便向系统提供本单元物料台有无工件的信号。另外在顶料气缸和推料气缸两端分别有缩回限位和伸出限位两个极限位置，这两个极限位置都分别装有一个磁感应接近开关，共 4 个磁感应接近开关。这样传感器信号共占用 7 个输入点，输出主要是 2 个电磁阀。从经济和适合的角度考虑，选用 S7—200—222CPU，该型 PLC 共 8 点输入和 6 点输出，符合控制要求。

YL—335 生产线允许各工作单元作为独立设备运行，采用本地控制方式各工作单元在进行连接调试时可以单独运行。但在供料单元中，主令信号输入点被限制为 1 个，如果需要有启动和停止 2 种主令信号，只能由软件编程实现。待 5 个工作单元全部安装调试后，YL—335 生产线各个单元必须作为一个整体协调有序地进行运行，系统采用 RS485 串行通信实现的网络控制方案，具体在模块 6 中再做详细介绍。采用本地控制进行供料单元的连接和调试时 PLC 的 I/O 分配表见表 1—4—1。

表 1—4—1　　供料单元的 I/O 地址分配

输入信号				
序号	地址	设备符号	设备名称	设备功能
1	I0.0	1B1	磁性开关	顶料到位检测
2	I0.1	1B2	磁性开关	顶料复位检测
3	I0.2	2B1	磁性开关	推料到位检测
4	I0.3	2B2	磁性开关	推料复位检测
5	I0.4	SC1	漫反射光电开关	物料不足检测
6	I0.5	SC2	漫反射光电开关	物料有无检测
7	I0.6	SC3	漫反射光电开关	物料台物料检测
8	I0.7	SB1	按钮	提供启/停信号
输出信号				
序号	地址	设备符号	设备名称	设备功能
1	Q0.0	1Y1	顶料电磁阀	控制顶料电磁阀顶料
2	Q0.1	2Y1	推料电磁阀	控制推料电磁阀推料

任务实施

一、电气回路的连接

1. 接线步骤与方法

为了保证线路连接的方便，采用“工作单元装置—接线端子排—PLC”的接线思路，首先将工作单元装置的导线集中接到接线端子排，再从接线端子排引出相应的导线到 PLC。装置侧的接线，包括各传感器、电磁阀、电源端子等引线到接线端子排端口之间的接线。PLC 侧的接线，包括电源接线，接线端子排端口和 PLC 接线端口之间的连线，PLC 的 I/O 点与按钮指示灯模块端子之间的连线。

当进行磁感应式接近开关接线时，将棕色的 24 V 电源线连接到 I/O 转接端口模块的输入端 24 V 电源公共端口，蓝色信号引出线连接到 I/O 转接端口模块的对应信号输入端口。如前所述，通常在磁感应式接近开关内部封装串联了限流电阻和保护二极管，以防止磁感应式接近开关因引线极性接反而烧毁。因此当磁感应式接近开关的接线错误时，也不会使其烧坏，只是不能正常工作而已。

当进行漫反射光电传感器的接线时，棕色电源线连接到 I/O 转接端口模块的输入端 24 V 电源公共端口，蓝色接地线连接到接地接口，黑色信号线连接到对应信号接口即可。

当进行电磁阀连接时，将红色电源控制信号线连接到 I/O 转接端口模块的输出端上层对应的信号输出接口上，黑色接地线连接到 I/O 转接端口模块输出端底层的接地公共端口上，电磁阀控制连接线的另一端插头直接插到电磁阀的插座上即可。

2. 连接注意事项

装置侧接线端口中，输入信号端子的上层端子（+24 V）只能作为传感器的正电源端，切勿用于电磁阀等执行元件的负载。电磁阀等执行元件的正电源端和 0 V 端应连接到输出信号端子的下层的相应端子上。装置侧接线完成后，应用扎带绑扎，力求整齐美观。

PLC 侧的接线注意各种颜色导线的区分，以方便线路检查。电气接线工艺应符合国家职业标准的规定。例如，导线连接到端子时，采用压紧端子压接方法；连接线必须有符合规定的标号；每一端子连接的导线不超过两根等。

3. 接线端子排

I/O 转接端口模块采用双层接线端子排，用于集中连接本工作单元所有电磁阀、传感器等器件的电气连接线、PLC 的 I/O 端口及直流电源。上层端子用作连接公共电源正、负极（U_{cc}和 0 V），连接片的作用是将各分散端子片进行电气短接，下层端子用作信号线的连接，固定端板是将各分散的组成部分进行横向固定，熔座内插装有 2 A 的熔管。接线端口上的每一个端子旁边都有数字标号，以说明端子的位地址。接线端口通过导轨固定在底板上。供料模块接线端子排如图 1—4—3 所示。

供料模块装置侧的接线端口上各电磁阀和传感器的端子排分配见表 1—4—2。

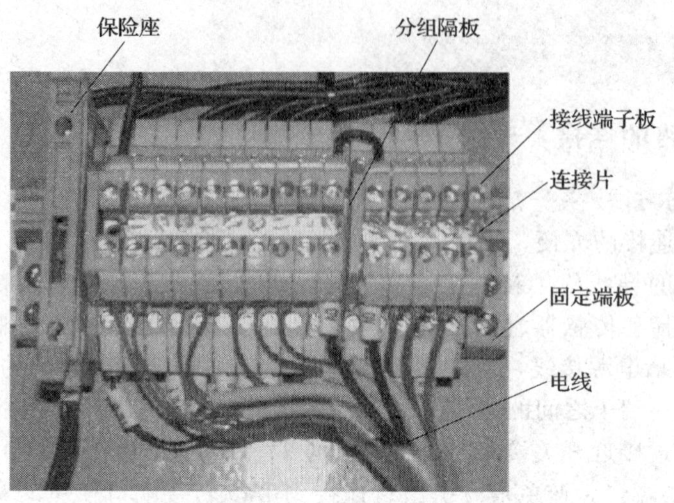

图 1—4—3　供料单元接线端子排

表 1—4—2　　供料单元端子排分配

输入端口中间层			输出端口中间层		
端子号	设备符号	信号线	端子号	设备符号	信号线
2	1B1	顶料到位	2	1Y1	顶料电磁阀
3	1B2	顶料复位	3	2Y1	推料电磁阀
4	2B1	推料到位			
5	2B2	推料复位			
6	SC1	出料台物料检测			
7	SC2	物料不足检测			
8	SC3	物料有无检测			
9～17 号端子没有连接			4～14 号端子没有连接		

二、电气回路的检查与调试

在供料单元电气控制回路连接完成后，首先要在不通电的情况下进行短路和开路的检查。要严禁出现短路；检查开路，可以按照 PLC 接线原理图，用万用表检查每条线路的导通情况，如果有不能导通的情况应及时排除。以上检查无误之后通电，按照 PLC 接线原理图，用万用表检查其功能是否与设计要求一致。

1. 磁感应式接近开关的调试

磁感应式接近开关要与气缸配合使用，若安装不合理，则会出现气缸动作不正确的现象。在气缸上安装完磁感应式接近开关后，需根据气缸的运动进行位置调整，调整的方法是松开磁感应式接近开关的紧锁螺栓，让其沿着气缸滑动，到达定位位置后，LED 灯亮，同时 PLC 对应输入指示灯点亮，再将螺栓锁紧即可。如果发现磁感应式接近开关在气缸上调整位置后，LED灯依旧不亮，就应检查其接线是否正确；若其接线无误，则该磁感应式接近开关损坏，应更换。如磁感应开关上LED指示灯点亮，而PLC对应输入指示灯未能点亮，则在排除PLC故障的前提下，重点检查蓝色信号引出线到接口端子排再到PLC对应输入端的线路连接情况。

2. 漫反射光电传感器的调试

当工件被放置于光电接近开关的检测位置上时，正常状态有信号输出，其后部的LED指示灯会亮。但是如果LED指示灯不亮，可能是接近开关的检测距离太小和灵敏度不够，就需要用小一字槽螺钉旋具调节其后端的灵敏度调节旋钮，适当增加灵敏度；也有可能是接线出错或接触不良，就需要检查线路并重新进行调试。当检测位置处没有工件而此时LED指示灯也亮时，说明该接近开关的检测范围太大和灵敏度过高，需要调节其后端的灵敏度调节旋钮，适当降低灵敏度。同上如漫反射光电开关上LED指示灯点亮，而PLC对应输入指示灯未能点亮，则在排除PLC故障的前提下，重点检查黑色信号引出线到接口端子排再到PLC对应输入端的线路连接情况。

3. 电磁阀的调试

当进行电磁阀调试时，可将待调试的电磁阀线圈红色电源控制信号线改接到I/O转接端口模块的24 V电源端口上，再接通电源，观察电磁阀线圈LED指示灯是否亮，若电磁阀线圈指示灯亮，则输出信号为“1”，控制气缸执行对应动作，该电磁阀线圈可正常工作。在测试完成后，需重新将红色电源控制信号线改接回到对应的信号输出接口上。若电磁阀线圈指示灯不亮，则可能是电磁阀线圈电源线插头松脱或接线出错，只要重新插紧或连接正确即可；也有可能因为电磁阀线圈已经烧毁，需更换。值得注意的是，有双线圈的电磁阀不能让它的两个线圈同时得电，否则可能会烧坏电磁阀线圈，此时阀芯的位置也是不确定的。

任务评价

评分标准见表1—4—3。

表1—4—3 评分标准

序号	考核内容	评分标准	配分	得分
1	职业素养与安全意识	现场操作安全保护符合安全操作规程；工具摆放、包装物品等的处理符合职业岗位的要求	10	
2	团队协作与敬业精神	团队有分工、有合作，配合紧密；遵守纪律，尊重教师，爱惜设备和器材，保持工位的整洁	10	
3	电气回路的连接	回路连接要完全满足供料单元电气控制原理图；回路连接符合实训要求；电气回路连接符合国家行业标准的规定；端子连接、插针压接牢固无松动；每一端子连接的导线不超过2根；端子连接处有线号；连接线有符合规定的标号；电路接线绑扎且整齐美观；各传感器、电磁阀、PLC等电路连接正确	40	

续表

序号	考核内容	评分标准	配分	得分
4	电气回路的调试	接通电源前电路检查操作正确，符合安全规范；电路接通后能正确进行磁性开关、漫反射光电开关、启停按钮等输入设备的调试，各元件均能正确运行，且能排除线路故障；能正确进行输出端电磁阀的模拟调试，电磁阀能正确控制气动执行机构完成本单元整体控制要求	40	
		合计总分	100	

思考与练习

1. 说明当出现漫反射光电传感器检测范围内有物体时且其上 LED 指示灯点亮，但对应 PLC 输入端口指示灯不亮这一问题时的排查思路，并说明解决这一问题的具体过程。

2. 供料单元电气回路的连接与调试时需要注意哪些问题？

任务 5　供料单元 PLC 程序的编写与调试

技能点

◎ 供料单元 PLC 程序的编写

◎ 供料单元 PLC 程序的调试

知识点

◎ 西门子 S7—200 系列 PLC 基本编程指令

◎ 实现用一个按钮产生启动/停止信号的方法

◎ 供料单元本地控制程序的编写

任务提出

供料单元控制功能的实现是靠 PLC 中的控制程序结合传感器、电磁阀等输入输出设备一起实现的。供料单元既可作为独立设备单独运行，采用本地控制方式，也可与其余单元作为一条生产线整体运行，采用网络控制方式。

本任务为完成 YL—335 自动化生产线供料单元作为独立设备单独运行的本地控制程序的编写与调试，要求采用启/停按钮来控制供料单元的启动和停止，根据控制要求来实现供料单元的顶料和推料。

控制要求如下：采用本地控制方式，利用一个按钮产生启动/停止信号。当设备通电和气源接通后，供料单元的两个气缸均应处于初始位置，此时顶料气缸处于伸出位置，推料气缸处于缩回位置。当按下启停按钮 SB1 时，系统启动，当物料台上没有物料且料仓内物料个数足够（多于 4 个）时，程序运行，推料气缸伸出，推出物料到物料台上，在推料气缸缩回并从料仓底部抽出后，再使顶料气缸缩回，松开次下层工件。料仓中的工件在重力的作用下，就自动向下移动一个工件，为下一次推出工件做好准备。然后顶料气缸伸出，再次夹紧次下层工件。此时人工将物料台上的工件拿走，系统会重复运行，推出一个工件。如此可反复循环运行。直到再次按下启停按钮 SB1，系统停止运行，气缸复位，不进行推料动作。

任务分析

要完成本任务，需要具备西门子 PLC 编程的基础知识以及使用西门子 S7—200 系列 PLC 专用编程软件 STEP 7—Micro/WIN 完成 PLC 程序的编写、下传、监控、调试等基本操作。

相关知识

一、西门子 PLC 基本编程指令

S7—200 系列 PLC 指令含义与三菱系列 PLC 基本类似，且指令数目繁多，下面就对本实训课程所要用到的一些基本指令做一个简单的介绍。在 S7—200 系列 PLC 中，LAD 代表梯形图，STL 代表语句表，FBD 代表功能块图。更详细的指令说明可以参考 S7—200 系统手册。

1. 基本位逻辑指令

（1）标准触点指令

常开触点指令（LD、A 和 O）与常闭触点指令（LDN、AN 和 ON）从存储器或者过程映象寄存器中得到参考值。标准触点指令从存储器中得到参考值（如果数据类型是 I 或 Q，则从过程映象寄存器中得到参考值）。当位值为“1”时，常开触点闭合；当位值为“0”时，常闭触点闭合。在 FBD 中，“与”和“或”操作的输入可以最多扩展到 32 个。在 STL 中，常开指令 LD、AND 或 OR 将相应地址位的位值存入栈顶；而常闭指令 LD、AND 或 OR 则将相应地址位的位值取反，再存入栈顶。

（2）立即触点指令

立即触点并不依赖于 S7—200 系列 PLC 的扫描周期刷新，它会立即刷新。常开立即触点指令（LDI、AI 和 OI）和常闭立即触点指令（LDNI、ANI 和 ONI）在指令执行时得到物理输入值，但过程映象寄存器并不刷新。当物理输入点状态为“1”时，常开立即触点闭合；当物理输入点状态为“0”时，常闭立即触点闭合。常开立即指令 LDI、AI 或 OI 将物理输入值存入栈顶，而常闭立即指令 LDNI、ANI 或 ONI 将物理输入的值取反，再存入栈顶。

（3）取反指令

取反指令（NOT）改变能流输入的状态（也就是说，它将栈顶值由 0 变为 1，由 1 变为 0）。

（4）正、负跳变指令

正跳变触点指令（EU）检测到每一次正跳变（由 0 到 1），让能流接通一个扫描周期。负跳变触点指令（ED）检测到每一次负跳变（由 1 到 0），让能流接通一个扫描周期。对于正跳变指令，一旦发现有正跳变发生（由 0 到 1），该栈顶值被置为“1”，否则置“0”。对于负跳变指令，一旦发现有负跳变发生（由 1 到 0），该栈顶值被置为“1”，否则置“0”。

2．线圈指令

（1）输出指令

输出指令（=）将新值写入输出点的过程映象寄存器。当输出指令执行时，S7—200 将输出过程映象寄存器中的位接通或者断开。在 LAD 和 FBD 中，指定点的值等于能流。在 STL 中，栈顶的值复制到指定位。

（2）立即输出指令

当指令执行时，立即输出指令（=I）将新值同时写到物理输出点和相应的过程映象寄存器中。当立即输出指令执行时，物理输出点立即被置为能流值。在 STL 中，立即指令将栈顶的值立即复制到物理输出点的指定位上。“I”表示立即，当指令执行时，新值会同时被写到物理输出和相应的过程映象寄存器。这一点不同于非立即指令，只把新值写入过程映象寄存器。

（3）置位和复位指令

置位（S）和复位（R）指令将从指定地址开始的 N 个点置位或者复位。可以一次置位或者复位 1～255 个点。

如果复位指令指定的是一个定时器位（T）或计数器位（C），指令不但复位定时器或计数器位，而且清除定时器或计数器的当前值。

3．逻辑堆栈指令

（1）栈装载与指令

栈装载与指令对堆栈中第一层和第二层的值进行逻辑与操作，结果放入栈顶。执行完栈装载与指令之后，栈深度减 1。

（2）栈装载或指令

栈装载或指令对堆栈中第一层和第二层的值进行逻辑或操作，结果放入栈顶。执行完栈装载或指令之后，栈深度减 1。

（3）逻辑推入栈指令

逻辑推入栈指令复制栈顶的值，并将这个值推入栈。栈底的值被推出并消失。

（4）逻辑读栈指令

逻辑读栈指令复制堆栈中的第二个值到栈顶。堆栈没有推入栈或者弹出栈操作，但旧的栈顶值被新的复制值取代。

（5）逻辑弹出栈指令

逻辑弹出栈指令弹出栈顶的值，堆栈的第二个栈值成为新的栈顶值。

（6）ENO 与指令

ENO 与指令对 ENO 位和栈顶的值进行逻辑与操作，其产生的效果与 LAD 或者 FBD 中盒指令的 ENO 位相同。与操作结果成为新的栈顶。ENO 是 LAD 和 FBD 中盒指令的布尔输出。如果盒指令的 EN 输入有能流并且执行没有错误，则 ENO 将能流传递给下一元素。可以把ENO作为指令成功完成的使能标志位。ENO位被用作栈顶，影响能流和后续指令的执行。STL中没有EN输入。条件指令要想执行，栈顶值必须为逻辑1。在STL中也没有ENO输出。但是在STL中，那些与LAD和FBD中具有ENO输出的指令相应的指令，存在一个特殊的ENO位。它可以被AENO指令访问。

(7) 装入堆栈指令

装入堆栈指令复制堆栈中的第N个值到栈顶。栈底的值被推出并消失。

4. RS触发器指令

置位优先触发器是一个置位优先的锁存器。当置位信号（S1）和复位信号（R）都为真时，输出为真。

复位优先触发器是一个复位优先的锁存器。当置位信号（S）和复位信号（R1）都为真时，输出为假。

Bit参数用于指定被置位或者复位的布尔参数。可选的输出反映Bit参数的信号状态。

5. 数值比较指令

比较指令用于比较两个数值IN1、IN2，一共有6种比较关系，具体有：IN1＝IN2；IN1＞＝IN2；IN1＜＝IN2；IN1＞IN2；IN1＜IN2；IN1＜＞IN2。

对进行比较的操作数而言，可以是字节、整数、双字和实数。其中，字节比较操作是无符号的；整数比较操作是有符号的；双字比较操作是有符号的；实数比较操作是有符号的。

对于LAD和FBD：当比较结果为真时，比较指令使能点闭合（LAD）或者输出接通（FBD）。

对于STL：当比较结果为真时，将栈顶值置1。当使用IEC比较指令时，可以使用各种数据类型作为输入。但是，两个输入的数据类型必须一致。

6. 计数器指令

(1) 增计数器指令

增计数器指令（CTU）从当前计数值开始，在每一个（CU）输入状态从低到高时递增计数。当CXX的当前值大于等于预置值PV时，计数器位CXX置位。当复位端（R）接通或者执行复位指令后，计数器被复位。当它达到最大值（32 767）后，计数器停止计数。

对于STL操作而言，其复位输入在栈顶；计数输入，其值被装载在第二个堆栈中。

(2) 减计数器指令

减计数器指令（CTD）从当前计数值开始，在每一个（CD）输入状态的低到高时递减计数。当CXX的当前值等于0时，计数器位CXX置位。当装载输入端（LD）接通时，计数器位被复位，并将计数器的当前值设为预置值PV。当计数值到0时，计数器停止计数，计数器位CXX接通。

对于STL操作而言，其复位输入在栈顶；计数输入，其值被装载在第二个堆栈中。

(3) 增/减计数器指令

增/减计数器指令（CTUD），在每一个增计数输入（CU）的低到高时增计数，在每一个减计数输入（CD）的低到高时减计数。计数器的当前值CXX保存当前计数值。在每一次计数器执行时，预置值PV与当前值作比较。当达到最大值（32 767）时，在增计数输入处的下一个上升沿导致当前计数值变为最小值（－32 768）。当达到最小值（－32 768）时，在减计数输入端的下一个上升沿导致当前计数值变为最大值（32 767）。当 CXX 的当前值大于等于预置值 PV 时，计数器位 CXX 置位。否则，计数器位关断。当复位端（R）接通或者执行复位指令后，计数器被复位。当达到预置值 PV 时，CTUD 计数器停止计数。

对于 STL 操作而言，其复位输入在栈顶；计数输入，其值被装载在第二个堆栈中。

7．定时器指令

（1）接通延时定时器和有记忆的接通延时定时器

接通延时定时器（TON）和有记忆的接通延时定时器在使能输入接通时记时。定时器号（Txx）决定了定时器的分辨率。

（2）断开延时定时器

断开延时定时器用于在输入断开后延时一段时间断开输出。定时器号（Txx）决定了定时器的分辨率。

当输入接通时，接通延时定时器和有记忆接通延时定时器开始计时，当定时器的当前值（Txxx）大于等于预设值时，该定时器位被置位。

1）当使能输入断开时，清除接通延时定时器的当前值，而对于有记忆接通延时定时器，其当前值保持不变。

2）可以用有记忆接通延时定时器累计输入信号的接通时间，利用复位指令（R）清除其当前值。

3）当达到预设时间后，接通延时定时器和有记忆接通延时定时器继续计时，一直计数到最大值 32 767。

断开延时定时器（TOF）用来在输入断开后延时一段时间断开输出。当输入接通时，定时器位立即接通，并把当前值设为 0。当输入断开时，定时器开始定时，直到达到预设的时间。

4）当达到预设时间时，定时器位断开，并且停止计时当前值。当输入断开的时间短于预设时间时，定时器位保持接通。

5）TOF 指令必须用输入信号的接通到断开的跳变启动计时。

6）如果 TOF 定时器在顺控（SCR）区，而且顺控区没有启动，TOF 定时器的当前值设置为 0，定时器位设置为断开，当前值不计时。

定时器对时间间隔记数。定时器的分辨率（时基）决定了每个时间间隔的长短。例如：一个以 10 ms 为时基的延时接通定时器，在使能位接通后，以 10 ms 的时间间隔计数，10 ms 的定时器计数值为 50，代表 500 ms。

S7—200 系列 PLC 定时器有三种分辨率：1 ms、10 ms 和 100 ms。定时器号和分辨率见表 1—5—1，定时器号决定了定时器的分辨率。

表 1—5—1　　定时器号和分辨率

定时器类型	用毫秒（ms）表示的分辨率	用秒（s）表示的最大值	定时器号
TONR	1 ms	32.767 s	T0，T64
	10 ms	327.67 s	T1～T4，T65～T68
	100 ms	3 276.7 s	T5～T31，T69～T95

续表

定时器类型	用毫秒（ms）表示的分辨率	用秒（s）表示的最大值	定时器号
TON、TOF	1 ms	32.767 s	T32，T96
	10 ms	327.67 s	T33～T36，T97～T100
	100 ms	3 276.7 s	T37～T63，T101～T255

二、STEP 7—Micro/WIN 软件的使用

STEP 7—Micro/WIN 软件是西门子公司专门为 S7—200、300 系列 PLC 设计开发的编程软件，可在全汉化的界面下进行操作。它基于 Windows 操作系统，为用户开发、编辑、调试和监控自己的应用程序提供了良好的编程环境。

1. 硬件连接

有两种方式连接 S7—200 和编程设备：一是通过 PPI 多主站电缆直接连接，二是通过带有 MPI 电缆的通信处理器（CP）卡连接。要将计算机连接至 S7—200，使用 PPI 多主站编程电缆是最常用和最经济的方式。它将 S7—200 的编程口与计算机的 RS—232 相连。PPI 多主站编程电缆也能用来将其他通信设备连接至 S7—200。

连接 S7—200 时先给 S7—200 CPU 供电，然后在编程设备与 S7—200 CPU 之间连上通信电缆即可。图 1—5—1 所示为直流供电和交流供电两种 CPU 模块的连接方式。

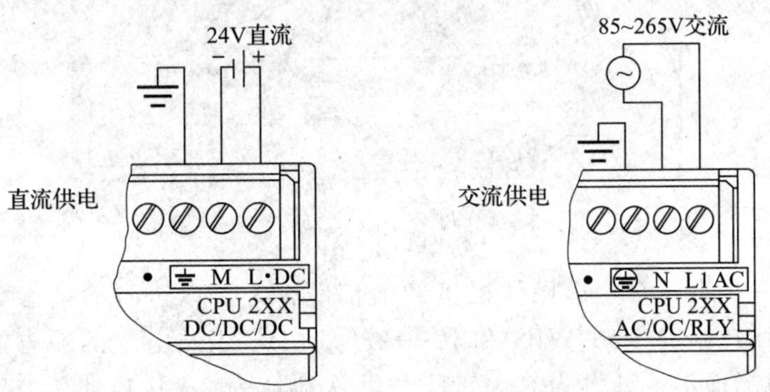

图 1—5—1　两种供电方式下的 CPU 模块连接

接下来就是连接 RS—232/PPI 多主站电缆。图 1—5—2 所示为连接 S7—200 与编程设备的 RS—232/PPI 多主站电缆。

（1）连接 RS—232/PPI 多主站电缆的 RS—232 端（标识为“PC”）到编程设备的通信口上（本例中为 COM 1）。

（2）连接 RS—232/PPI 多主站电缆的 RS—485 端（标识为“PPI”）到 S7—200 的端口 0 或端口 1。

（3）设置 RS—232/PPI 多主站电缆的 DIP 开关。

2. 参数设置

运行软件，双击指令树“项目”目录下的图标■，设置 PLC 类型及 CPU 版本，如图 1—5—3 所示。

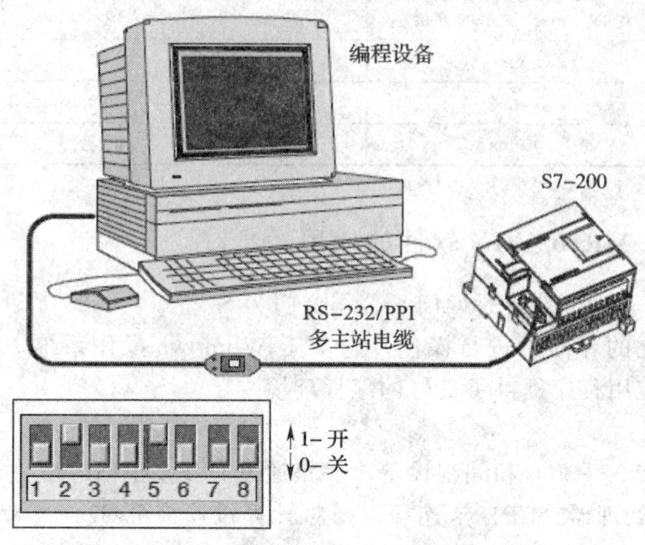

图 1—5—2　连接 RS—232/PPI 多主站电缆

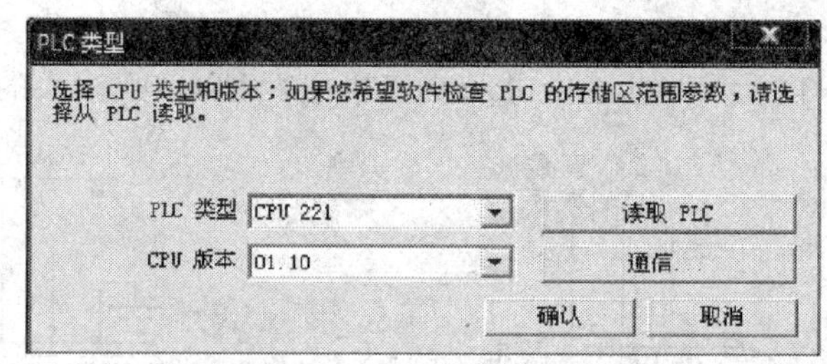

图 1—5—3　设置 PLC 类型及 CPU 版本

单击“通信…”或界面左边操作栏里的通信图标，可以进行通信参数的设置。在本教程中使用的是 STEP 7—Micro/WIN 和 RS—232/PPI 多主站电缆的缺省设置。检查以下设置：PC/PPI 电缆的通信地址设为 0；CPU 的默认地址为 2；接口使用 COM1；传输波特率用 9.6 kbps，如图 1—5—4 所示。如需要改变通信设置，可单击“设置 PG/PC 接口”按钮后，进入 Set PG/PC Interface 窗口进行设置。

3. 与 S7—200 建立通信

用通信对话框与 S7—200 建立通信的步骤如下：

(1) 在通信对话框中双击刷新图标。STEP 7—Micro/WIN 搜寻并显示所连接的 S7—200 站的 CPU 图标。

(2) 选择 S7—200 站并单击“OK”按钮。如果 STEP 7 未能找到 S7—200 CPU，核对通信参数设置。建立与 S7—200 的通信之后，就可以创建并下载程序了。

4. 软件界面及各部分的功能

启动软件，软件界面主要由菜单、工具栏、浏览条、指令树、局部变量表、程序编辑器、输出窗口等组成，如图 1—5—5 所示。

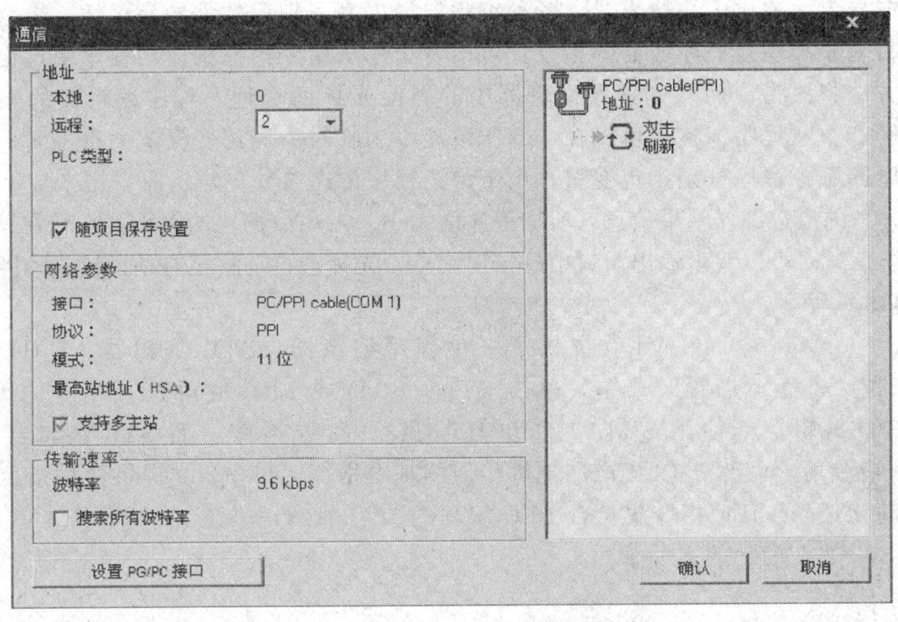

图 1—5—4　通信参数的设置

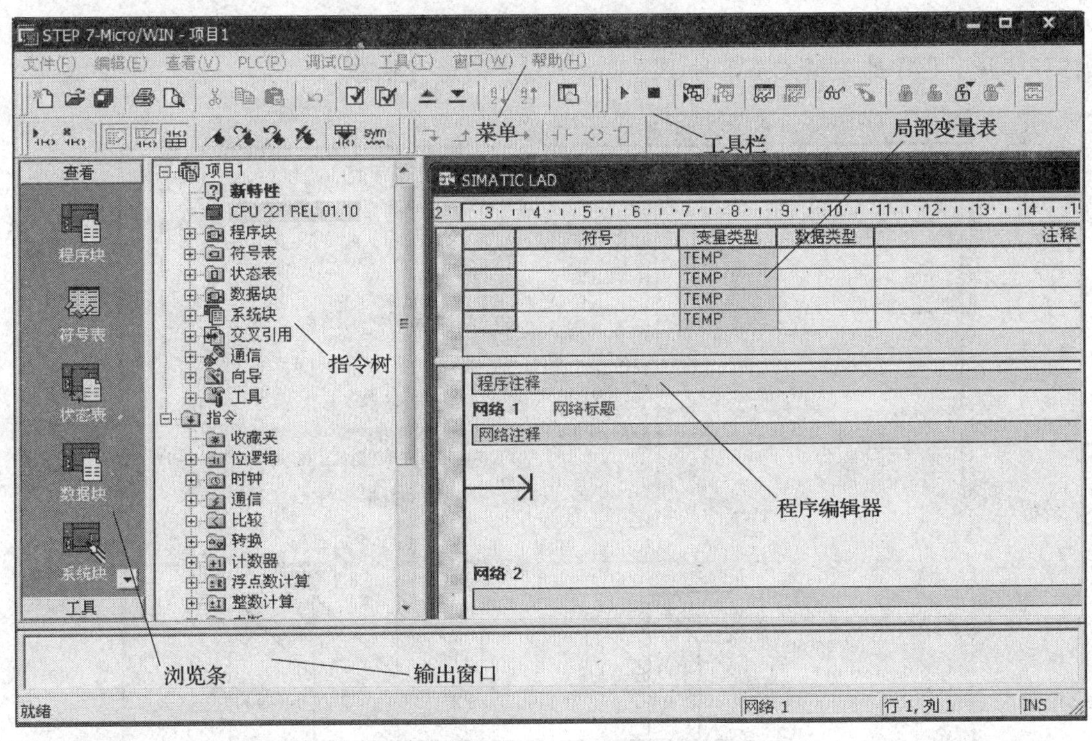

图 1—5—5　西门子 STEP 7—Micro/WIN V4.0 界面

工具栏提供了常用菜单命令的快捷按钮。浏览条包含查看和工具窗口，通过单击可实现二者之间的切换。查看窗口为进入程序块窗口、符号表窗口等提供了快捷方式。工具窗口为进入编程向导界面提供了快捷方式，各种编程向导提高了编程软件的易用性。指令树显示了所有的项目对象和创建程序所需的指令。可以将指令从指令树拖到应用程序中，也可以用双击指令的方法将该指令插入到程序编辑器中的当前光标所在地。程序编辑器的底部有主程序、子程序和中断程序标签。可以在局部变量表中为临时的局部变量定义符号名，也可以为子程序和中断服务程序分别指定变量，用于为子程序传递参数。输出窗口用来显示 POD（程序组织单元）的最近编译结果信息（所编程序的大小、占用数据块的大小等）和在编译之后检测到的错误信息。可以双击输出窗口中的错误信息，光标会自动移至有编译错误的网络。

5. 基本编程

STEP 7— Micro/WIN V4.0 提供了三种程序编辑器：STL 编辑器、LAD 编辑器和 FBD 编辑器。选择“查看”菜单，单击 STL、LAD 或 FBD 便可进入相应的编程环境。LAD 或 FBD 编辑器能使用 SIMATIC 和 IEC61131—3 指令集，而 STL 编辑器只能使用 SIMATIC 指令集。大部分 PLC 产品提供相似的基本指令。S7—200 提供两种指令集用于完成各种自动化任务。IEC 指令集符合 PLC 编程的 IEC 61131—3 标准，而 SIMATIC 指令集是专门为 S7—200 设计的。

6. 例子程序

以一个例子程序介绍西门子 STEP 7—Micro/WIN V4.0 编程软件的基本使用。这个例子程序在三个程序段中用 6 条指令，完成了一个定时器自启动、自复位的简单功能。在本例中，用梯形图编辑器来录入程序。完整的梯形图和语句表程序如图 1—5—6 所示。语句表中的注释解释了程序的逻辑关系，时序图显示了程序的运行状态。

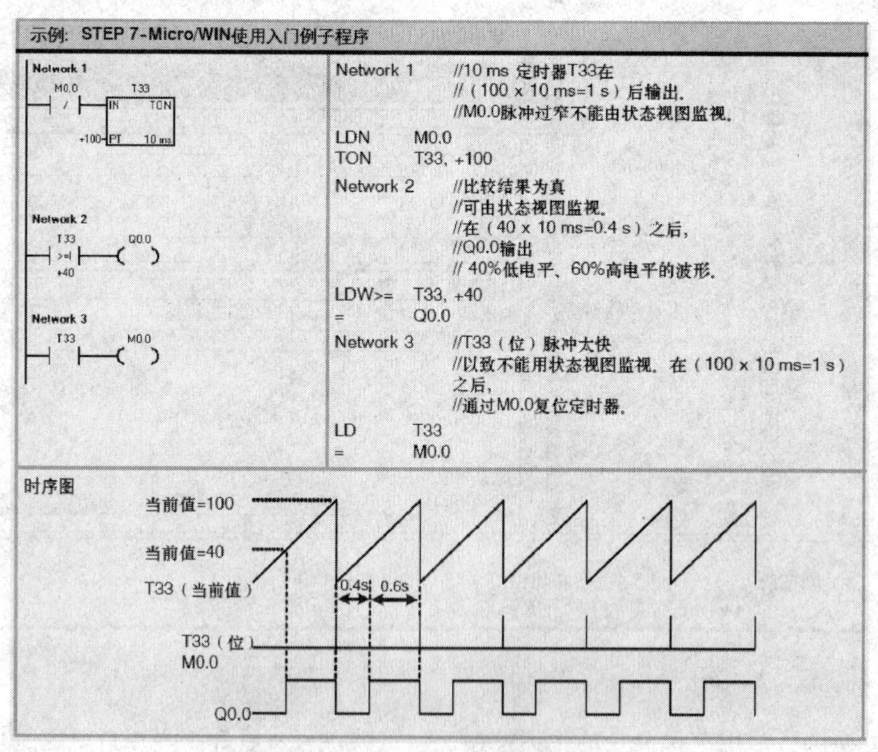

图 1—5—6　完整的梯形图和语句表程序

（1）输入程序段 1

启动定时器，如图 1—5—7 所示。

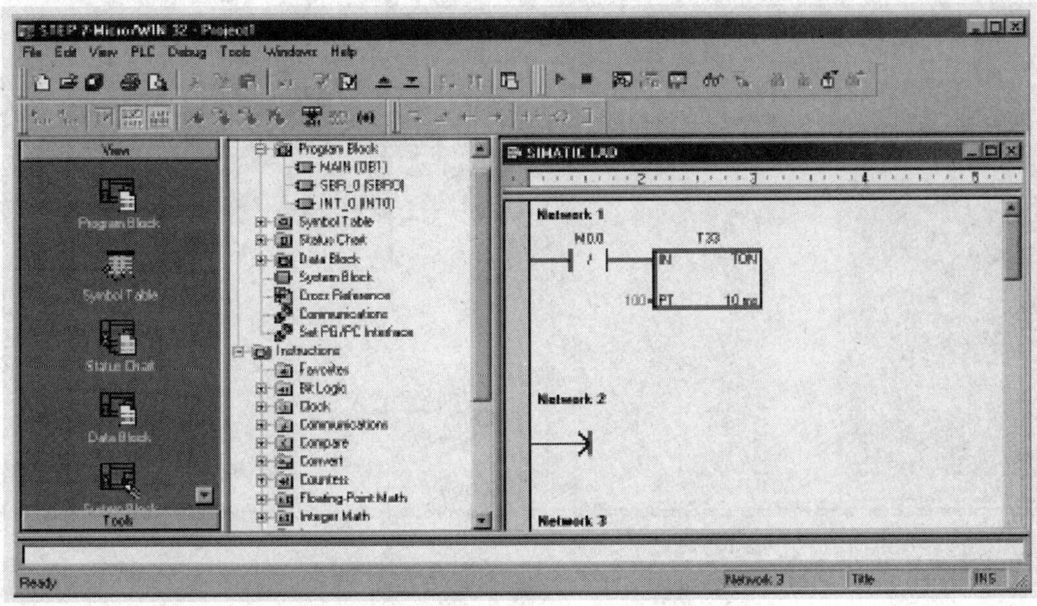

图 1—5—7　程序段 1（网络 1）

当 M0.0 的状态为 0 时，常闭触点接通启动定时器。输入 M0.0 的触点：

1）双击位逻辑图标或者单击其左侧的加号可以显示出全部位逻辑指令。

2）选择常闭触点。

3）按住鼠标左键将触点拖到第一个程序段中。

4）单击触点上的“???”，并输入地址：M0.0。

5）按回车键确认。

定时器指令 T33 的输入步骤如下：

1）双击定时器图标，显示定时器指令。

2）选择延时接通定时器 TON。

3）按住鼠标左键将定时器拖到第一个程序段中。

4）单击定时器上方的“???”，输入定时器号：T33。

5）按回车键确认后，光标会自动移动到预置时间值（PT）参数处。

6）输入预置时间值：100。

7）按回车键确认。

（2）输入程序段 2

使输出点闭合，如图 1—5—8 所示。

当定时器 T33 的定时值大于等于 40 时（大于等于 0.4 s），S7—200 的输出点 Q0.0 会闭合。输入比较指令的步骤如下：

1）双击比较指令图标，显示所有的比较指令。选择“＞＝I”指令。

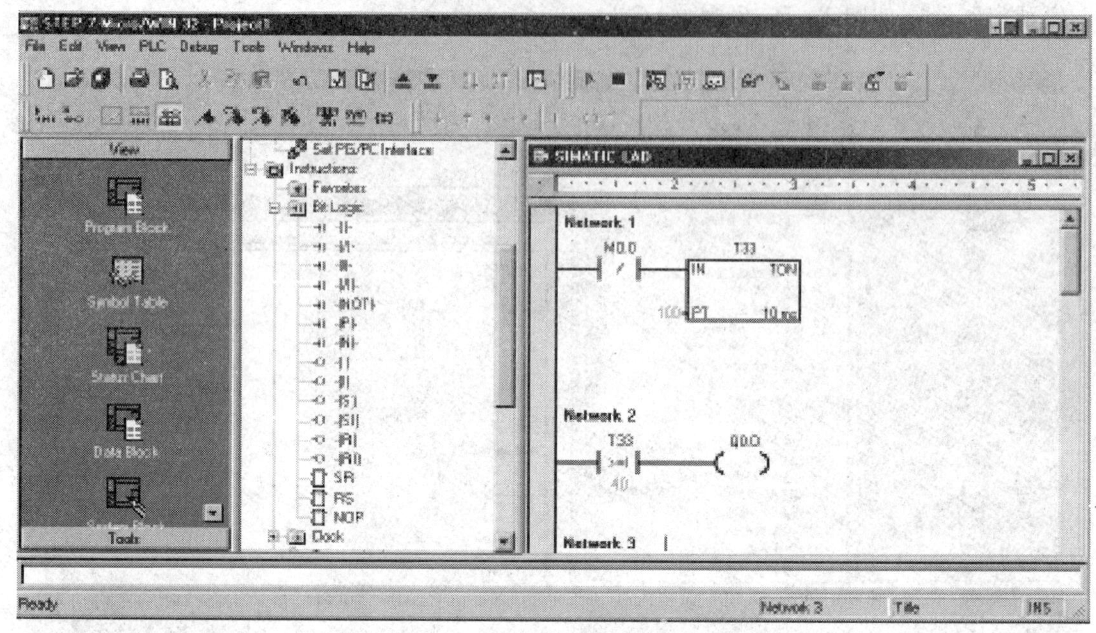

图 1—5—8　程序段 2（网络 2）

2）按住鼠标左键将比较指令拖到第二个程序段中。

3）单击触点上方的“???”，输入定时器号：T33。

4）按回车键确认后，光标会自动移动到比较指令下方的比较值参数处。

5）在该处输入比较值 40。

6）按回车键确认。

输出指令的输入步骤如下：

1）双击位逻辑图标，显示位逻辑指令并选择输出线圈。

2）按住鼠标左键将输出线圈拖到第二个程序段中。

3）单击线圈上方的“???”，输入地址：Q0.0。

4）按回车键确认。

（3）输入程序段 3

定时器复位，如图 1—5—9 所示。

当计时值到达预置时间值（100）时，定时器触点会闭合。T33 闭合会使 M0.0 置位。由于定时器是靠 M0.0 的常闭触点启动的，M0.0 的状态由“0”变为“1”会使定时器复位。

输入触点 T33 的步骤如下：

1）在位逻辑指令中选择常开触点。

2）按住鼠标左键将触点拖到第三个程序段中。

3）单击触点上方的“???”，输入地址：T33。

4）按回车键确认。

输入线圈 M0.0 的步骤如下：

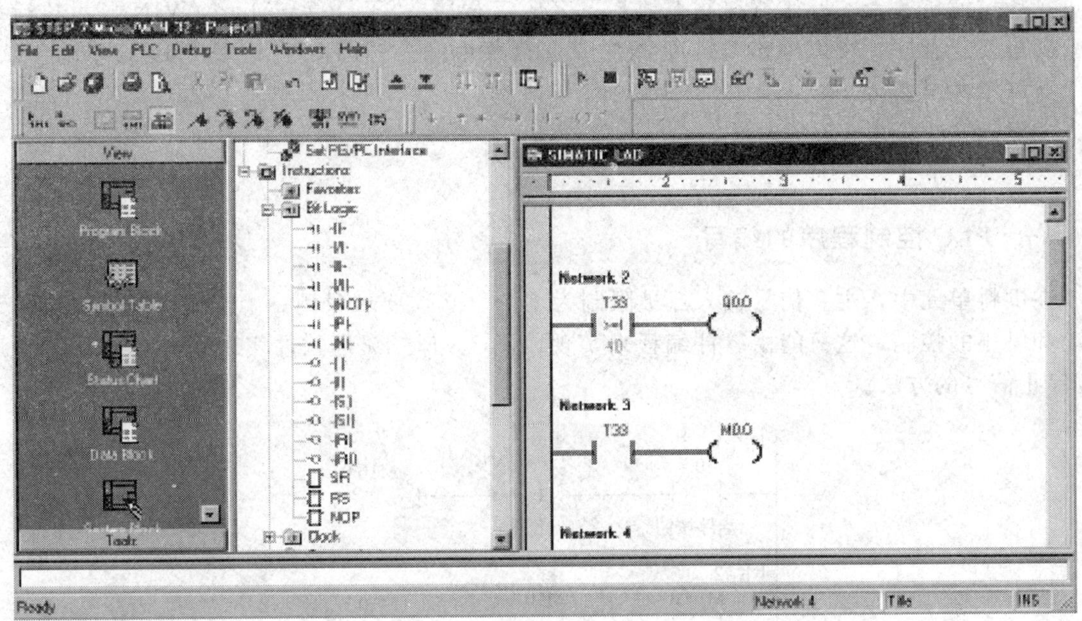

图 1—5—9　程序段 3（网络 3）

1）在位逻辑指令中选择输入线圈。

2）按住鼠标左键将输入线圈拖到第三个程序段中。

3）双击线圈上方的“???”，输入地址：M0.0。

4）按回车键确认。

（4）存储例子程序

在输入完以上三个程序段后，就已经完成了整个例子程序。当存储程序时，也创建了一个包括 S7—200 CPU 类型及其他参数在内的项目。按以下步骤保存项目：

1）在菜单条中选择菜单命令“文件”→“保存”。

2）在另存为对话框中输入项目名。

3）单击保存存储项目。项目存储之后，可以下载程序到 S7—200。

（5）下载例子程序

1）可以单击工具条中的下载图标或者在命令菜单中选择“文件”→“下载”来下载程序。

2）单击“OK”下载程序到 S7—200。如果 S7—200 处于运行模式，将有一个对话提示 CPU 将进入停止模式。单击“Yes”将 S7—200 置于 STOP 模式。

（6）将 S7—200 转入运行模式

如果想通过 STEP 7—Micro/WIN 软件将 S7—200 转入运行模式，S7—200 的模式开关必须设置为 TERM 或者 RUN。当 S7—200 处于 RUN 模式时，执行程序：

1）单击工具条中的运行图标或者在命令菜单中选择 PLC / RUN。

2）单击“Yes”切换模式。

当 S7—200 转入运行模式后，CPU 将执行程序使 Q0.0 的 LED 指示灯时亮时灭。可以通过选择“调试”→“开始程序状态监控”来监控程序。STEP 7—Micro/WIN 显示执行结果。要想终止程序，可以单击 STOP 图标或选择菜单命令“PLC”→“STOP”将 S7—200 置于 STOP 模式。

任务实施

一、PLC 控制程序的编写

在供料单元中，主令信号输入点被限制为 1 个，必须要求只用一个按钮实现本工作单元启动和停止的控制，这只能由软件编程来实现，图 1—5—10 是软件实现用一个按钮产生启动/停止信号的方法。

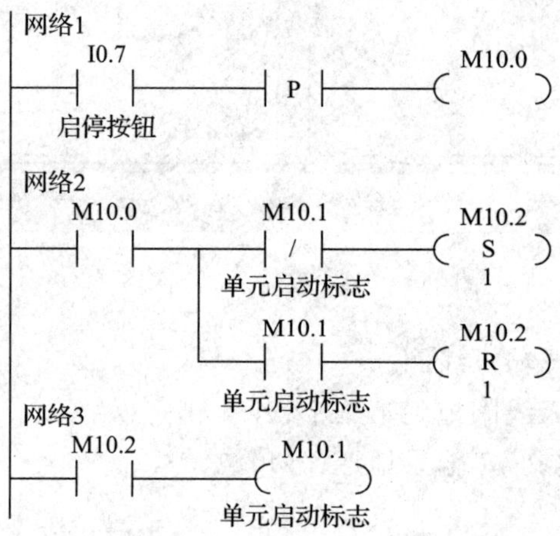

图 1—5—10 用一个按钮产生启动/停止信号程序

当第一次按下启停按钮时，M10.2 置位，用它去控制程序的启动。再次按下启停按钮时，M10.2 复位，用它去控制程序的停止。

根据前述 I/O 分配表，完成控制要求，实现供料单元的本地控制，可以采用如图 1—5—11 所示的 PLC 程序来实现相应的功能。

网络 1 和网络 2 一起完成推料电磁阀的控制。当系统上电后一切正常，顶料气缸伸出到位、推料气缸缩回到位时，M10.5 线圈得电。当启停按钮按下时，如前所述，M10.2 得电，当物料充足时，物料有无和物料不够检测常开触点闭合，物料台为空时，推料电磁阀动作，将物料推出至物料台上。网络 3 和网络 4 一起完成顶料电磁阀的控制，如图 1—5—12 所示，请自行分析。

二、PLC 控制程序的调试和运行

1. 再次调整气动部分，检查气路是否正确，气压是否合理，气缸的动作速度是否合理；磁感应接近开关的安装位置是否到位，磁感应接近开关工作是否正常；I/O 接线是否正确；光敏式接近开关安装是否合理，灵敏度是否合适，可靠性是否良好。

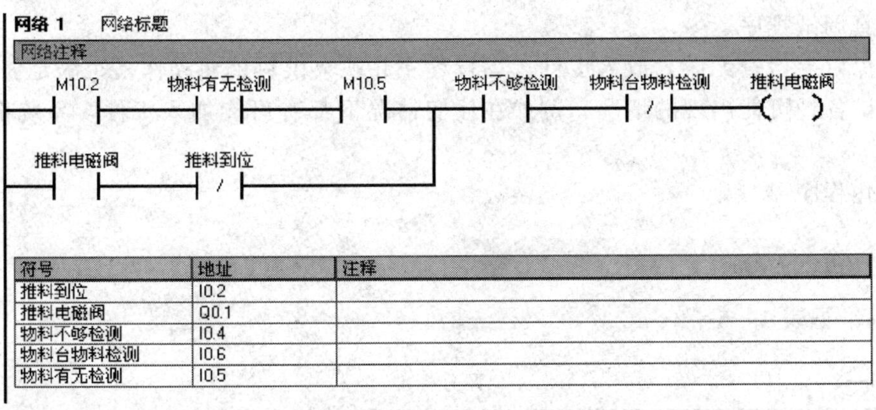

符号	地址	注释
推料到位	I0.2	
推料电磁阀	Q0.1	
物料不够检测	I0.4	
物料台物料检测	I0.6	
物料有无检测	I0.5	

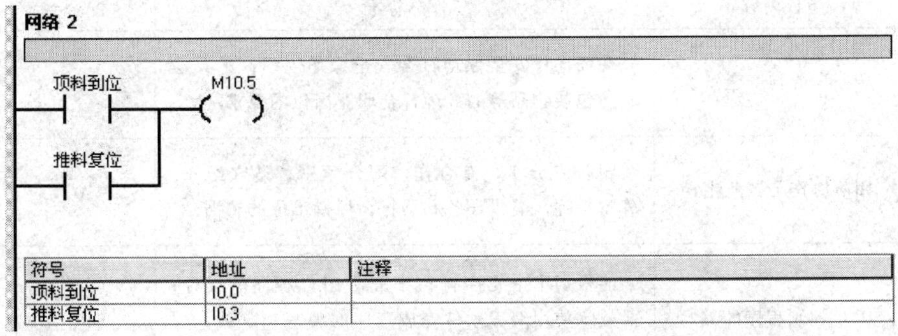

符号	地址	注释
顶料到位	I0.0	
推料复位	I0.3	

图 1—5—11　供料单元本地控制的 PLC 程序

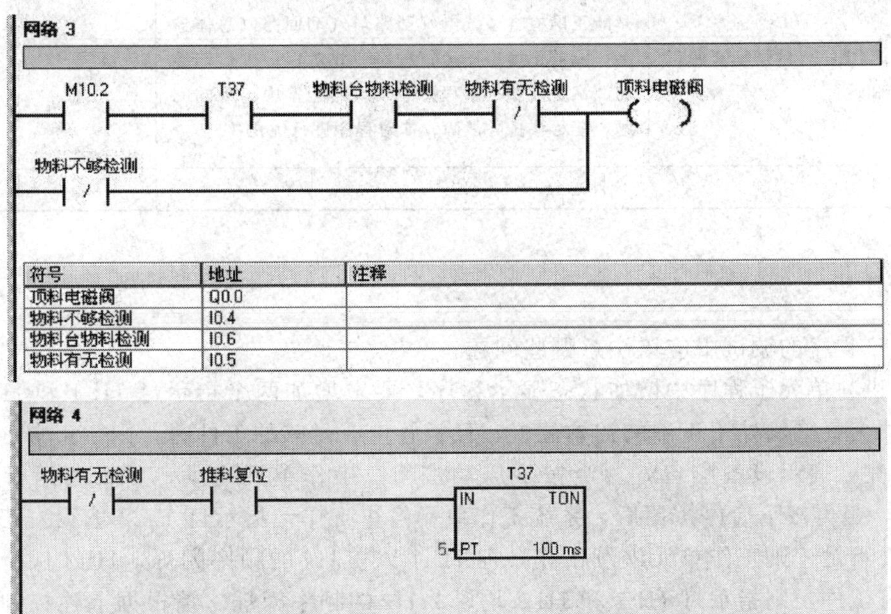

符号	地址	注释
顶料电磁阀	Q0.0	
物料不够检测	I0.4	
物料台物料检测	I0.6	
物料有无检测	I0.5	

符号	地址	注释
推料复位	I0.3	
物料有无检测	I0.5	

图 1—5—12　顶料电磁阀的控制

2．仿真调试程序。

3．确保以上检查无误，放入工件，运行程序并观察供料单元动作是否满足任务要求。

4．调试各种可能出现的情况，例如在任何情况下都有可能加入工件，系统都要能可靠工作。

5．优化程序。

任务评价

评分标准见表 1—5—2。

表 1—5—2 **评分标准**

序号	考核内容	评分标准	配分	得分
1	职业素养与安全意识	现场操作安全保护符合安全操作规程；工具摆放、包装物品等的处理符合职业岗位的要求	10	
2	团队协作与敬业精神	团队有分工、有合作，配合紧密；遵守纪律，尊重教师，爱惜设备和器材，保持工位的整洁	10	
3	PLC 控制程序的编写	能根据本单元控制要求完成 PLC 程序的设计；能熟练使用编程软件完成程序的编写和下载；程序逻辑正确，能实现控制功能	40	
4	PLC 控制程序的调试和运行	能正确检查系统电气回路与气动回路的总体连接；能够正确启动运行程序，并对程序进行监控和调试；能够排查程序中或线路连接中出现的问题，能尽快排除故障；能对程序进行优化	40	
合计总分			100	

思考与练习

1．PLC 程序的调试中应该注意哪些问题？

2．在供料单元子程序中增加状态显示程序，要求增加两个指示灯 HL1 和 HL2，当工作单元的两个气缸均处于正确的初始位置，且料仓内有足够的工件时，则“正常工作”指示灯 HL1 常亮，表示设备准备好。当按下启动按钮，工作单元启动，“设备运行”指示灯 HL2 常亮，当再按下启停按钮后，系统工作单元停止工作，指示灯 HL2 熄灭。若在运行中料仓内工件不足，则工作单元继续工作，但 HL1 以 1 Hz 的频率闪烁，HL2 保持常亮。若料仓内没有工件，则指示灯 HL1 和 HL2 均以 2 Hz 的频率闪烁。请根据上述控制要求编写 PLC 控制程序，并进行线路的连接与调试，实现该控制要求。

2 模块二

加工单元的安装、调试与编程

任务 1　加工单元结构与功能的认知

知识点

◎ 加工单元的结构与功能的认知

◎ 加工单元中特殊机械元件直线导轨副的认知

◎ 加工单元中特殊气动元件的认知

任务提出

加工单元是处于自动生产线中的第二个单元，用于对物料进行一个模拟冲压加工过程，相当于实际生产线中的冲压加工系统。

本任务是认知 YL—335 自动化生产线加工单元的结构与功能。

任务分析

要完成本任务，需要具备传感器、PLC 和气动控制的基础知识。学习并掌握加工单元的工作过程，在掌握加工单元中所用传感器与气动元件的工作原理的基础上，理解和掌握加工单元的结构和功能。

任务实施

一、加工单元的结构和功能

加工单元具体的功能是完成把待加工工件从物料台移送到加工区域所模拟的冲压气缸的正下方，接着完成对工件的模拟冲压加工，然后把加工好的工件重新送回物料台的过程。其具体工作流程如下：输送单元机械手把工件运送到物料台上→物料检测传感器检测到工件→机械手夹紧工件→物料台回到加工区域冲压气缸的下方→冲压气缸向下伸出冲压工件→完成冲压动作后冲压气缸向上缩回→冲压气缸缩回到位→物料台重新伸出→物料台伸出到位后机械手松开→输送单元机械手伸出并夹紧工件，将其送往装配单元。图 2—1—1 为加工单元实物图。

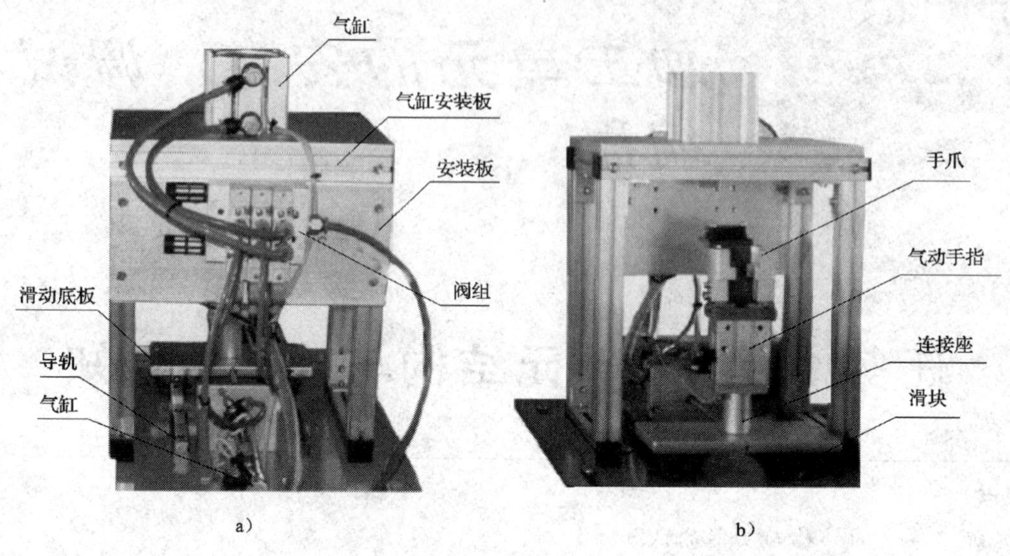

图 2—1—1　加工单元实物

a）后视图　b）前视图

加工单元主要结构组成为：物料台及滑动机构、加工（冲压）机构、电磁阀组、接线端口、PLC 模块、底板等。

1．物料台及滑动机构

物料台及滑动机构如图 2—1—2 所示。物料台用于固定工件，并把工件移到加工（冲压）机构正下方进行加工。它主要由手爪、气动手指、物料台伸缩气缸、线性导轨及滑块、磁感应接近开关、漫射式光电传感器等组成。

滑动机构的工作流程如下：滑动机构初始状态为伸缩气缸伸出、物料台气动手爪张开→输送机构把物料送到物料台上→物料检测传感器检测到工件→PLC 控制程序驱动气动手指将工件夹紧→物料台回到加工区域冲压气缸下方→冲压气缸活塞杆向下伸出冲压工件→完成冲压动作后向上缩回→物料台重新伸出→到位后气动手指松开完成工件加工工序，并向系统发出加工完成信号，为下一次工件加工做准备。

2．加工（冲压）机构

加工（冲压）机构用于对工件进行冲压加工，如图 2—1—3 所示。它主要由冲压气缸（薄型气缸）、冲压头、安装板等组成。

加工（冲压）机构的工作原理：当工件到达冲压位置即伸缩气缸活塞杆缩回到位，冲压缸伸出对工件进行加工，完成加工动作后冲压缸缩回，为下一次冲压做准备。冲头根据工件的要求对工件进行冲压加工，冲头安装在冲压缸头部。安装板用于安装冲压缸，对冲压缸进行固定。

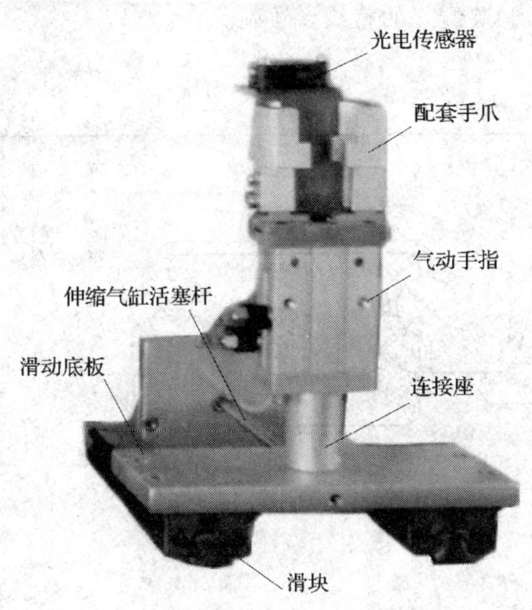

图 2—1—2　物料台及滑动机构

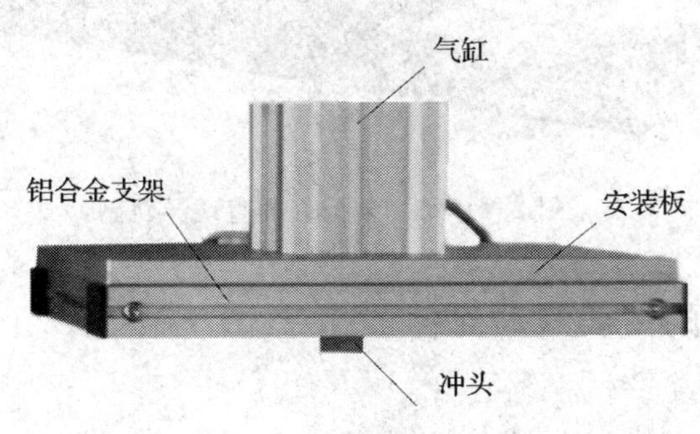

图 2—1—3　加工（冲压）机构

二、加工单元中的直线导轨副

加工单元中物料台滑动机构是由两个直线导轨副和导轨安装组成的，用来配合伸缩气缸实现物料台的伸出与缩回。

直线导轨副是一种滚动导引机构，它由钢珠在滑块与导轨之间作无限滚动循环，使得负载平台能沿着导轨以高精度作线性运动，其摩擦因数可降至传统滑动导引机构的 1/50，使之能够达到很高的定位精度。在直线传动领域中，直线导轨副一直是关键性的产品，目前已成为各种机床、数控加工中心、精密电子机械中不可缺少的重要功能部件。

直线导轨副通常按照滚珠在导轨和滑块之间的接触牙型对直线导轨副进行分类，主要有歌德式牙型和圆弧式牙型。歌德式也称作两列式，圆弧式也称作四列式。由于圆弧式牙型其接触角在传动中容易变动，从而产生间隙与侧向力变动。而歌德式牙型其接触角在运动中能保持不变，刚度也比较稳定，因此在此选用歌德式。图 2—1—4 所示为歌德式（两列式）导轨副的横截面，图 2—1—5 为装配好的直线导轨副。

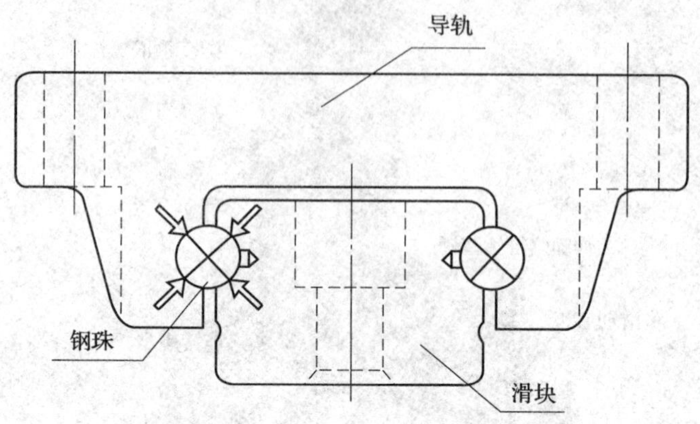

图 2—1—4　歌德式导轨副的横截面

图 2—1—5　装配好的直线导轨副

三、加工单元中的主要气动元件

1. 气缸

在加工单元中，用来模拟实际冲压加工的冲头所采用的气缸是薄型气缸，如图 2—1—6 所示。

薄型气缸是引导活塞在其中进行直线往复运动的圆筒形金属机件。与普通气缸相比，薄型气缸占用空间小，其轴向外形尺寸是相同行程普通气缸的 1/3～2/3。薄型气缸能承受较大的横向负载，且无须安装附件可直接安装于各种夹具和专用设备上。

图 2—1—6　薄型气缸

薄型气缸的应用领域为印刷（张力控制）、半导体（点焊机、芯片研磨）、自动化控制、机器人等。在加工单元中，薄型气缸用于冲压，这主要是考虑该气缸行程短的特点。

2. 气动手指

气动手指又称为气动夹爪或气动夹指，是利用压缩空气作为动力，用来夹取或抓取工件的执行装置，其主要作用是替代人的抓取工作，可有效地提高生产效率及工作的安全性。气动手指主要有摆动型（图 2—1—7）、旋转型（图 2—1—8）和平行型（图 2—1—9）三种。气动手指的特点为：所有结构都是双作用的，能实现双向抓取，可自动对中，重复精度高；抓取力矩恒定；在气缸两侧可安装非接触式行程检测开关；有多种安装、连接方式；耗气量少。

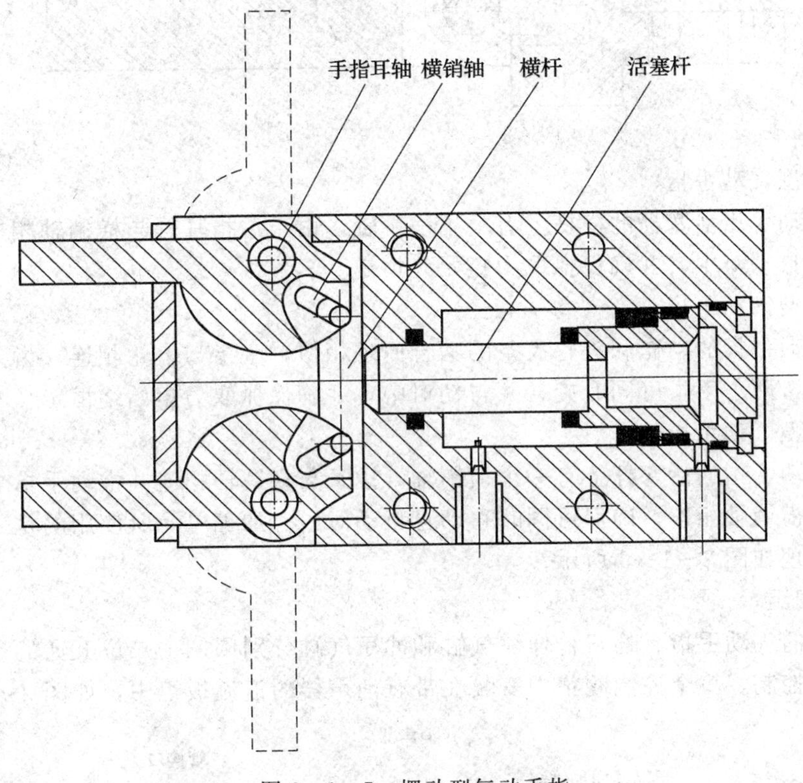

图 2—1—7　摆动型气动手指

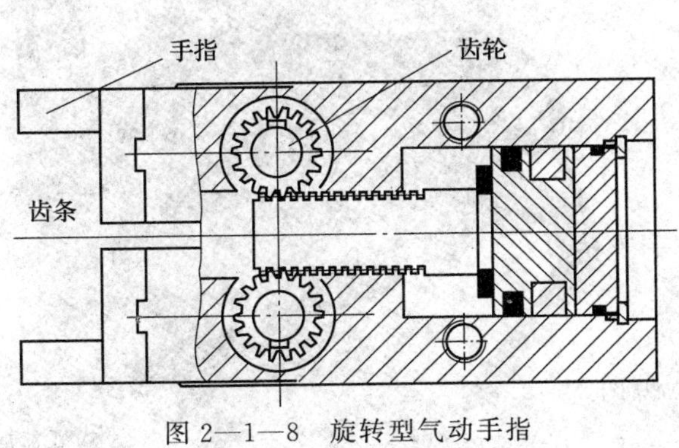

图 2—1—8　旋转型气动手指

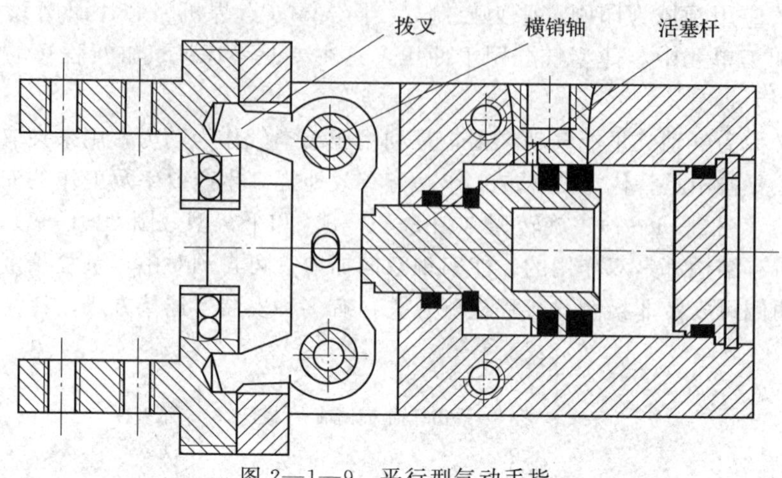

图 2—1—9　平行型气动手指

（1）摆动型气动手指

摆动型气动手指活塞杆的横杆上有一个横销轴，由于手指耳轴与横销轴相连，因而手指可同时移动且自动对中，并确保抓取力矩始终恒定。

（2）旋转型气动手指

旋转型气动手指的动作和齿轮齿条的啮合原理相似，手指与齿轮相连，齿条推动齿轮并带动手指旋转，两个手指可同时旋转并自动对中，并确保抓取力矩始终恒定。

（3）平行型气动手指

平行型气动手指的活塞杆上有一个横销轴，拨叉与横销轴相连并推动手指平行运行，两个拨叉与同一横销轴相连，确保可同时移动且自动对中。加工单元所使用的是平行型气动手指，其工作原理如图 2—1—9 所示。

3. 电磁阀组

加工单元的气动手指、物料台伸缩气缸和冲压气缸分别用三个二位五通的带手控开关的单电控电磁阀控制，三个控制阀集中安装在带有消声器的汇流板组中，如图 2—1—10 所示。

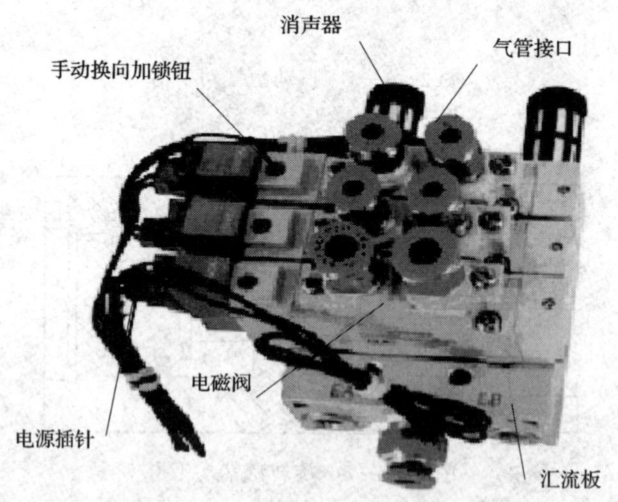

图 2—1—10　加工单元的电磁阀组

这三个阀分别对冲压气缸、物料台手爪气缸和物料台伸缩气缸的气路进行控制，以改变各自的动作状态。

电磁阀所带手控开关有锁定（LOCK）和开启（PUSH）2 个位置。在进行设备调试时，使手控开关处于开启位置，可以使用手控开关对阀进行控制，从而实现对相应气路的控制，以改变冲压气缸等执行机构的运动，达到调试的目的。

任务评价

评分标准见表 2—1—1。

表 2—1—1 **评分标准**

序号	考核内容	评分标准	配分	得分
1	加工单元结构和功能的认知	熟练掌握加工单元的基本结构，知晓各组成部分名称；理解加工单元基本功能，了解工作及控制流程	40	
2	加工单元中直线导轨副的认知	掌握直线导轨副工作原理和分类；能够指出其在加工单元中的安装位置及其具体类型	20	
3	加工单元中薄型气缸的认知	掌握薄型气缸的工作特点及适用领域；能够指出其在加工单元中的安装位置及作用	10	
4	加工单元中气动手指的认知	掌握气动手指工作原理和分类；能够指出本单元所用气动手指的安装位置和所用具体类型；了解各类型气动手指基本结构	20	
5	加工单元中电磁阀组结构的认知	掌握加工单元电磁阀组基本结构；知晓本单元电磁阀组安装位置；掌握电磁换向阀手动调节方法	10	
		合计总分	100	

思考与练习

1. 找出并说明加工单元中所用冲压气缸、气动手指、物料台伸缩气缸的安装位置和型号。
2. 简述加工单元的工作过程。
3. 找出加工单元中所用各传感器的安装位置、作用和型号。

任务2　加工单元的机械安装

技能点

◎ 机械装配和操作技能

◎ 常用装配工具、检测工具的使用

知识点

◎ 加工单元的机械结构组成

◎ 加工单元机械的安装步骤和安装方法

◎ 直线导轨副的基本安装方法

◎ 平行度的调整方法

任务提出

加工单元的机械结构按照功能可以分为加工机构组件和滑动物料台组件两个部分。除了机械部件之外，还有一些配合机械动作的气动元件和传感器。

本任务要求在底板上完成 YL—335 自动生产线加工单元各机械结构的安装，同时要求将本单元电气控制中所使用的电磁阀组、PLC、接线端子排固定安装在底板上。其中尤其需要注意的是在安装滑动机构时要注意调整两直线导轨的平行度，该项平行度公差为：所指表面必须位于距离为 0.05 mm，且平行于基准平面的两平行平面之间。

任务分析

要完成本任务，需要掌握加工单元各部件的组装顺序及安装方法。

相关知识

一、直线导轨副的安装方法

1. 安装前检查导轨，是否存在碰伤或者锈蚀，装配表面是否有毛刺、撞击凸起以及污物；检查装配连接的螺栓孔是否有污物，是否发生错位。

2. 将足够数量的预置螺母按照预置螺母的放置方法放入工作台面的安放槽内，并按照导轨定位孔间距和两根导轨之间的距离调整好预置螺母之间的相对位置。

3. 将导轨小心放置在安装位置，将所有的固定螺栓先放入导轨的固定孔内，不要旋紧。

4. 按照“从中间到两边”的顺序依次旋紧固定螺栓，固定螺栓的旋紧要分几次完成，每个螺栓的旋紧程度尽量保持一致，否则导轨产生内部应力，会引起导轨变形。紧固安装螺栓如图 2—2—1 所示。

图 2—2—1 紧固安装螺栓

5. 导轨安装完成之后，在导轨表面均匀地涂上润滑脂。润滑的主要目的是减少摩擦和磨损以防止过热，以免破坏其内部结构，影响导轨副的运动功能。在本生产线加工单元中直线导轨副属于低速运行，可以使用锂基润滑脂进行润滑。导轨安装完毕后，还要进行一定的防护，要注意工作环境与装配过程中的清洁，不能有铁屑、杂质、灰尘等黏附在导轨副上。如工作环境中有粉尘时，除利用导轨的密封外，还要考虑增加防尘装置。

安装直线导轨副时应注意：要轻拿轻放，避免磕碰以影响导轨副的直线精度；不要将滑块拆离导轨或超过行程又推回去。

二、直线导轨平行度的调整

加工单元移动料台滑动机构由两个直线导轨副和导轨安装构成，安装滑动机构时要注意调整两直线导轨的平行度。

该项平行度公差为：所指表面必须位于距离为 0.05 mm，且平行于基准平面的两平行平面之间。公差带是距离为公差值 t 且平行于基准平面的两平行平面之间的区域。公差要求是测量面相对于基准平面的平行度误差。基准平面用平板体现，测量时，双手推拉表架在平板上缓慢地作前后滑动，用百分表或千分表在被测平面内滑过，找到指示表读数的最大值和最小值，如图 2—2—2 所示。

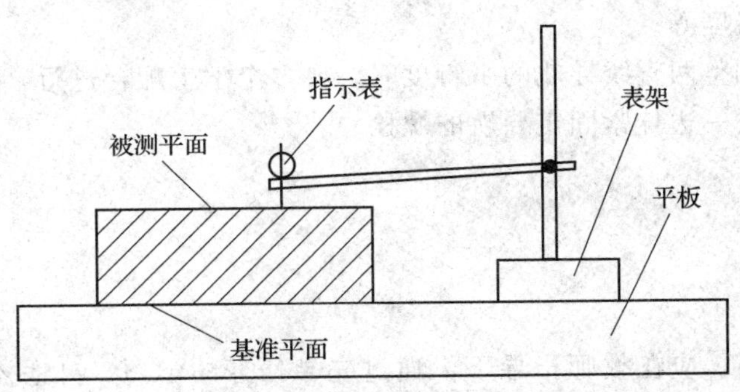

图 2—2—2 面对面的平行度公差的传统测量方法

知识链接

百分表是一种精度较高的比较量具，它只能测出相对数值，不能测出绝对数值，主要用于测量形状和位置误差，也可用于机床上安装工件时的精密找正。百分表的读数准确度为0.01 mm。百分表的结构原理如图 2—2—3 所示。当测量杆 1 向上或向下移动 1 mm 时，通过齿轮传动系统带动大指针 5 转一圈，小指针 7 转一格。刻度盘在圆周上有 100 个等分格，各格的读数值为 0.01 mm。小指针每格读数为 1 mm。测量时指针读数的变动量即为尺寸变化量。刻度盘可以转动，以便测量时大指针对准零刻线。

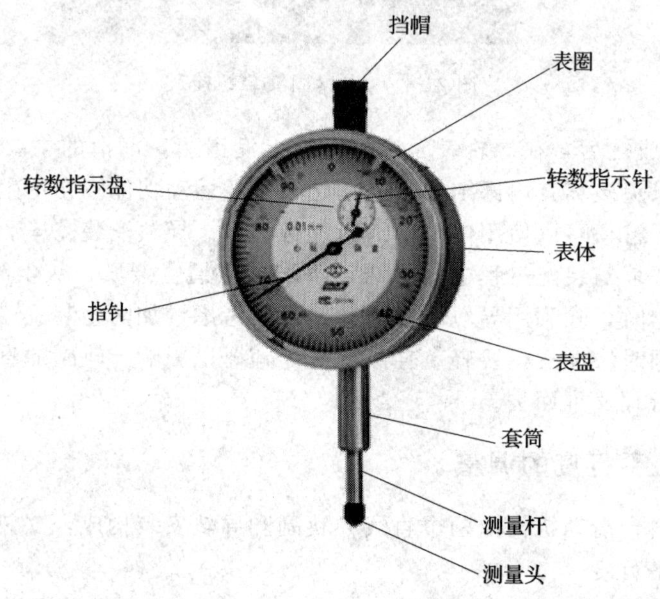

图 2—2—3　百分表的结构

百分表的读数方法为：先读小指针转过的刻度线（即毫米整数），再读大指针转过的刻度线（即小数部分），并乘以 0.01，然后两者相加，即得到所测量的数值。

现在百分表的一个非常重要的应用就是用来测量形状和位置误差，如圆度、圆跳动、平面度、平行度、直线度等。

在配合百分表调整两直线导轨的平行度时，要多个学生配合进行，需要一边移动安装在两导轨上的安装板，一边拧紧固定导轨的螺栓。

任务实施

一、准备工作

在进行安装之前，应在教师指导下，通过先导任务的学习，熟悉本单元功能和动作过程，熟悉本单元各组成结构，初步建立整体安装思路。

二、机械安装

按照“零件→组件→组装”的思路，首先将各个零件安装成组件，然后进行组装。所组合成的组件包括加工机构组件、滑动物料台组件（包括物料夹紧及运动送料部分）。在具体安装顺序上首先完成以上两个组件的装配后，再将物料夹紧及运动送料部分和整个安装底板连接固定，其中在进行运动送料部分中的直线导轨副的安装时按前述方法进行平行度的调整，再将铝合金型材支撑架安装在大底板上，最后将加工组件部分固定在铝合金型材支撑架上，完成加工单元的机械结构主体装配。

1. 加工结构组件的安装

首先铝合金型材支撑架组件按照前述铝合金框架的安装方法进行安装，然后将安装板安装到铝合金支撑架上，构成铝合金支撑架组件，其安装方法如图 2—2—4a 所示；再将冲压头安装在冲压气缸（薄型气缸）上，构成冲压气缸组件，其安装方法如图 2 2—4b 所示；最后将安装好的冲压气缸组件安装到支撑架上，构成加工机构。

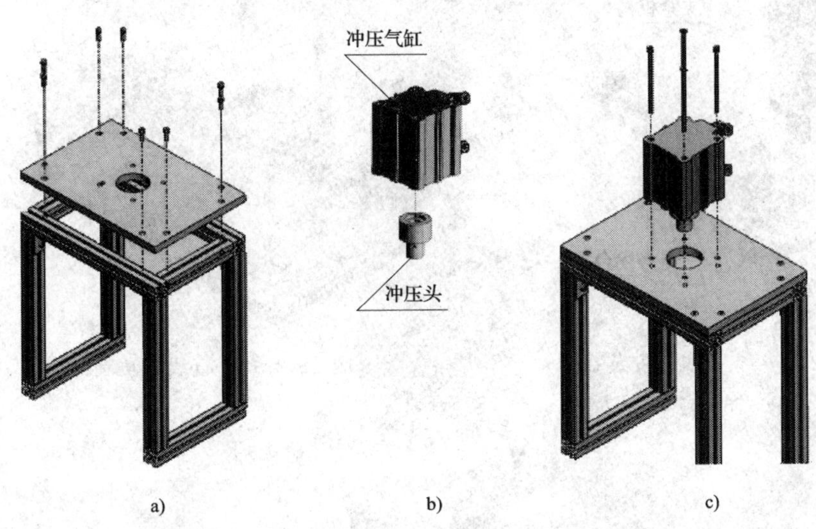

图 2—2—4 加工机构的安装步骤

a）加工机构支撑架装配 b）冲压气缸及压头装配 c）冲压气缸安装到支撑架上

2. 滑动物料台组件的安装

在本组件安装时，首先进行夹紧机构的安装，包括气动手指的机械安装，具体过程如图 2—2—5 所示。然后进行伸缩台的安装，包括伸缩气缸的安装，具体过程如图 2—2—6 所示。接着将前两步安装好的夹紧机构安装在伸缩台上，其安装方法如图 2—2—7 所示。

接下来按照前述方法完成直线导轨副的安装，安装过程中需要注意保持两根导轨平行度的公差在允许范围之内，其安装过程如图 2—2—8 所示。最后将整个滑动物料台安装在直线导轨上，安装过程如图 2—2—9 所示。

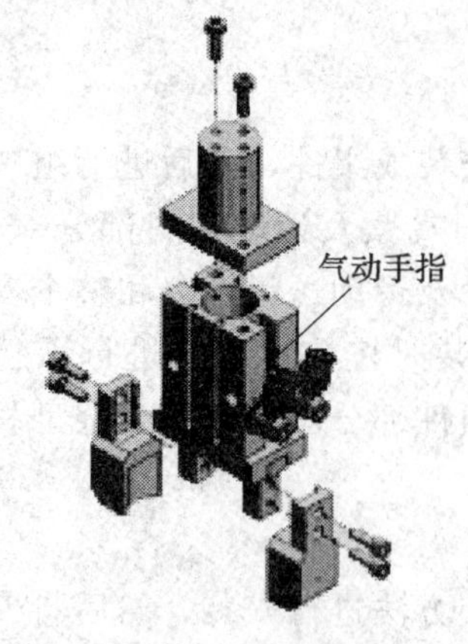

图 2—2—5 夹紧机构的安装

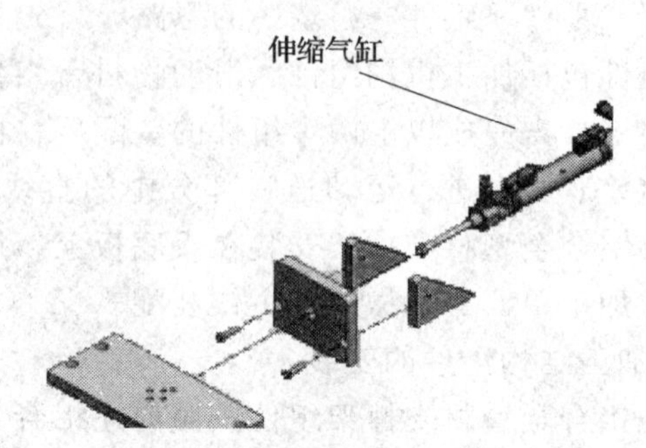

图 2—2—6 伸缩台的安装

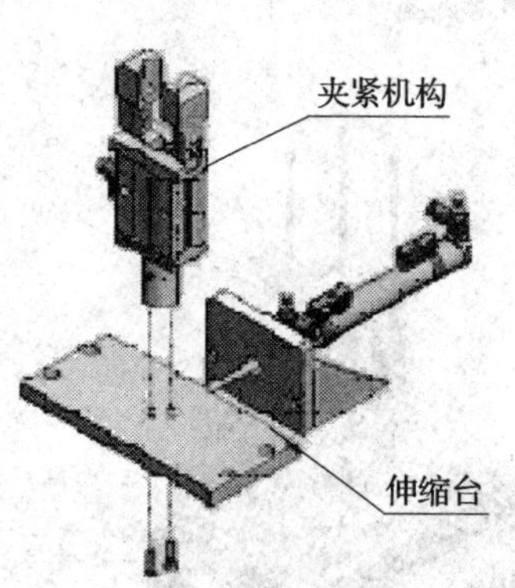

图 2—2—7 夹紧机构安装在伸缩台上

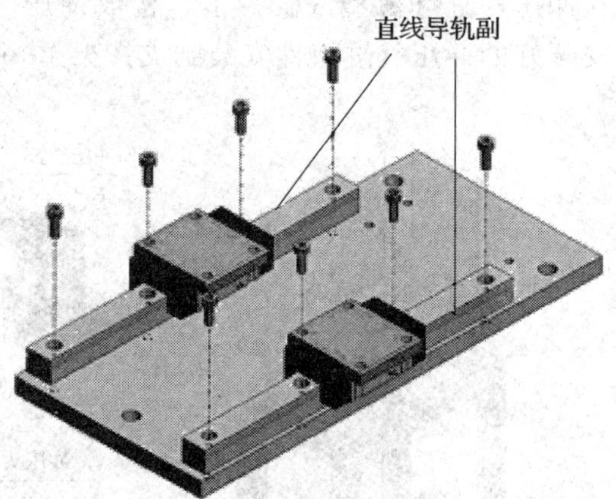

图 2—2—8 直线导轨副的安装

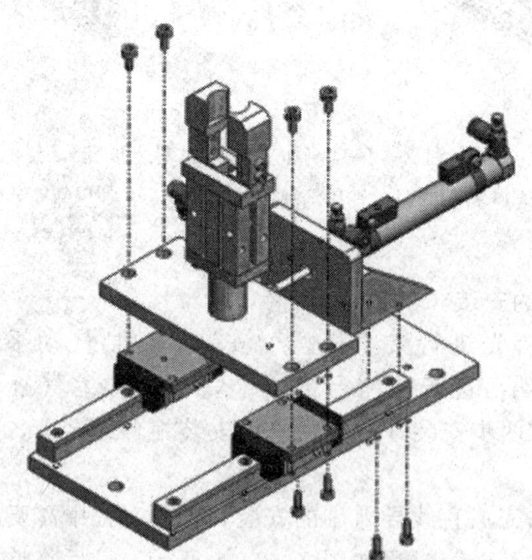

图 2—2—9 滑动物料台的总体安装

3．加工单元的总体组装

将加工机构组件和滑动物料台组件按照图 2—2—10a 所示的位置关系组装在一起。首先将滑动物料台组件整体安装在底板上，接着将加工机构组件固定安装到底板上，并固定于工作台上。安装好后的加工单元效果图如图 2—2—10b 所示。

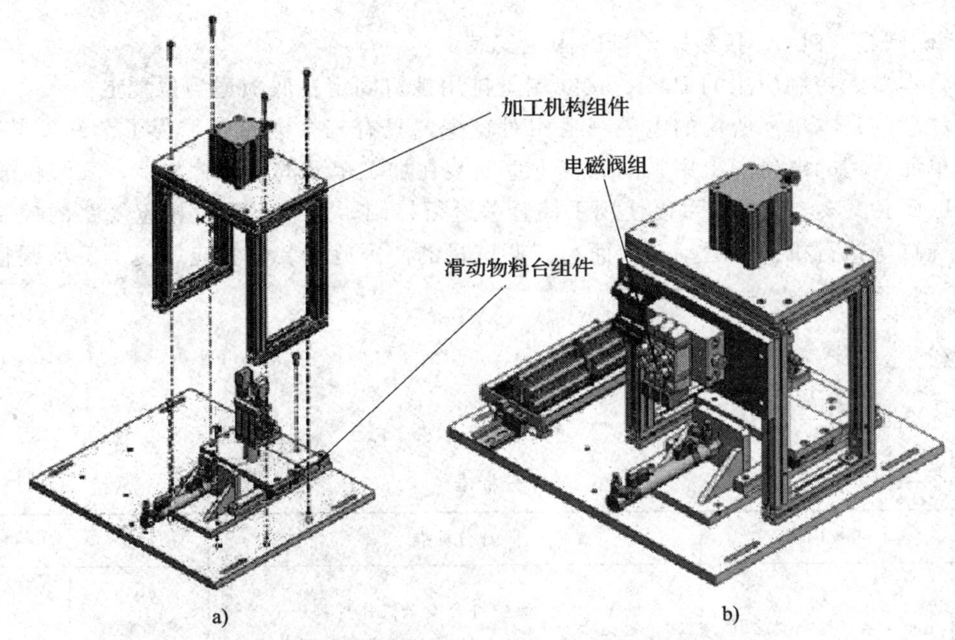

图 2—2—10　加工单元的总体组装

a）两个组件的组装　b）加工模块的总体安装效果

在进行加工单元机械部分安装时需要注意两个问题：一是安装直线导轨副时两个直线导轨的平行度的调整方法；二是如果安装时发现加工组件部分的冲压头和物料台上的工件的中心没有对正，可以通过调整伸缩气缸缩入两导轨连接板的深度来进行对正。

4．传感器的安装

（1）磁性开关的安装

磁性开关的安装位置可以调整，调整方法是松开磁性开关的紧定螺栓，让它顺着气缸滑动，到达指定位置后，再旋紧紧定螺栓。冲压气缸采用的是薄型气缸，模拟一个对工件的冲压加工过程，行程很短，因此它上面的两个磁性开关几乎靠在一起，分别安装在冲头伸出和缩回的两个极限位置。另外两个磁性开关安装在物料台伸缩气缸的两个极限工作位置。气动手指上只安装一个磁性开关，用于检测手指是否夹紧。当该磁性开关有信号时，表明手指处于夹紧状态；当该磁性开关没有信号时，表明手指处于松开状态。如果磁性开关安装位置不当，会影响控制过程。目前只是进行传感器的初步位置安装，必须等待系统进行电气回路调试时再进行精确的调整。

（2）漫射式光电开关的安装

在加工单元中，漫射式光电开关用得不多，只安装了一个漫射式光电开关。在滑动物料台上安装一个漫射式光电开关。若物料台上没有工件，则漫射式光电开关均处于常态；若物料台上有工件，则光电接近开关动作，表明物料台上已有工件。该光电传感器的输出信号送到加工单元 PLC 的输入端，用以判别物料台上是否有工件需进行加工；当加工过程结束，物料台伸出到初始位置。同时，PLC 通过通信网络，把加工完成信号反馈给系统，以协调控制。

5．电磁阀组、PLC、接线端子排的固定安装

最后将本单元控制所用的 PLC、接线端子排用螺钉固定在底板适当位置上。

需要注意的是本单元所用的电磁阀组相对较少，只有三个电磁阀，为了节约安装空间，可以将本单元所用的电磁阀组用紧固螺钉垂直安装在加工单元的安装背板上，安装位置如图 2—2—10b 所示，该电磁阀组可以使用手控开关进行控制，从而实现对相应气路的控制，以改变伸出气缸等执行机构的运动，从而达到调试目的。因此安装位置应该便于手动调整的操作。

任务评价

评分标准见表 2—2—1。

表 2—2—1　　评分标准

序号	考核内容	评分标准	配分	得分
1	职业素养与安全意识	现场操作安全保护符合安全操作规程；工具摆放、包装物品等的处理符合职业岗位的要求	10	
2	团队协作与敬业精神	团队有分工、有合作，配合紧密；遵守纪律，尊重教师，爱惜设备和器材，保持工位的整洁	10	
3	加工结构组件的安装	按时按照位置关系完成安装工作；安装牢固无松动现象；铝合金支撑架组件安装牢固；冲压气缸及冲压头安装牢固，同轴度高	20	
4	滑动物料台组件的安装	按时按照位置关系完成安装工作；安装牢固无松动现象；气缸及节流阀安装正确；直线导轨副安装牢固，平行度高；夹紧机构和伸缩台安装牢固，无晃动现象；滑动物料台整体安装牢固，运动顺畅	25	
5	总体组装	按时按照位置关系完成安装工作；安装牢固无松动现象；各螺栓旋紧力平均，无局部应力集中现象	15	

续表

序号	考核内容	评分标准	配分	得分
6	传感器的安装	按时按要求完成安装工作；安装牢固无松动现象；传感器定位基本准确，便于调整	10	
7	电磁阀组、PLC、接线端子排的安装	按时按要求完成安装工作；安装牢固无松动现象；端子排、电磁阀组、PLC安装位置符合要求，适合走线	10	
合计总分			100	

思考与练习

1. 按照装配顺序完成加工单元的机械安装实训。

2. 在装配顺序中是否可以进行顺序上的调整？为什么？

3. 讨论在机械安装中哪些部件在进行气动回路调试和电气控制回路调试时需要进行调整，从而符合控制要求。

4. 按上述方法装配完成后，直线导轨的运动依旧不是特别顺畅，应该对物料夹紧及送料部分作何调整？

任务3　加工单元气动控制回路的连接与调试

技能点

◎ 加工单元气动控制回路的连接

◎ 加工单元气动控制回路的调试

知识点

◎ 加工单元气动控制回路的工作原理

◎ 加工单元气动控制回路的设计

任务提出

气动控制回路是本工作单元的动作执行机构。加工单元气动执行元件是伸缩气缸，由PLC控制电磁阀，进而由电磁阀来控制伸缩气缸实现滑动物料台的伸出和缩回；冲压气缸采用薄型气缸，行程短，在安装冲压头后模拟完成对工件的冲压加工过程；气动手指也是由电磁阀控制来实现对工件的夹紧和松开。

本任务要求在读懂YL—335自动化生产线加工单元气动控制回路工作原理图的基础上，进行加工单元气动控制回路的连接。加工单元气动控制回路工作原理如图2—3—1所示。

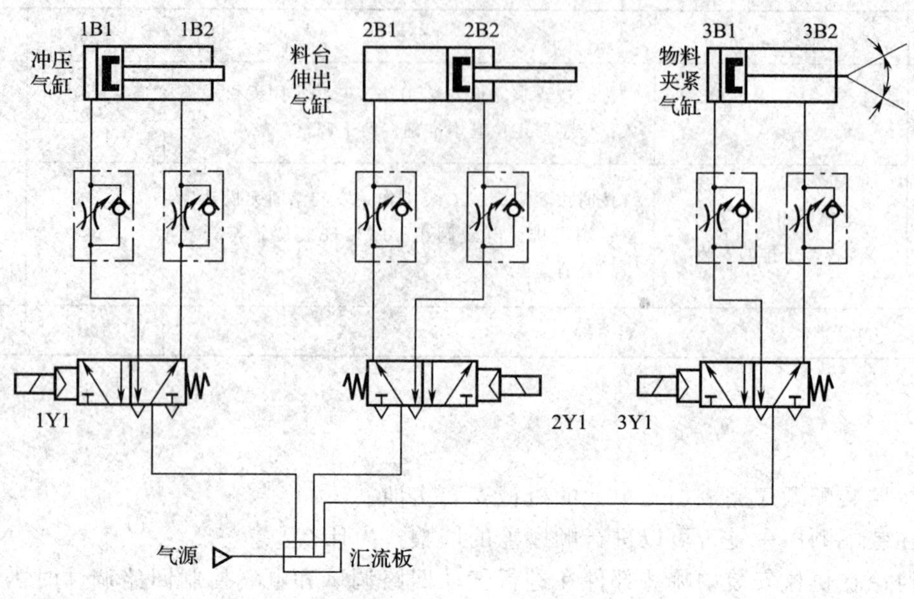

图 2—3—1 加工单元气动控制回路工作原理

任务分析

要完成本任务，需要熟悉加工单元物料台伸缩、冲头冲压、气动手指夹紧和松开的动作过程，确定各气动执行元件初始位置，在理解工作原理的前提下读懂气动系统回路原理图。

相关知识

加工单元的气动控制回路如图 2—3—1 所示。图中最上层执行元件从左到右依次为冲压气缸（薄型气缸）、物料台伸出气缸、物料夹紧气缸（气动手指）。1B1 和 1B2 为安装在冲压气缸的两个极限工作位置的磁感应接近开关，安装距离较近；2B1 和 2B2 为安装在物料台伸出气缸的两个极限工作位置的磁感应接近开关；3B1 为安装在气动手指气缸夹紧工作位置的磁感应接近开关，只用一个磁性开关来检测该气动手指的工作状态。1Y1、2Y1 和 3Y1 分别为控制冲压气缸、物料台伸出气缸和气动手指气缸的电磁阀的电磁控制端。系统电气连接与 PLC 程序编写完成后，这几个磁感应接近开关的安装位置分别决定了这三个气缸的伸出和回缩行程以及手指夹紧工件的位置。第二层控制元件为安装了带快速接头的限出型气缸节流阀，调节节流阀可以控制气缸活塞杆的伸出、缩回运动的速度。第三层控制元件为三个二位五通的带手控开关的单控电磁阀，三个控制阀集中安装在带有消声器的汇流板上，这三个阀分别对冲压气缸、物料台手爪气缸和物料台伸缩气缸的气路进行控制，以改变各自的动作状态。最下层为气源系统。

任务实施

一、气动回路的连接

1. 连接

按照图 2—3—1 所示气动系统回路工作原理图从气泵开始，将气管依次连接到汇流板，然后在汇流板上安装三个二位五通单控电磁阀，接着在汇流板中三个排气口末端连接消声器，消声器的作用是减少压缩空气在向大气排放时的噪声，再将两个节流阀分别安装在气缸的作用气口上，最后用气管将电磁阀工作口与气缸上的节流阀相连接，完成气动回路的连接。在此需要注意的是冲压气缸控制电磁阀所配的快速接头口径较大，这是由于冲压气缸对气体的压力和流量要求比较高，冲压气缸需要配套较粗气管的缘故。另外要注意各个气缸的初始位置，从图 2—3—1 可以看出，当气源接通时，冲压气缸的初始状态是缩回位置，料台伸缩出气缸的初始状态是在伸出位置，气动手指的初始状态是处于放松位置，因此三个气缸在进行气路连接时要根据原理图选择不同的工作口进行连接。此点在进行气路连接时尤其需要注意。连接调试结束后扎紧气管，并固定在铝合金型材支撑架上。

2. 连接注意事项

回路连接要完全满足加工单元气动控制原理图中各执行元件动作的关系；当进行回路连接时，气管一定要完全插到快速接头中，轻轻拉拔各连接位置的气管，以不出现松动为宜；连接时注意气管的选取长度要适宜，太长或太短都不利于运动件的运动，用不同颜色的气管表示气体的进出；气管要在快速接头中插紧，不能有漏气现象；气管走向应按序排布，均匀美观，不能交叉、打折；外露气管必须用扎带扎紧，松紧适宜，松紧度以不使气管变形为宜，外形要整齐美观。

二、气动回路的调试

在加工单元控制气路连接完成后，为了确保执行元件能满足工作需要而良好运行，需要对气动回路进行调试，具体的调试步骤如下。

1. 接通气源前，先用手轻轻拉拔各快速接头处的气管，确认各管路中不存在气管未插好的情况。同时，将调节各执行元件速度的节流阀开度调到最小，避免气源接通后各执行元件突然动作产生较大冲击，导致设备或人员伤害事故发生。

2. 打开气泵，接通气源，将过滤减压阀的压力调节手柄向上提起，顺时针或逆时针慢慢转动压力调节手柄，观察压力表，待压力表气压指在 0.5 MPa 左右时，压下压力调节手柄锁紧。切忌过度转动压力调节手柄，以防其损坏和压力突然升高。

3. 检查气动回路的气密性，观察气路中是否存在漏气，若有漏气的情况，则要根据响声判断并找出漏气的位置及原因。若由于气管破损或气动元件损坏导致漏气，则需更换气管或气动元件；若由于没有插好气管导致漏气，则需重新插好气管。

4. 用电磁阀上的手动换向加锁钮检验物料台伸缩气缸、冲压气缸、气动手指的初始位置和动作位置是否符合工作要求。

在进行物料台伸缩气缸调试时，用小旋具把加锁钮旋到 LOCK 位置时，手控开关向下凹进去，不能进行手控操作。只有在 PUSH 位置，可用工具向下按，信号为“1”，等同于该侧的电磁信号为“1”；常态时，手控开关的信号为“0”。手动换向加锁钮初始时应处于 PUSH 位置。需要注意的是，旋动手控旋钮的力度不宜太大，否则很容易使其损坏。常态时，物料台伸缩气缸活塞杆应在伸出位置，当手控开关用工具向下按时，对应电磁阀动作时，物料台伸缩气缸活塞杆应在缩回位置。如果发现气缸运动方向不对，则要对调该气缸上节流阀或电磁阀的两快速连接气口上的气管。

在进行冲压气缸（薄型气缸）的调试时，用小一字螺钉旋具将手动换向加锁钮旋到 PUSH 位置，当手控开关处于常态时，冲压气缸处于缩回位置，当手控开关用工具向下按时，薄型气缸带着冲压头快速伸出，松下手控开关时，薄型气缸快速缩回。

在进行气动手指的调试时，用小一字螺钉旋具将手动换向加锁钮旋到 PUSH 位置，当手控开关处于常态时，气动手指处于松开状态，当手控开关用工具向下按时，气动手指迅速夹紧，松下手控开关时，气动手指快速松开。

5. 调整气缸节流阀来进行气缸活塞杆的伸出和缩回运动速度的调试以及气动手指夹紧和松开速度的调试。轻轻转动其节流阀上的调节螺钉，逐渐打开节流阀的开度，确保输出气流能使气缸的活塞杆滑块平稳滑动，气动手指夹紧和松开速度均匀，以气缸的活塞杆运行无冲击、无卡滞为宜，最后再锁紧节流阀的调节螺母。

6. 按照图 2—3—2 所示连接线路进行电磁阀的动作调试，来模拟 PLC 对电磁阀的控制。

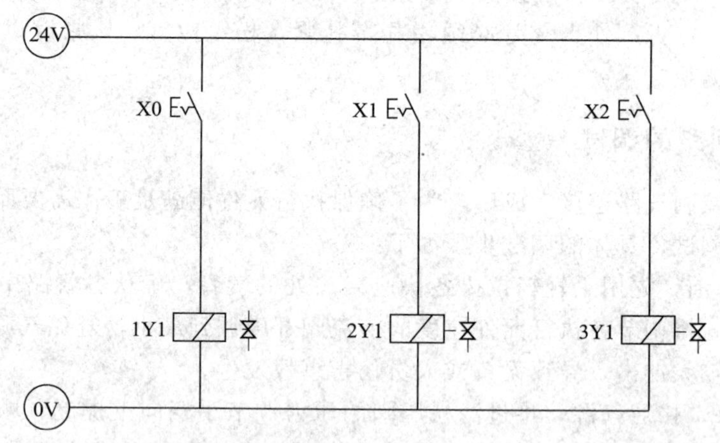

图 2—3—2　加工单元气动部分调试原理

任务评价

评分标准见表 2—3—1。

表 2—3—1 评分标准

序号	考核内容	评分标准	配分	得分
1	职业素养与安全意识	现场操作安全保护符合安全操作规程；工具摆放、包装物品等的处理符合职业岗位的要求	10	
2	团队协作与敬业精神	团队有分工、有合作，配合紧密；遵守纪律，尊重教师，爱惜设备和器材，保持工位的整洁	10	
3	气动回路的连接	回路连接要完全满足加工单元气动控制原理图中各执行元件动作的关系；回路连接符合实训要求步骤；气管与快速接头连接紧密，无漏气现象；气管选取长度适宜，颜色分明，布局合理；所有排布好的气管必须用尼龙带绑扎，松紧度以不使气管变形为宜，外形要整齐美观	40	
4	气动回路的调试	接通气源前操作正确，符合安全规范；打开气泵时符合安全操作规程，保证人员及设备安全；气动回路气密性检查准确，更换气管操作符合要求；电磁阀手动调试操作无误，气缸初始位置正确；节流阀调节气缸运动速度操作正确，活塞杆运行速度适宜，气动手指夹紧和松开速度适宜；采用原理图进行电磁阀动作调试接线正确，结果准确	40	
合计总分			100	

思考与练习

1．加工单元气动回路中各气缸初始位置由什么决定？当初始位置不符合控制要求时，如何调整？

2．加工单元气动回路的连接与调试时需要注意哪些问题？

任务 4 加工单元电气控制回路的连接与调试

技能点

◎ 加工单元电气控制回路的连接

◎ 加工单元电气控制回路的调试

知识点

◎ 加工单元输入/输出端口的分配

◎ 加工单元 PLC 控制原理图的识读

任务提出

电气控制回路是本工作单元的控制机构，传感器、电磁阀、PLC、输入按钮、指示灯等器件共同组成电气控制回路，根据加工单元动作要求完成对气动执行机构的控制，从而实现本单元的工作过程。

本任务要求在深入理解加工单元工作过程的基础上，识读加工单元 PLC 控制原理图，进行加工单元电气控制回路的连接，包括传感器、电磁阀、输入按钮等与 PLC 的电气连接，并进行电气控制回路的调试，完成加工单元的电气控制任务。

YL—335 自动化生产线加工单元 PLC 控制原理如图 2—4—1 所示。

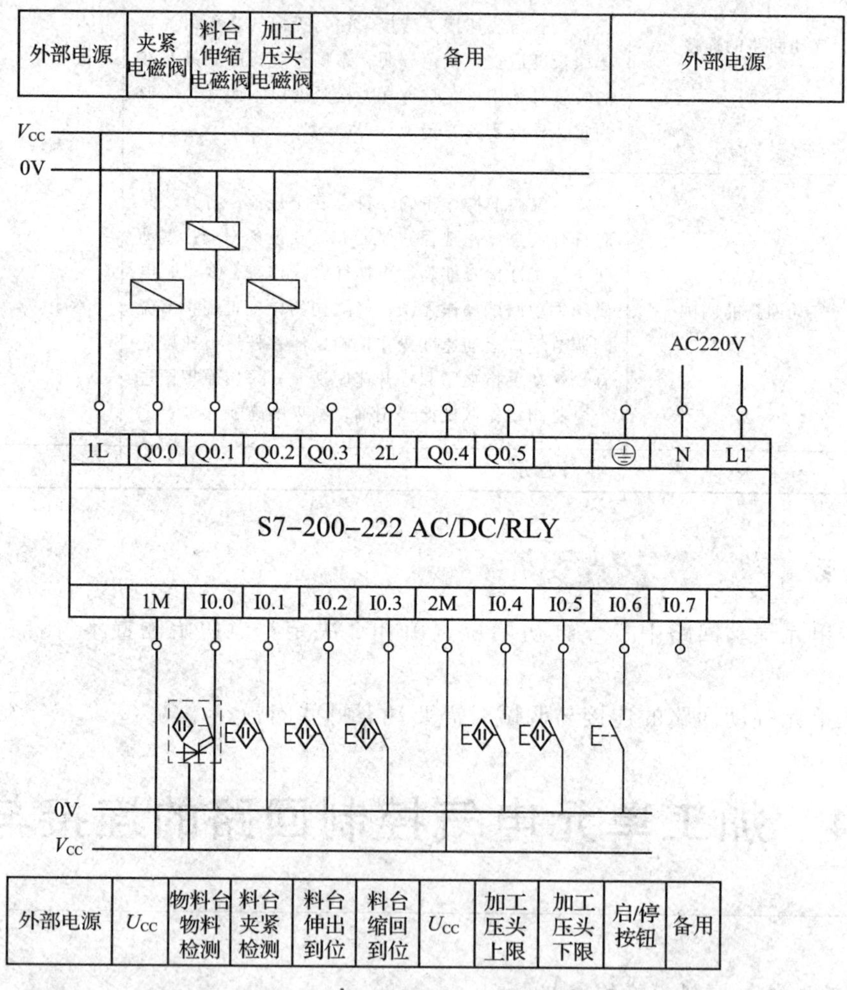

图 2—4—1 加工单元 PLC 控制原理

任务分析

要完成本任务，需要熟悉加工单元各个气缸和气动手指的动作过程，在理解工作原理的前提下设计电气系统回路原理图，然后按照实训要求进行电气回路的连接。电气回路连接完毕以后，进行电气回路的调试。

相关知识

根据加工单元工作任务的要求分配工作单元装置的输入/输出。加工单元在滑动物料台上安装一个漫射式光电开关。若物料台上没有工件，则漫射式光电开关均处于常态；若物料台上有工件，则光电接近开关动作，表明物料台上已有工件。在物料台伸缩气缸和冲压气缸两端分别有缩回限位和伸出限位两个极限位置，这两个极限位置都分别装有一个磁感应接近开关。在气动手指夹紧位置也安装有一个磁感应接近开关。这样传感器信号共占用 6 个输入点，输出主要是 3 个控制相应气缸动作的电磁阀。由此选用西门子 S7—200 系列 222CPU，共 8 点输入和 6 点输出。

YL—335 系统允许各工作单元作为独立设备运行，采用本地控制方式各工作单元在进行连接调试时可以单独运行。在加工单元中，主令信号输入点还是采用 1 个，这样需要有启动和停止 2 种主令信号，只能由软件编程实现。实现方法可参阅模块一中对应内容。最后 1 个输入点可以留作编程练习时使用。待 5 个工作单元全部安装调试后，YL—335 生产线各个单元必须作为一个整体协调有序进行运行，系统采用 RS485 串行通信实现的网络控制方案，具体在模块 6 中再做详细介绍。采用本地控制进行加工单元的连接和调试时 PLC 的 I/O 地址分配见表 2—4—1。

表 2—4—1 加工单元的 I/O 地址分配表

输入信号				
序号	地址	设备符号	设备名称	设备功能
1	I0.0	SC1	漫反射光电开关	物料台物料检测
2	I0.1	3B1	磁性开关	气爪夹紧检测
3	I0.2	2B2	磁性开关	物料台伸出到位检测
4	I0.3	2B1	磁性开关	物料台缩回到位检测
5	I0.4	1B1	磁性开关	冲压头上限检测
6	I0.5	1B2	磁性开关	冲压头下限检测
7	I0.6	SB1	按钮	提供启/停信号
8	I0.7			备用
输出信号				
序号	地址	设备符号	设备名称	设备功能
1	Q0.0	3Y1	夹紧电磁阀	控制夹紧电磁阀夹紧
2	Q0.1	2Y1	伸缩电磁阀	控制伸缩电磁阀伸缩
3	Q0.2	1Y1	冲压电磁阀	控制冲压电磁阀冲压

任务实施

一、电气回路的连接

1. 连接

为了保证线路连接的方便，采用“工作单元装置—接线端子排—PLC”的接线思路，首先将工作单元装置的导线集中接到接线端子排，再从接线端子排引出相应的导线到PLC。装置侧的接线，包括各传感器、电磁阀、电源端子等引线到接线端子排端口之间的接线。PLC侧的接线，包括电源接线，接线端子排端口和PLC接线端口之间的连线，PLC的I/O点与按钮指示灯模块端子之间的连线。

当进行磁感应式接近开关接线时，将棕色的24 V电源线连接到I/O转接端口模块的输入端24 V电源公共端口，蓝色信号引出线连接到I/O转接端口模块的对应信号输入端口。如前所述，通常在磁感应式接近开关内部封装串联了限流电阻和保护二极管，以防止磁感应式接近开关因引线极性接反而烧毁。因此即使在磁感应式接近开关接线错误时，也不会使其烧坏，只是不能正常工作而已。

当进行漫反射光电传感器的接线时，棕色电源线连接到I/O转接端口模块的输入端24 V电源公共端口，蓝色接地线连接到接地接口，黑色信号线连接到对应信号接口即可。

当进行电磁阀连接时，将红色电源控制信号线连接到I/O转接端口模块的输出端上层对应的信号输出接口上，黑色接地线连接到I/O转接端口模块输出端底层的接地公共端口上，电磁阀控制连接线的另一端插头直接插到电磁阀的插座上即可。

2. 连接注意事项

装置侧接线端口中，输入信号端子的上层端子（+24 V）只能作为传感器的正电源端，切勿用于电磁阀等执行元件的负载。电磁阀等执行元件的正电源端和0V端应连接到输出信号端子的下层端子的相应端子上。装置侧接线完成后，应用扎带绑扎，力求整齐美观。

PLC侧的接线要注意各种颜色导线的区分，以方便线路检查。电气接线工艺应符合国家职业标准的规定。例如，导线连接到端子时，采用压紧端子压接方法；连接线必须有符合规定的标号；每一端子连接的导线不超过两根等。

3. 接线端子排

I/O转接端口模块采用双层接线端子排，用于集中连接本工作单元所有电磁阀、传感器等器件的电气连接线、PLC的I/O端口及直流电源。上层端子用作连接公共电源正、负极（U_{cc}和0 V），连接片的作用是将各分散端子片进行电气短接，下层端子用作信号线的连接，固定端板是将各分散的组成部分进行横向固定，熔座内插装有2 A的熔管。接线端口上的每一个端子旁边都有数字标号，以说明端子的位地址。接线端口通过导轨固定在底板上。

加工单元装置侧的接线端口上各电磁阀和传感器的端子排分配见表2—4—2。

表 2—4—2　　加工单元端子排分配

输入端口中间层			输出端口中间层		
端子号	设备符号	信号线	端子号	设备符号	信号线
2	SC1	物料台物料检测	2	3Y1	夹紧电磁阀
3	3B1	工件夹紧检测	4	2Y1	伸缩电磁阀
4	2B2	物料台伸出到位	5	1Y1	冲压电磁阀
5	2B1	物料台缩回到位			
6	1B1	冲头上限检测			
7	1B2	冲头下限检测			
8～17 号端子没有连接			6～14 号端子没有连接		

二、电气回路的检查与调试

在加工单元电气控制回路连接完成后，首先要在不通电的情况下进行短路和开路的检查。要严禁出现短路；检查开路，可以按照 PLC 接线原理图，用万用表检查每条线路的导通情况，如果有不能导通的情况应及时排除。以上检查无误之后通电，按照 PLC 接线原理图，用万用表检查其功能是否与设计要求一致。

1．磁感应式接近开关的调试

磁感应式接近开关要与气缸配合使用，若安装不合理，则会出现气缸动作不正确的现象。在气缸上安装完磁感应式接近开关后，需根据气缸的运动进行位置调整，调整的方法是松开磁感应式接近开关的锁紧螺栓，让其沿着气缸滑动，到达定位位置后，LED 灯亮，同时 PLC 对应输入指示灯点亮，再将螺栓紧锁即可。如果发现磁感应式接近开关在气缸上调整位置后，LED 灯依旧不亮，就应检查其接线是否正确；若其接线无误，则该磁感应式接近开关损坏，应更换。如磁感应开关上 LED 指示灯点亮，而 PLC 对应输入指示灯未能点亮，则在排除 PLC 故障的前提下，重点检查蓝色信号引出线到接口端子排再到 PLC 对应输入端的线路连接情况。

2．漫反射光电传感器的调试

当工件被放置于光电接近开关的检测位置上时，正常状态有信号输出，其后部的 LED 指示灯会亮。但是如果 LED 指示灯不亮，可能是接近开关的检测距离太小和灵敏度不够，就需要用小一字螺钉旋具调节其后端的灵敏度调节旋钮，适当增加灵敏度；也有可能是接线出错或接触不良，就需要检查线路并重新进行调试。当检测位置处没有工件而此时 LED 指示灯也亮时，说明该接近开关的检测范围太大和灵敏度过高，需要调节其后端的灵敏度调节旋钮，适当降低灵敏度。同上如漫反射光电开关上 LED 指示灯点亮，而 PLC 对应输入指示灯未能点亮，则在排除 PLC 故障的前提下，重点检查黑色信号引出线到接口端子排再到 PLC 对应输入端的线路连接情况。

3．电磁阀的调试

当进行电磁阀调试时，可将待调试的电磁阀线圈红色电源控制信号线改接到 I/O 转接端口模块的 24 V 电源端口上，再接通电源，观察电磁阀线圈 LED 指示灯是否亮，若电磁阀线圈指示灯亮，则输出信号为“1”，控制气缸执行对应动作，该电磁阀线圈可正常工作。在测试完成后，需重新将红色电源控制信号线改接回到对应的信号输出接口上。若电磁阀线圈指示灯不亮，则可能是电磁阀线圈电源线插头松脱或接线出错，只要重新插紧或连接正确即可；也有可能因为电磁阀线圈已经烧毁，需更换。值得注意的是，有双线圈的电磁阀不能让它的两个线圈同时得电，否则可能会烧坏电磁阀线圈，此时阀芯的位置也是不确定的。

任务评价

评分标准见表 2—4—3。

表 2—4—3　　评分标准

序号	考核内容	评分标准	配分	得分
1	职业素养与安全意识	现场操作安全保护符合安全操作规程；工具摆放、包装物品等的处理符合职业岗位的要求	10	
2	团队协作与敬业精神	团队有分工、有合作，配合紧密；遵守纪律，尊重教师，爱惜设备和器材，保持工位的整洁	10	
3	电气回路的连接	回路连接要完全满足加工单元电气控制原理图；回路连接符合实训要求；电气回路连接符合国家行业标准的规定：端子连接、插针压接牢固无松动；每一端子连接的导线不超过 2 根；端子连接处有线号；连接线有符合规定的标号；电路接线绑扎且整齐美观；各传感器、电磁阀、PLC 等电路连接正确	40	
4	电气回路的调试	接通电源前电路检查操作正确，符合安全规范；电路接通后能正确进行磁性开关、漫反射光电开关、启停按钮等输入设备的调试，各元件均能正确运行，且能排除线路故障；能正确进行输出端电磁阀的模拟调试，电磁阀能正确控制气动执行机构完成本单元整体控制要求	40	
合计总分			100	

思考与练习

1. 说明使用万用表对加工单元供电电源系统进行线路排查的过程和方法。
2. 加工单元电气回路的连接与调试时需要注意哪些问题？

任务 5　加工单元 PLC 程序的编写与调试

技能点

◎ 加工单元 PLC 程序的编写

◎ 加工单元 PLC 程序的调试

知识点

◎ 西门子 S7—200 系列 PLC 顺控继电器（SCR）指令

◎ 加工单元本地控制程序的编写

任务提出

加工单元控制功能的实现是靠 PLC 中的控制程序结合传感器、电磁阀等输入输出设备一起实现的。加工单元既可作为独立设备单独运行，采用本地控制方式，也可与其他单元作为一条生产线整体运行，采用网络控制方式。

本任务为完成 YL—335 自动化生产线加工单元作为独立设备单独运行的本地控制程序的编写与调试，要求采用启停按钮来控制加工单元的启动和停止，根据控制要求来实现加工单元的加工动作。

控制要求如下：在本任务中，主要考虑加工单元作为独立设备单独运行时的情况。采用本地控制方式，利用一个按钮产生启动/停止信号。当设备通电和气源接通后，加工单元的三个气缸均应处于初始位置，此时物料台伸缩气缸处于伸出位置，冲压气缸处于缩回位置，气动手指处于松开状态。加工单元的工艺过程是一个顺序控制：物料台的物料检测传感器检测到工件后，机械手指夹紧工件→物料台回到加工区域冲压气缸下方→冲压气缸向下伸出冲压工件→完成冲压动作后冲压气缸向上缩回→物料台重新伸出→到位后机械手指松开，完成工件加工工序，并向系统发出加工完成信号。由此可以使用上述顺控继电器指令 SCR 来编程。当按下启停按钮 SB1，物料台的物料检测传感器检测到工件后，系统启动，完成整个加工过程，加工完毕后，人工将物料台上的工件拿走，接着再放入一个工件，系统会重复运行，完成对新的工件的加工过程。如此可反复循环运行。直到再次按下启停按钮 SB1，系统在完成本周期的加工过程后停止运行，气缸复位，不进行加工动作。

任务分析

要完成本任务，需要具备西门子 PLC 编程的基础知识以及使用西门子 S7—200 系列 PLC 专用编程软件 STEP 7—Micro/WIN 完成 PLC 程序的编写、下载、监控、调试等基本操作技能（西门子 PLC 基本编程指令等内容可以参阅模块一中相应内容。加工单元的工艺过程是一个顺序控制，因此需要学习西门子 S7—200 系列 PLC 顺控继电器（SCR）指令。

相关知识

一、顺控继电器（SCR）指令基本格式

SCR 指令能够按照自然工艺段在 LAD、FBD 或 STL 中编制状态控制程序。无论如何，由一系列操作组成的应用程序都会反复执行，而 SCR 指令可以使程序更加结构化，以便于直接针对应用。这样可以使得编程和调试更加快速和简单。装载 SCR 指令（LSCR）将 S 位的值装载到 SCR 和逻辑堆栈中。

1．顺控继电器指令

（1）装载 SCR 指令（LSCR）标志着 SCR 段的开始，SCR 结束指令则标志着 SCR 段的结束。在装载 SCR 指令与 SCR 结束指令之间的所有逻辑操作的执行取决于 S 堆栈的值。而在 SCR 结束指令和下一条装载 SCR 指令之间的逻辑操作则不依赖于 S 堆栈的值。

（2）SCR 传输指令（SCRT）将程序控制权从一个激活的 SCR 段传递到另一个 SCR 段。执行 SCRT 指令可以使当前激活的程序段的 S 位复位，同时使下一个将要执行的程序段的 S 位置位。在 SCRT 指令执行时，复位当前激活的程序段的 S 位并不会影响 S 堆栈。SCR 段会一直保持能流直到退出。

（3）SCR 条件结束指令（CSCRE）可以使程序退出一个激活的程序段而不执行 CSCRE 与 SCRE 之间的指令。CSCRE 指令不影响任何 S 位，也不影响 S 堆栈。图 2—5—1 说明了 LSCR 指令对逻辑堆栈的影响。

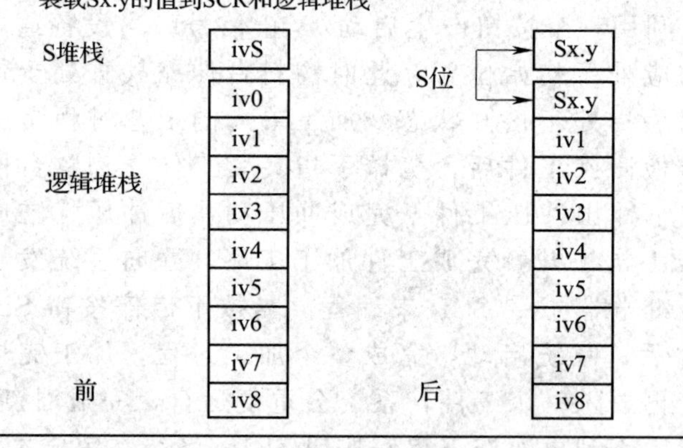

图 2—5—1　LSCR 指令对逻辑堆栈的影响

2．使用 SCR 指令时的限定

（1）不能把同一个 S 位用于不同程序中。例如：如果在主程序中用了 S0.1，在子程序中就不能再使用它。

（2）在 SCR 段之间不能使用 JMP 和 LBL 指令，就是说不允许跳入、跳出。可以在 SCR 段附近使用跳转和标号指令或者在段内跳转。

（3）在 SCR 段中不能使用 END 指令。

二、顺控继电器（SCR）指令应用实例

在图 2—5—2 顺控继电器指令应用实例中，首次扫描位 SM0.1 置位 S0.1，从而在首次扫描中，激活状态“1”，延时 2 s 后，T37 导致切换到状态“2”，切换使状态“1”停止，激活状态“2”。

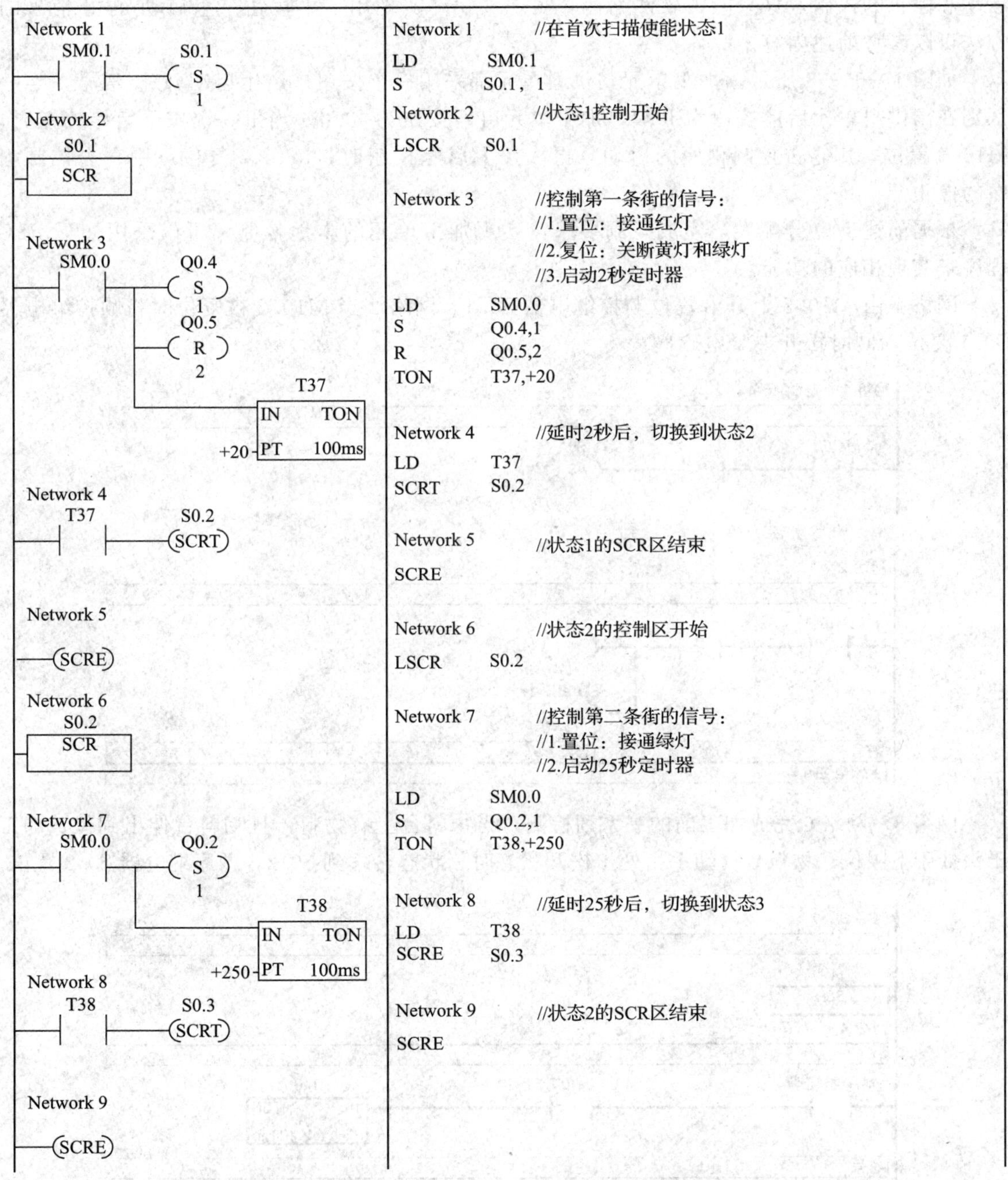

图 2—5—2　顺控继电器指令应用实例

任务实施

一、PLC 控制程序的编写

在加工单元中，主令信号输入点被限制为 1 个，必须要求只用一个按钮实现本工作单元启动和停止的控制，这只能由软件编程来实现，软件实现用一个按钮产生启动/停止信号的方法可以参考前述内容。

如图 1—5—10 所示，加工单元与供料单元都采用一个按钮来产生启动/停止信号，唯一区别在于供料单元启停按钮为 I0.7，加工单元启停按钮为 I0.6，当第一次按下启停按钮时，M10.2 置位，用它去控制程序的启动，再次按下启停按钮时，M10.2 复位，用它去控制程序的停止。

根据前述 I/O 分配表，完成控制要求，实现加工单元的本地控制，可以采用如下 PLC 程序来实现相应的功能。

网络 1 由 M10.2 上升沿置位顺控继电器 S0.1。网络 2 当 M10.2 被复位时将顺控继电器 S0.1 复位，同时松开夹紧电磁阀。

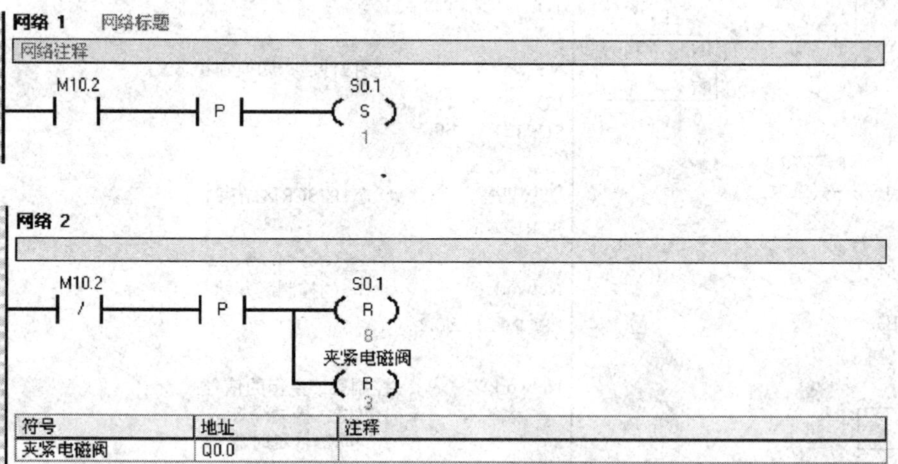

网络 3～网络 6 完成加工前的一系列检测，当物料台上有物料，且物料台伸出到位、加工压头处于上限位、物料台气动手指处于松开状态时，状态转移到 S0.2，顺序继电器 S0.2 置位。

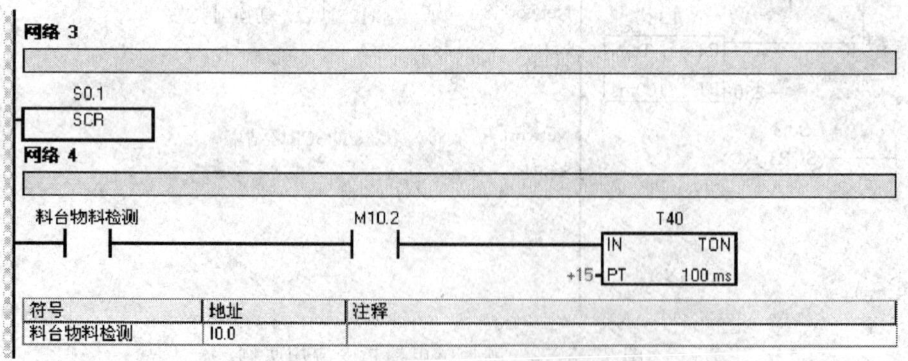

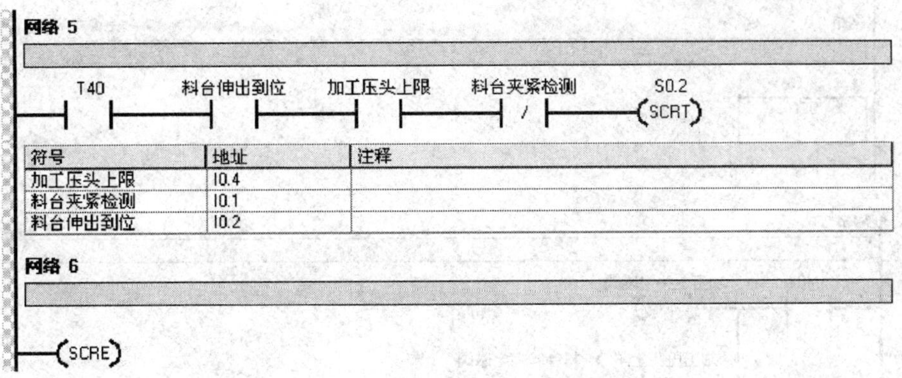

符号	地址	注释
加工压头上限	I0.4	
料台夹紧检测	I0.1	
料台伸出到位	I0.2	

网络 7～网络 9 完成整个加工过程，首先夹紧电磁阀置位，气动手指夹紧，然后物料台缩回到位后，冲头气缸对工件进行加工，当加工到位后，状态转移到 S0.3，顺序继电器 S0.3 置位。

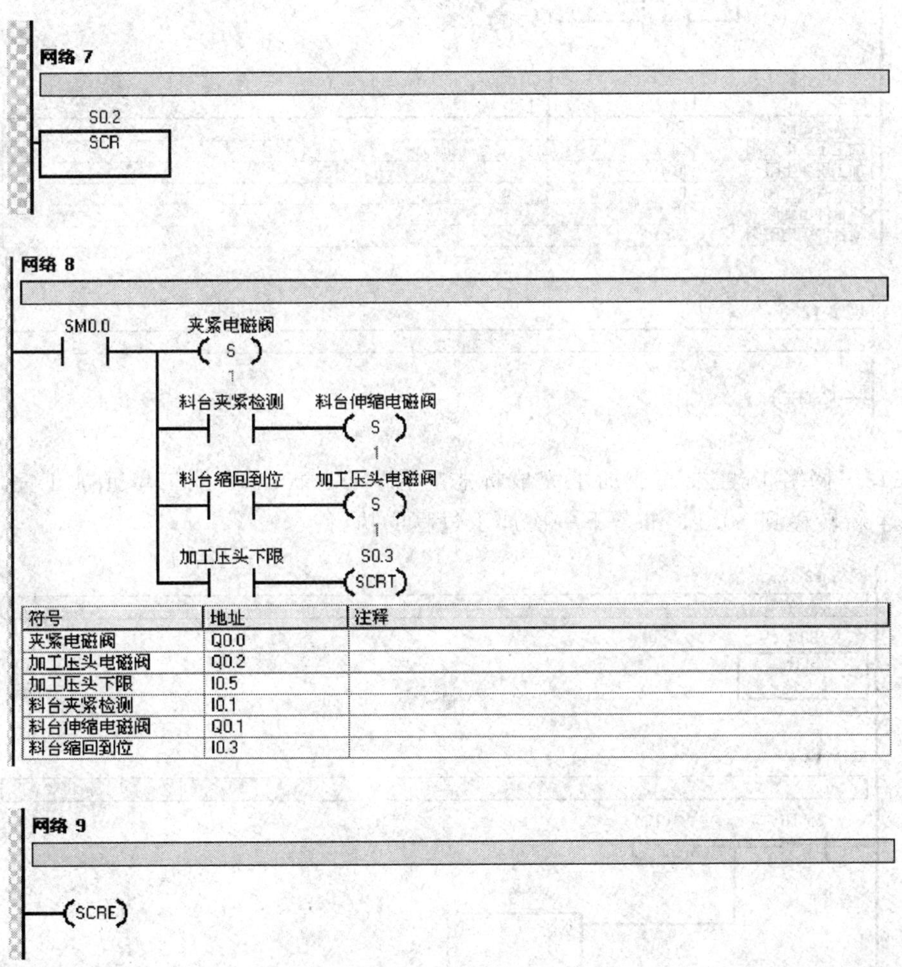

符号	地址	注释
夹紧电磁阀	Q0.0	
加工压头电磁阀	Q0.2	
加工压头下限	I0.5	
料台夹紧检测	I0.1	
料台伸缩电磁阀	Q0.1	
料台缩回到位	I0.3	

网络 10～网络 12 完成冲头电磁阀的复位、伸缩物料台复位伸出、夹紧电磁阀复位松开工件，动作完成后，S0.4 被置位，状态转移到 S0.4。

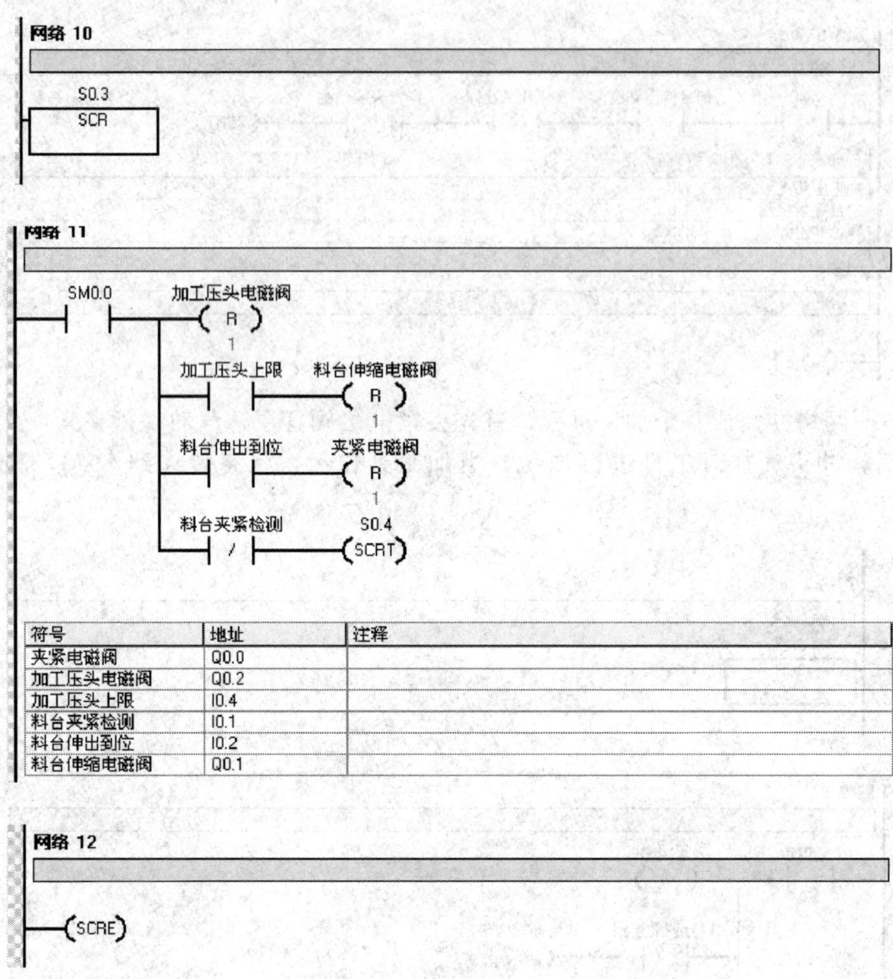

符号	地址	注释
夹紧电磁阀	Q0.0	
加工压头电磁阀	Q0.2	
加工压头上限	I0.4	
料台夹紧检测	I0.1	
料台伸出到位	I0.2	
料台伸缩电磁阀	Q0.1	

网络 13～网络 16 主要完成加工完成标志置位，V1010.1 为加工单元加工完成标志位，最后状态重新转移到 S0.1，准备下一次加工过程的执行。

网络 13

S0.4

SCR

网络 14

SM0.0

V1010.1

T37

IN TON

+10 PT 100 ms

二、PLC 控制程序的调试和运行

1. 再次调整气动部分，检查气路是否正确，气压是否合理，气缸的动作速度是否合理；磁感应接近开关的安装位置是否到位，磁感应接近开关工作是否正常；I/O 接线是否正确；光敏式接近开关安装是否合理，灵敏度是否合适，可靠性是否良好。

2. 仿真调试程序。

3. 确保以上检查无误，放入工件，运行程序并观察加工单元动作是否满足任务要求。

4. 调试各种可能出现的情况，例如在任何情况下都有可能加入工件，系统都要能可靠工作。

5. 优化程序。

任务评价

评分标准见表 2—5—1。

表 2—5—1　　评分标准

序号	考核内容	评分标准	配分	得分
1	职业素养与安全意识	现场操作安全保护符合安全操作规程；工具摆放、包装物品等的处理符合职业岗位的要求	10	
2	团队协作与敬业精神	团队有分工、有合作，配合紧密；遵守纪律，尊重教师，爱惜设备和器材，保持工位的整洁	10	
3	PLC 控制程序的编写	能根据本单元控制要求完成 PLC 程序的设计；能熟练使用编程软件完成程序的编写和下载；程序逻辑正确，能实现控制功能	40	
4	PLC 控制程序的调试和运行	能正确检查系统电气回路与气动回路的总体连接；能够正确启动运行程序，并对程序进行监控和调试；能够排查程序中或线路连接中出现的问题，尽快排除故障；能对程序进行优化	40	
合计总分			100	

思考与练习

1. 总结检查气动连线、传感器接线、I/O 检测及故障的排除方法。

2. 利用多余的一个输入点，在加工单元控制要求中增加一个急停按钮，要求当本单元出现紧急情况时按下急停按钮，提供一个本单元的急停信号，本单元所有机构应立即停止运行，直到急停解除为止，试改写加工单元本地控制程序，并进行程序调试与运行。

模块三 3 装配单元的安装、调试与编程

任务 1 装配单元结构与功能的认知

知识点

◎ 装配单元结构与功能的认知

◎ 装配单元中机械手的认知

◎ 装配单元中特殊气动元件的认知

任务提出

装配单元是自动生产线中的第三个单元，可以模拟两个物料的装配过程，并通过旋转工作台模拟物流传送过程，相当于实际生产线中的工件装配系统。

本任务是认知 YL—335 自动化生产线装配单元的结构与功能。

任务分析

要完成本任务，需要学习装配单元的工作过程。很多和供料单元类似的传感器和气动元件的认知可以参阅模块一中的内容。

任务实施

一、装配单元的结构和功能

装配单元是将该生产线中分散的两个物料进行装配的过程，即完成把本单元料仓中的小圆柱工件（黑、白两种颜色）装入物料台上的半成品工件中心孔的过程。图 3—1—1 为小圆柱工件及装配后效果图。

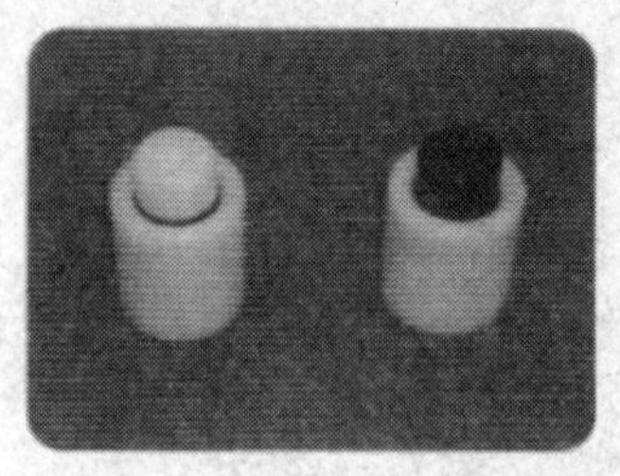

图 3—1—1 小圆柱工件及装配后效果

装配单元的总体装配图如图 3—1—2 所示。该单元的基本工作过程是：料仓中的物料在重力作用下自由下落到底层，顶料和挡料两直线气缸对底层相邻两物料夹紧和松开，对连续下落的物料进行分配，最底层的物料按指定的路径落入料盘，气动摆台完成 180°位置变换后，由伸缩气缸、升降气缸、气动手指所组成的机械手夹持并移动，再插入到已定位在装配台上的半成品工件中，完成一次工件的装配过程。

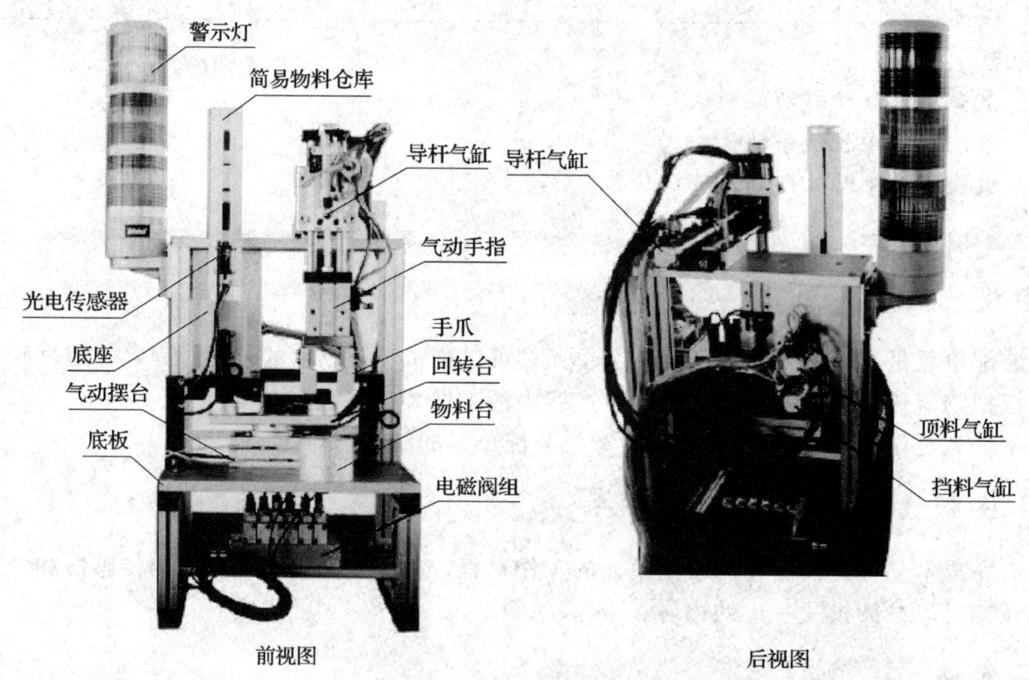

图 3—1—2 装配单元全貌

装配单元的结构组成包括简易料仓、供料机构、回转物料台、机械手、半成品工件的定位机构、气动系统及其阀组、信号采集及其自动控制系统，以及用于电器连接的端子排组件，整条生产线状态指示的信号灯和用于其他机构安装的铝型材支架及底板，传感器安装支架等其他附件。

简易料仓由塑料圆棒加工而成，它直接插装在供料机构的连接孔中，并在顶端放置加强金属环，用以防止空心塑料圆柱的破损。物料竖直放入料仓的空心圆柱内，由于二者之间有一定的间隙，使其能在重力作用下自由下落。简易料仓实物图如图 3—1—3 所示，其示意图如图 3—1—4 所示。

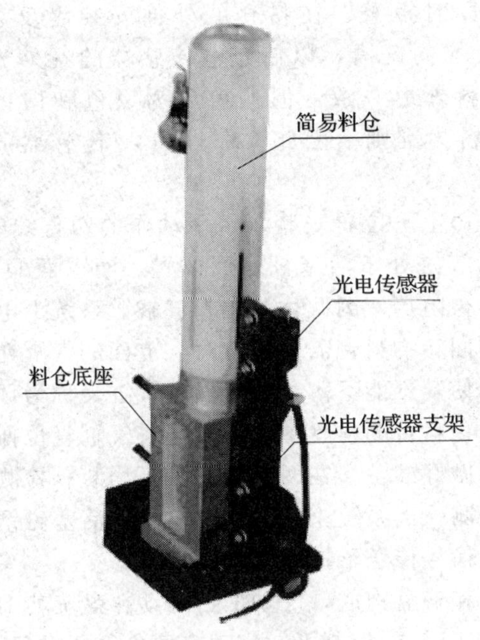

图 3—1—3 简易料仓实物图

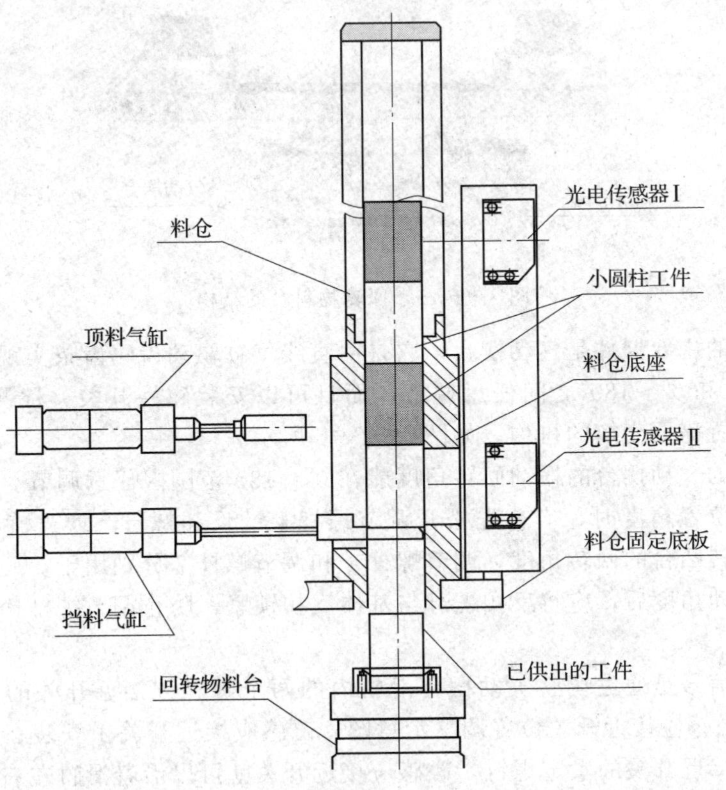

图 3—1—4 简易料仓示意图

为了能对料仓缺料时即时报警，在料仓的外部安装漫反射光电传感器（CX—441型），并在料仓塑料圆柱上纵向铣槽，以使光电传感器的红外光斑能可靠地照射到被检测的物料上。料仓中的物料外形一致，但颜色分为黑色和白色，光电传感器的灵敏度调整应以能检测到黑色物料为准则。因此 CX—441 型传感器的灵敏度在进行电气调试时必须细心调节。

供料机构的动作过程是由上下位置安装，水平动作的两直线气缸在 PLC 的控制下完成的。其初始位置是：上面的气缸处于活塞杆缩回位置，而下面的气缸则处于活塞杆伸出位置，从而使重力下落的物料被阻挡，因此称为挡料气缸。系统上电并正常运行后，当回转物料台旁的光电传感器检测到回转物料台需要物料时，上面的气缸在电磁阀的作用下活塞杆伸出，把次下层的物料顶住，使其不能下落，故上面的气缸又称为顶料气缸。这时，挡料气缸活塞杆缩回，物料掉入回转物料台的料盘中，然后挡料气缸复位伸出，顶料气缸缩回，次下层物料下落，为下一次分料做好准备。在两直线气缸上均装有检测活塞杆伸出与缩回到位的磁性开关，用于动作到位检测，当系统正常工作并检测到活塞磁钢的时候，磁性开关的红色指示灯点亮，并将检测到的信号传送给控制系统的 PLC。

回转物料台由气动摆台和料盘构成，气动摆台驱动料盘旋转 180°，并将摆动到位信号通过磁性开关传送给 PLC，在 PLC 的控制下，实现有序、往复循环动作，如图 3—1—5 所示。

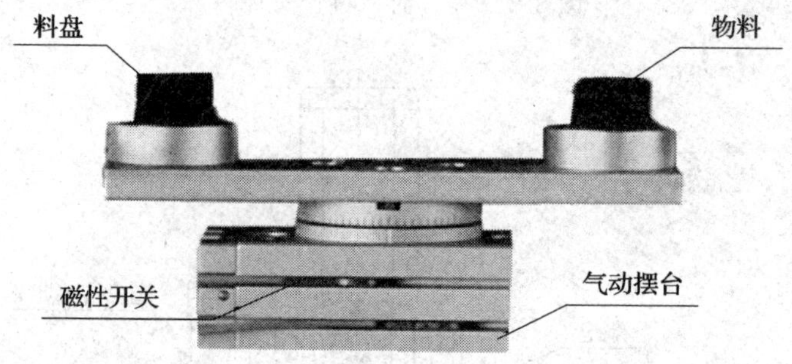

图 3—1—5　回转物料台的结构

回转物料台的主要器件是气动摆台，它是由直线气缸驱动齿轮齿条实现回转运动，回转角度能在 0°～90°和 0°～180°之间任意调节，而且可以安装磁性开关，检测旋转到位信号，多用于方向和位置需要变换的机构，如图 3—1—6 所示。

本章所使用的气动摆台的摆动回转角度能在 0°～180°范围内任意调节。当需要调节回转角度或调整摆动位置精度时，应首先松开调节螺杆上的反扣螺母，通过旋入和旋出调节螺杆，从而改变回转凸台的回转角度，调节螺杆 1 和调节螺杆 2 分别用于左旋和右旋角度的调整。当调整好摆动角度后，应将反扣螺母与基体反扣锁紧，防止调节螺杆松动，从而造成回转精度降低。

回转到位的信号是通过调整气动摆台滑轨内的两个磁感应接近开关的位置实现的，图 3—1—7 所示是磁感应接近开关位置调整示意图。磁感应接近开关 1 安装在气缸本体的滑轨内，松开磁感应接近开关的紧定螺钉，磁感应接近开关就可以沿着滑轨左右移动。确定开关位置后，旋紧紧定螺钉，即可完成位置的调整。

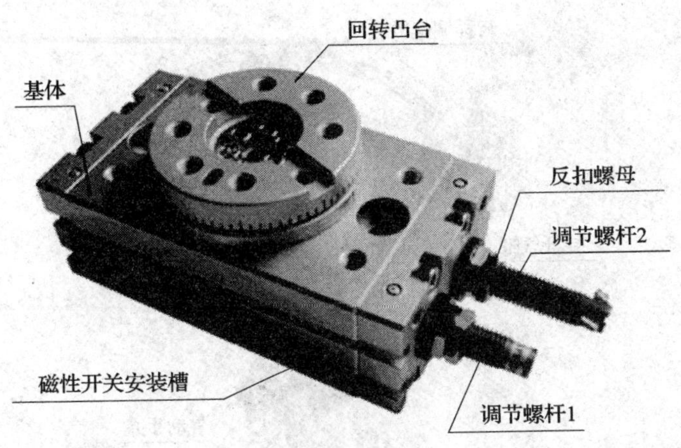

图 3—1—6　气动摆台

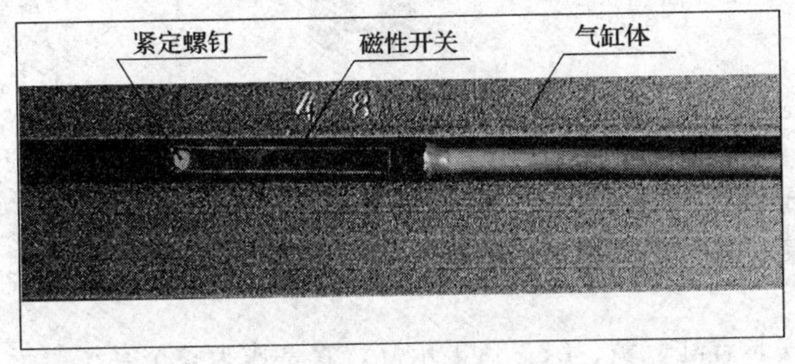

图 3—1—7　磁感应接近开关位置调整示意图

装配机械手是整个装配单元的核心。当装配机械手正下方的回转物料台上有物料，且半成品工件定位机构传感器检测到该机构有工件的情况下，机械手从初始状态开始执行装配操作过程。装配机械手整体外形如图 3—1—8 所示。

装配机械手装置是一个三维运动的机构，它由水平方向移动和竖直方向移动的 2 个导杆气缸和气动手指组成。

装配机械手的运行过程如下：PLC 驱动与竖直移动气缸相连的电磁换向阀动作，由竖直移动带导杆气缸驱动气动手指向下移动，到位后，气动手指驱动手爪夹紧物料，并将夹紧信号通过磁性开关传送给 PLC，在 PLC 控制下，竖直移动气缸复位，被夹紧的物料随气动手指一并提起，当离开回转物料台的料盘提升到最高位后，水平移动气缸在与之对应的换向阀的驱动下，活塞杆伸出，移动到气缸前端位置后，竖直移动气缸再次被驱动下移，移动到最下端位置，气动手指松开，经短暂延时，竖直移动气缸和水平移动气缸缩回，机械手恢复初始状态。在整个机械手动作过程中，除气动手指松开到位无传感器检测外，其余动作的到位信号检测均采用与气缸配套的磁性开关，将采集到的信号输入 PLC，由 PLC 输出信号驱动电磁阀换向，使由气缸及气动手指组成的机械手按程序自动运行。

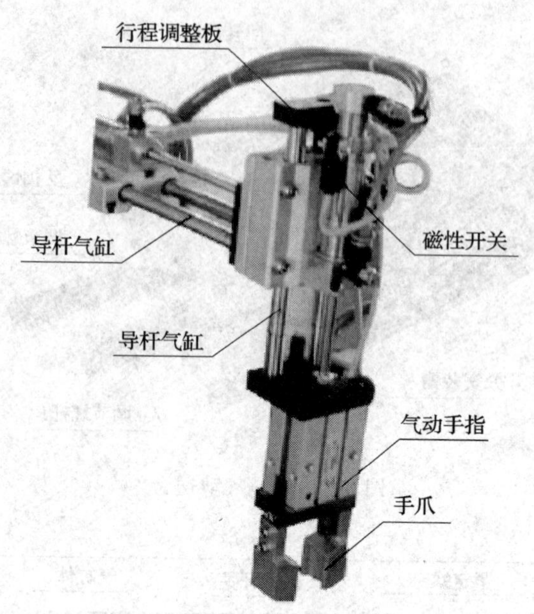

图 3—1—8　装配机械手的整体外形

半成品工件的定位机构（物料台），输送单元运送来的半成品工件直接放置在该机构的物料定位孔中，由定位孔与工件之间的较小的间隙配合实现定位，从而完成准确的装配动作和定位精度。

本工作单元上安装有红、黄、绿三色警示灯，它是作为整个系统警示用的。警示灯有五根引出线，其中黄绿交叉线为地线、红色线为红色灯控制线、黄色线为黄色灯控制线、绿色线为绿色灯控制线、黑色线为信号灯公共控制线。接线如图 3—1—9 所示。

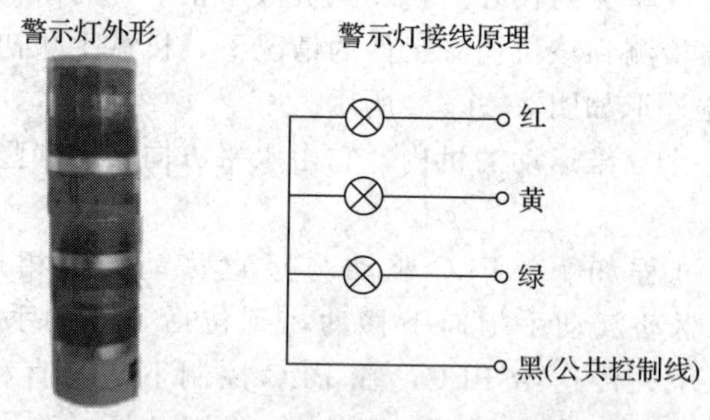

图 3—1—9　警示灯外形及其接线图

二、装配单元中的装配机械手

装配机械手是整个装配单元的核心。机械手是能模仿人手和臂的某些动作功能，用以按固定程序抓取、搬运物件或操作工具的自动操作装置。机械手可代替人的繁重劳动以实现生产的机械化和自动化，能在有害环境下操作以保护人身安全，因而广泛应用于机械制造、冶金、电子、轻工和原子能等部门。

1．机械手的组成

机械手主要由手部、运动机构和控制系统三大部分组成。手部是用来抓持工件（或工具）的部件，根据被抓持物件的形状、尺寸、重量、材料和作业要求而有多种结构形式，如夹持型、托持型和吸附型等。运动机构使手部完成各种转动（摆动）、移动或复合运动来实现规定的动作，改变被抓持物件的位置和姿势。运动机构的升降、伸缩、旋转等独立运动方式，称为机械手的自由度。为了抓取空间中任意位置和方位的物体，需有6个自由度。自由度是机械手设计的关键参数。自由度越多，机械手的灵活性越大，通用性越广，其结构也越复杂。一般专用机械手有2～3个自由度。控制系统是通过对机械手每个自由度的电机的控制，来完成特定动作。同时接收传感器反馈的信息，形成稳定的闭环控制。控制系统的核心通常是由单片机或dsp等微控制芯片构成，通过对其编程实现所需功能。

2．机械手的种类

机械手的种类，按驱动方式可分为液压式、气动式、电动式、机械式等机械手；按适用范围可分为专用机械手和通用机械手两种；按运动轨迹控制方式可分为点位控制和连续轨迹控制机械手等。

3．机械手的应用

机械手通常用作机床或其他机器的附加装置，如在自动机床或自动生产线上装卸和传递工件，在加工中心中更换刀具等，一般没有独立的控制装置。机械手在锻造工业中的应用能进一步发展锻造设备的生产能力，改善热、累等劳动条件。机械手在工业制造领域更是得到广泛的应用。自动生产线上主要让机械手在机械制造业中代替人完成大批量、高质量要求的工作，如汽车制造、舰船制造及某些家电产品（电视机、电冰箱、洗衣机）的制造等。化工等行业自动化生产线中的点焊、弧焊、喷漆、切割、电子装配及物流系统的搬运、包装等工作，也有部分是由机械手完成的。图3—1—10至图3—1—12为几种典型的工业用机械手。

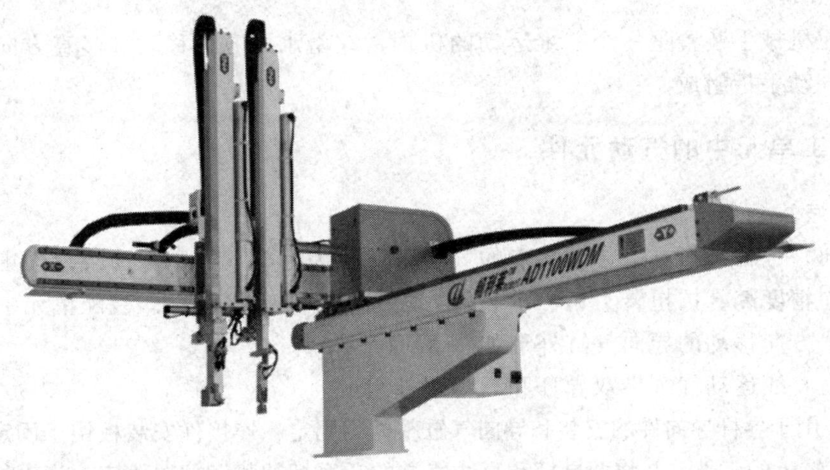

图3—1—10　横走式机械手

图 3—1—11　行车机械手

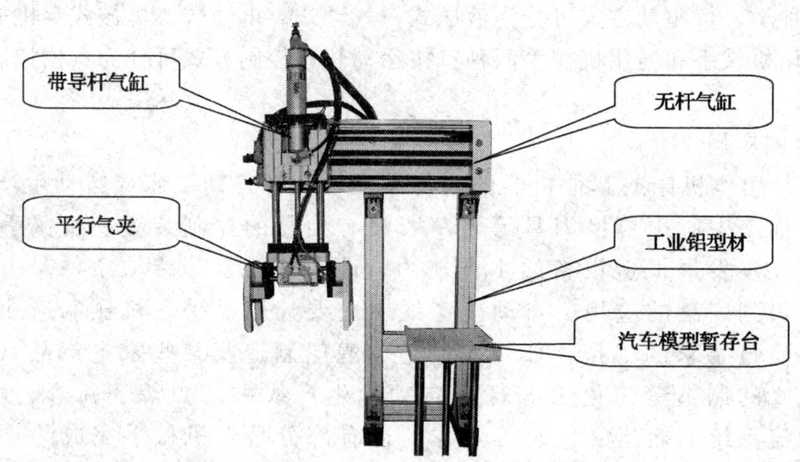

图 3—1—12　四轴搬运机械手

装配单元机械手装置是一个三维运动的机构，它由水平方向移动和竖直方向移动的 2 个导杆气缸和气动手指组成。

三、加工单元中的气动元件

1. 导杆气缸

导杆（向）气缸是指具有导向功能的气缸。一般为标准气缸和导向装置的集合体。导向气缸具有导向精度高、抗扭转力矩、承载能力强、工作平稳等特点。装配单元中用于驱动装配机械手水平方向移动的导向气缸外形如图 3—1—13 所示。

该气缸由直线运动气缸带双导杆和其他附件组成。

安装支架用于导杆导向件的安装和导向气缸整体的固定，连接件安装板用于固定其他需要连接到该导向气缸上的工件，并将两导杆和直线气缸的活塞杆的相对位置固定，当直线气缸的一端接通压缩空气后，活塞被驱动作直线运动，活塞杆也一起移动，被连接件安装板固定到一起的两导杆也随活塞杆伸出或缩回，从而实现导向气缸的整体功能。安装在导杆末端的行程调整板用于调整该导杆气缸的伸出行程。具体调整方法是松开行程调整板上的紧定螺钉，让行程调整板在导杆上移动，当达到理想的伸出距离以后，再完全锁紧紧定螺钉，完成行程的调节。

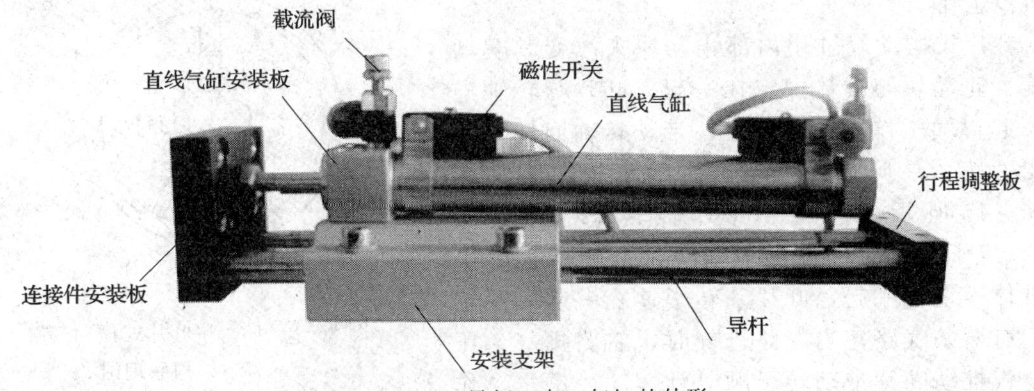

图 3—1—13　导杆（向）气缸的外形

2. 气动摆台

气动摆台又叫摆动气缸，也是气缸的一种。摆动气缸是利用压缩空气驱动输出轴在一定角度范围内作往复回转运动的气动执行元件。用于物体的转位、翻转、分类、夹紧、阀门的开闭以及机器人的手臂动作等。

摆动气缸有齿轮齿条式和叶片式两大类。齿轮齿条式的运动原理是：气压力推动活塞 8 带动齿条 1 作直线运动，齿条 1 推动齿轮 9 作回转运动，由齿轮输出力矩并带动负载摆动。装配单元中采用的气动摆台是由直线气缸驱动齿轮齿条实现回转运动。其工作原理如图 3—1—14 所示。

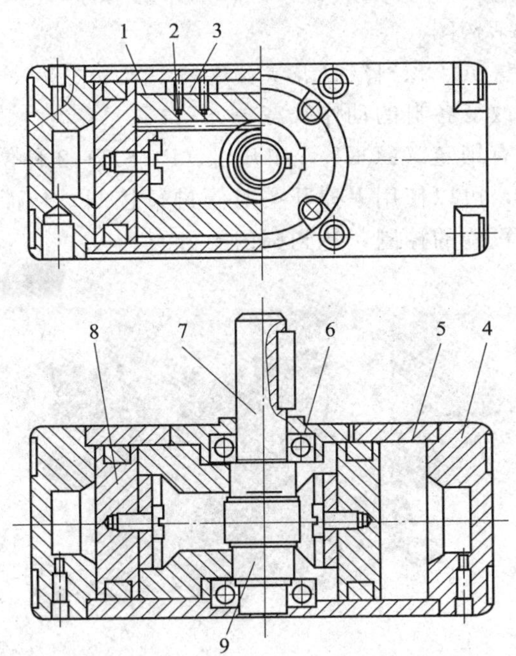

图 3—1—14　齿轮齿条式气动摆台结构原理图

1—齿条　2—弹簧柱销　3—滑块　4—端盖

5—缸体　6—轴承　7—轴　8—活塞　9—齿轮

这种类型气动摆台活塞仅作往复直线运动，摩擦损失小，齿轮传动的效率较高，这种摆动气缸效率可以达到95%左右。

叶片式摆动气缸用内部止动块来改变其摆动角度。止动块与缸体固定在一起，叶片与转轴连在一起。气压作用在叶片上，带动转轴回转，并输出力矩。单叶片式摆动气缸的结构原理如图3—1—15所示。它是由叶片轴转子（即输出轴）、定子、缸体和前后端盖等部分组成。定子和缸体固定在一起，叶片和转子连在一起。在定子上有两条气路，当左路进气时，右路排气，压缩空气推动叶片带动转子顺时针摆动。反之，作逆时针摆动。

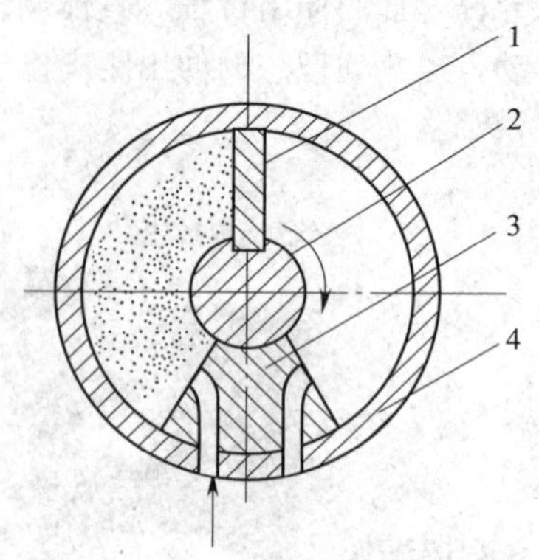

图 3—1—15　单叶片式摆动气缸结构原理图

1—叶片　2—转子　3—定子　4—缸体

叶片式摆动气缸体积小，重量最轻，但制造精度要求高，密封困难，泄漏较大，而且动密封接触面积大，密封件的摩擦阻力损失较大，输出效率较低，小于80%。因此，在应用上受到限制，一般只用在安装位置受到限制的场合，如夹具的回转、阀门开闭及工作台转位等。

3. 电磁阀组

装配单元的阀组由6个二位五通单电控电磁换向阀组成，如图3—1—16所示。这些阀分别对物料分配、位置变换和装配动作气路进行控制，以改变各自的动作状态。各个部件可以参考前面章节电磁阀组结构图。

这6个阀分别对挡料气缸、顶料气缸、气动摆台、气动手指、手爪下降气缸和手爪伸出气缸的气路进行控制，以改变各自的动作状态。

电磁阀所带手控开关有锁定（LOCK）和开启（PUSH）2种位置。在进行设备调试时，使手控开关处于开启位置，可以使用手控开关对阀进行控制，从而实现对相应气路的控制，以改变对冲压气缸等执行机构的控制，达到调试的目的。

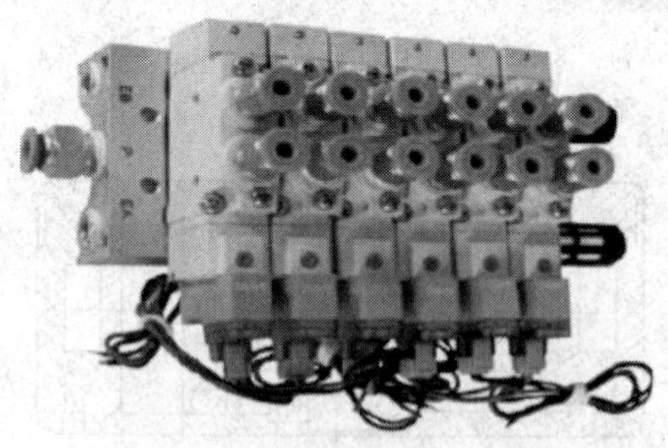
图 3—1—16　装配单元的电磁阀组

任务评价

评分标准见表 3—1—1。

表 3—1—1　　评分标准

序号	考核内容	评分标准	配分	得分
1	装配单元结构和功能的认知	熟练掌握装配单元的基本结构，知晓各组成部分名称；理解装配单元基本功能，了解工作及控制流程	40	
2	装配单元中机械手的认知	理解机械手的组成和分类；能够指出装配单元中的机械手的组成形式	20	
3	装配单元中导杆气缸的认知	掌握导杆气缸工作原理及基本结构；掌握其基本安装方法；能够指出其在装配单元中的安装位置和作用	10	
4	装配单元中气动摆台的认知	能够指出本单元所用气动摆台的安装位置；理解气动摆台在系统中所起作用；了解气动摆台基本结构	20	
5	装配单元电磁阀组结构的认知	掌握电磁阀组基本结构；知晓本单元电磁阀组安装位置；掌握电磁换向阀调节方法	10	
合计总分			100	

思考与练习

1. 找出并说明装配单元中所用导杆气缸、气动手指、气动摆台的安装位置和型号。
2. 简述装配单元的工作过程。
3. 找出并说明装配单元中所用各传感器的安装位置、作用和型号。

任务 2　装配单元的机械安装

技能点

◎ 机械装配和操作技能

◎ 常用装配工具、检测工具的使用

知识点

◎ 装配单元的机械结构组成

◎ 装配单元机械安装的安装步骤和方法

任务提出

装配单元的机械结构按照功能主要分为小工件供料组件、装配回转台组件、装配机械手组件、小工件料仓组件等几个部分。除了机械部件之外，还有一些配合机械动作的气动元件和传感器，以及整个生产线的指示灯组件。

本任务要求在底板上完成 YL—335 自动生产线装配单元各机械结构的安装，同时要求将本单元电气控制中所使用的电磁阀组、PLC、接线端子排也固定安装在底板上。

任务分析

要完成本任务，需要具备机械安装的基础知识，具备常用装配工具包括内六角扳手、螺钉旋具组件、呆扳手等的使用技能以及常用检测工具如条式水平仪和铸铁直角铁的使用技能（具体常用工具的使用参见模块一中相应内容），熟悉各部件的安装顺序。

任务实施

一、准备工作

在进行安装之前，应在教师指导下，通过先导任务的学习，熟悉本单元功能和动作过程，熟悉本单元各组成结构，初步建立整体安装思路。

二、机械安装

1. 安装

按照“零件→组件→组装”的思路，首先将各个零件安装成组件，然后进行组装。所组合成的组件包括小工件供料组件、装配回转台组件、装配机械手组件、小工件料仓组件、左支撑组件、右支撑组件。

（1）小工件供料组件的组装

在本组件独立安装时，主要是在小工件供料组件安装板上安装顶料和挡料两个气缸，气缸上安装节流阀，安装顶料头和挡料头。具体安装方法与供料单元推料机构组件的安装方法类似。组装好后的小工件供料组件如图 3—2—1 所示。其中上面行程较短的为顶料气缸，下面行程较长的为挡料气缸。

（2）装配回转台组件的组装

在本组件组装时，首先在料斗固定板上安装料斗，然后在料斗固定板上安装气动摆台，注意两者安装间距。气动摆台要调整到 180°，并且要与回转物料台固定板平行。气动摆台安装好后，再把回转台安装在气动摆台上。最后安装附属支撑铝型材。组装好的装配回转台组件如图 3—2—2 所示。本组件组装的关键在于气动摆台的安装。

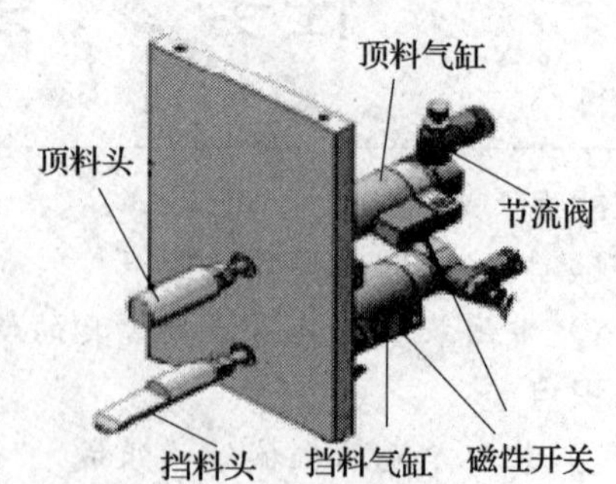

图 3—2—1　小工件供料组件

（3）装配机械手组件的组装

在本组件组装时，把控制机械手水平方向上运动的导杆气缸、竖直方向运动的导杆气缸、手爪气缸三个气缸按照连接关系安装成一体，然后再把它们整体安装在安装板上，组成装配机械手组件，安装好后的装配机械手如图 3—2—3 所示。

本组件组装的关键就在于三个气缸的组装。

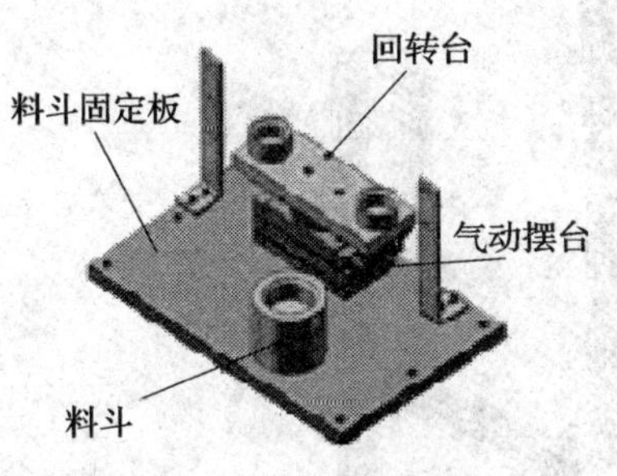

图 3—2—2　装配回转台组件

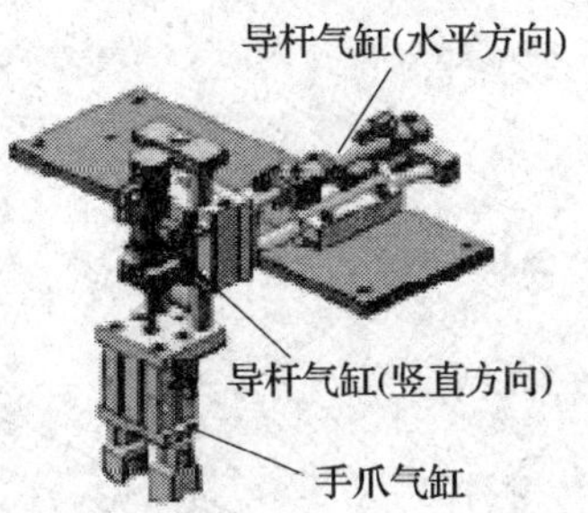

图 3—2—3　装配机械手组件

（4）小工件料仓组件的组装

本组件组装较为简单，可以参阅模块一中料仓的安装即可。本组件组装好后如图 3—2—4 所示。

图 3—2—4　小工件料仓组件

（5）左、右支撑架组件的组装

左、右支撑架组件组装也较为简单，可以参阅模块一中铝型材支撑架的安装。本组件组装好后如图 3—2—5 所示。

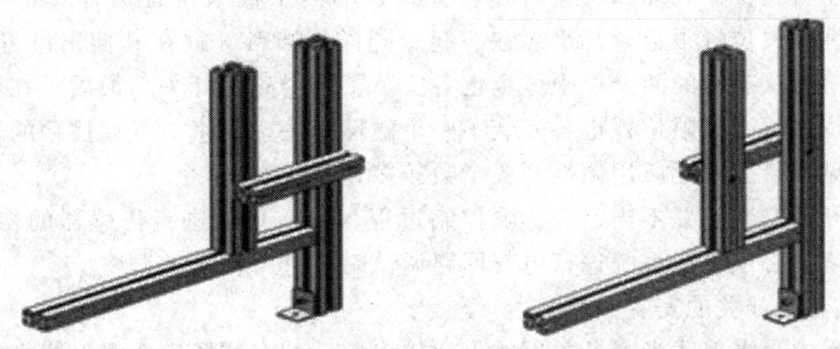

图 3—2—5　左、右支撑架组件

(6) 装配单元的总体组装

在完成以上组件的装配后，首先安装左、右支撑架组件。将与底板接触的型材放置在底板的联接螺纹之上，使用“L”形的连接件和连接螺栓，固定装配单元的左、右型材支撑架，如图 3—2—6 所示。

图 3—2—6　支撑架组件在底板上的安装

然后把前述各组件按照“从下向上”的顺序逐个安装上去，顺序为：装配回转台组件→小工件料仓组件→小工件供料组件→装配机械手组件。

(7) 传感器的安装

1) 磁性开关的安装。

磁性开关的安装位置可以调整，调整方法是松开磁性开关的紧定螺栓，让它顺着气缸滑动，到达指定位置后，再旋紧紧定螺栓。本单元用来检测气缸伸出或缩回状态的磁性开关较多。机械手上所用垂直方向的导杆气缸，用来控制手爪的上升和下降，在其上升到位和下降到位的极限位置各安装了一个磁性开关。机械手上所用的水平方向的导杆气缸，用来控制手爪的伸出和缩回下降，在其伸出到位和缩回到位的极限位置也各安装了一个磁性开关。手爪上只安装一个磁性开关，用于检测手指是否夹紧。当该磁性开关有信号时，表明手指处于夹紧状态；当该磁性开关没有信号时，表明手指处于松开状态。小工件供料组件里顶料气缸在其伸出位置（顶料到位）和缩回位置（顶料复位）的两个极限位置也各安装了一个磁性开关，这两个磁性开关位置很近，几乎靠在一起。同样，挡料气缸在其伸出位置（挡料状态）和缩回位置（落料状态）的两个极限位置也各安装了一个磁性开关。最后，在旋转气缸左旋到位和右旋到位这两个极限位置也各安装了一个磁性开关，用来对气动摆台的运动位置进行检测。由此可见，装配单元所用磁性开关个数较多，一共有 11 个。

如果磁性开关安装位置不当，会影响控制过程。目前只是进行传感器的初步位置安装，螺钉先不要拧紧，必须等待系统进行电气回路调试时再进行精确的调整。

2) 漫射式光电开关的安装。

在装配单元中，漫射式光电开关用的也比较多，一共安装了五个漫射式光电开关。和供料单元类似，在小工件料仓组件里的料仓中部和料仓底部分别安装了一个漫射式光电开关，分别作为小物料不足检测和小物料有无检测。在装配回转台组件的左、右料斗下方也各安装了一个漫射式光电开关，分别作为物料左检测和物料右检测。最后在放置大工件的料斗下方也安装了一个漫射式光电开关，作为大物料的物料有无检测。若对应位置上没有工件，则漫射式光电开关均处于常态；若对应位置上有工件，则光电接近开关动作，表明对应位置上已有工件。各光电传感器的输出信号送到装配单元 PLC 的输入端，结合 PLC 程序，来进行装配单元的整个动作控制，完成装配任务。

同样，如果漫射式光电开关安装位置不当，会影响控制过程。目前只是进行传感器的初步位置安装，螺钉先不要拧紧，必须等待系统进行电气回路调试时再进行精确的调整，然后再拧紧螺钉。

(8) 警示灯、电磁阀组、PLC、接线端子排的固定安装

最后将本单元控制所用的警示灯、电磁阀组、PLC、接线端子排固定在底板上。需要注意的是本单元所用的电磁阀如前所述可以使用手控开关进行控制，从而实现对相应气路的控制，以改变对伸缩气缸等执行机构的控制，从而达到调试目的。其中电磁阀组件在底板上的安装如图 3—2—7 所示。

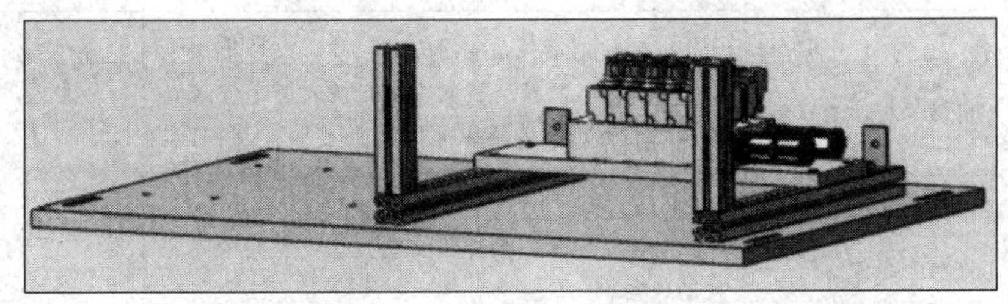

图 3—2—7　电磁阀组组件在底板上的安装

2. 安装注意事项

(1) 安装时铝型材要对齐。

(2) 导向气缸行程要调整恰当。

(3) 气动摆台要调整到 180°，并且与回转物料台平行。另外，注意摆台的初始位置，以免装配完后摆动角度不到位。

(4) 挡料气缸和顶料气缸位置要正确。

(5) 传感器位置与灵敏度调整适当。

(6) 预留螺栓的放置一定要足够，以免造成组件之间不能完成安装。

(7) 建议先进行装配，但不要一次拧紧各固定螺栓，待相互位置基本确定后，再依次进行调整固定。

任务评价

评分标准见表 3—2—1。

表 3—2—1 评分标准

序号	考核内容	评分标准	配分	得分
1	职业素养与安全意识	现场操作安全保护符合安全操作规程；工具摆放、包装物品等的处理符合职业岗位的要求	10	
2	团队协作与敬业精神	团队有分工、有合作，配合紧密；遵守纪律，尊重教师，爱惜设备和器材，保持工位的整洁	10	
3	小工件供料组件的安装	按时按照位置关系完成安装工作；安装牢固无松动现象；顶料和挡料气缸及节流阀安装正确；顶料气缸及冲压头安装牢固，同轴度高；挡料气缸及冲压头安装牢固，同轴度高	10	
4	装配回转台组件的安装	按时按照位置关系完成安装工作；安装牢固无松动现象；气缸及节流阀安装正确；铝合金型材安装牢固无松动，定位准确；气动摆台安装正确，与安装板平行度高；气动摆台整体安装牢固，运动顺畅	10	
5	装配机械手组件的安装	按时按照位置关系完成安装工作；安装牢固无松动现象；气缸及节流阀安装正确；三个气缸安装顺序准确，所组装成的机械手整体安装牢固，运动顺畅，无干涉	15	
6	小工件料仓组件的安装	按时按照位置关系完成安装工作；安装牢固无松动现象	5	
7	左、右支撑架组件的安装	按时按照位置关系完成安装工作；安装牢固无松动现象；左、右支撑架平行度合适	5	
8	总体组装	按时按照位置关系完成安装工作；安装牢固无松动现象；各螺栓旋紧力平均，无局部应力集中现象	15	
9	传感器的安装	按时按要求完成安装工作；安装牢固无松动现象；传感器定位基本准确，便于调整	10	
10	指示灯、电磁阀组、PLC、接线端子排的安装	按时按要求完成安装工作；安装牢固无松动现象；指示灯、端子排、电磁阀组、PLC 安装位置符合要求，适合走线	10	
		合计总分	100	

思考与练习

1. 按照装配顺序完成装配单元的机械安装实训。
2. 在装配顺序中是否可以进行顺序上的调整？为什么？
3. 讨论并说明完成装配单元机械安装后要进行哪些调试工作？请详细列出具体调试步骤。

任务 3　装配单元气动控制回路的连接与调试

技能点

◎ 装配单元气动控制回路的连接

◎ 装配单元气动控制回路的调试

知识点

◎ 装配单元气动控制回路的工作原理

◎ 装配单元气动控制回路的设计

任务提出

气动控制回路是本工作单元的执行机构。装配单元气动执行元件较多，包括顶料气缸和挡料气缸，由 PLC 控制电磁阀，进而由电磁阀来控制顶料和挡料气缸的运动，实现小工件的供料，这一种控制方式和供料单元中的大工件的供料比较类似；两个导杆气缸，分别用来控制手爪的垂直方向和水平方向的伸出和缩回；气动手指，采用和加工单元一样的平行型气动手指，来实现手爪对工件的夹紧和放松；气动摆台，在 0°～180°内旋转运动，实现小工件的循环往复送料。

本任务要求在读懂装配单元气动控制回路工作原理图的基础上，进行装配单元气动控制回路的连接，并掌握气动控制回路调试的方法，完成装配单元的气动控制任务。

YL—335 自动化生产线装配单元气动控制回路工作原理图如图 3—3—1 所示。

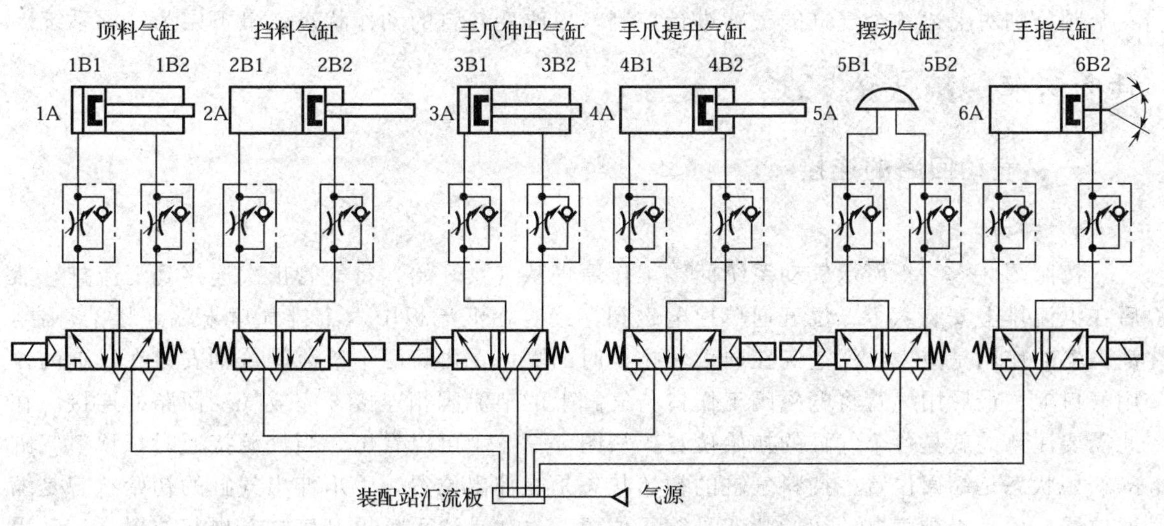

图 3—3—1　装配单元气动控制回路工作原理图

任务分析

要完成本任务，需要熟悉装配单元顶料和挡料、导杆气缸运动、气动手指夹紧和松开、气动摆台的摆动等动作过程，确定各气动执行元件初始位置，在理解工作原理的前提下读懂气动系统回路原理图，然后按照实训要求一步步进行气动回路的连接。气动回路连接完毕以后，对节流阀和电磁阀组进行手动调试，进而完成气动回路的调试。

相关知识

装配单元的气动控制回路如图 3—3—1 所示。

图中最上层执行元件从左到右依次分别为顶料气缸、挡料气缸、手爪伸出气缸（导杆气缸)、手爪提升气缸（导杆气缸)、气动摆台、物料夹紧气缸（气动手指)。1B1 和 1B2 为安装在顶料气缸的两个极限工作位置的磁感应接近开关，安装距离较近；2B1 和 2B2 为安装在挡料气缸的两个极限工作位置的磁感应接近开关，由图中可以看出挡料气缸初始位置是在伸出位置；3B1 和 3B2 为安装在手爪伸出气缸的两个极限位置的磁感应接近开关；4B1 和 4B2 为安装在手爪提升气缸的两个极限位置的磁感应接近开关；5B1 和 5B2 为安装在气动摆台的两个极限位置的磁感应接近开关，分别安装在 0°位置和 180°位置；6B2 为安装在气动手指夹紧位置的磁感应接近开关，只用一个磁性开关来检测气动手指的状态，该磁性开关置位时手爪为夹紧状态，复位时手爪为松开状态。1Y1、2Y1、3Y1、4Y1、5Y1、6Y1 分别为控制上述各个气缸的单控电磁阀的电磁控制端。系统电气连接与 PLC 程序编写完成后，这几个磁感应接近开关的安装位置分别决定了这六个气缸的伸出和回缩行程、旋转的角度范围以及手指夹紧工件的位置。第二层控制元件为安装了带快速接头的限出型气缸节流阀，调节节流阀可以控制气缸活塞杆的伸出、缩回运动的速度以及旋转和夹紧的速度。第三层控制元件为六个二位五通的带手控开关的单控电磁阀，六个控制阀集中安装在带有消声器的汇流板上，这六个阀分别对上述各个气缸的气路进行控制，以改变各自的动作状态。最下层为气源系统。

任务实施

一、气动回路的连接

1. 连接

按照图 3—3—1 所示气动系统回路工作原理从气泵开始，将气管依次连接到汇流排，然后在汇流排上安装六个二位五通单控电磁阀，接着在汇流板中六个排气口末端连接消声器，消声器的作用是减少压缩空气在向大气排放时的噪声，再将两个节流阀分别安装在气缸的作用气口上，最后用气管将电磁阀工作口与气缸上的节流阀相连接，完成气动回路的连接。在此需要注意的就是各个气缸的初始位置，从图 3—3—1 可以看出，当气源接通时，顶料气缸的初始状态是缩回位置，挡料气缸的初始状态是在伸出位置，手爪伸出气缸的初始状态是缩回位置，手爪提升气缸的初始状态是缩回位置，也就是说手爪提升气缸在提起位置，气动手指的初始状态是处于放松位置，旋转摆台处于 0°位置。因此六个气缸在进行气路连接时要根据原理图选择不同的工作口进行连接。此点在进行气路连接时尤其需要注意。连接调试结束后扎紧气管，并固定在铝合金型材支撑架上。

2. 连接注意事项

回路连接要完全满足装配单元气动控制原理图中各执行元件动作的关系；当进行回路连接时，气管一定要完全插到快速接头中，轻轻拉拔各连接位置的气管，以不出现松动为宜；连接时注意气管的选取长度适宜，太长或太短都不利于运动件的运动，用不同颜色的气管表示气体的进出；气管要在快速接头中插紧，不能有漏气现象；气管走向应按序排布，均匀美观，不能交叉、打折；外露气管必须用扎带扎紧，松紧适宜，松紧度以不使气管变形为宜，外形要整齐美观。

二、气动回路的调试

在装配单元控制气路连接完成后，为了确保执行元件能满足工作需要而良好运行，需要对气动回路进行调试，具体的调试步骤如下。

1. 接通气源前，先用手轻轻拉拔各快速接头处的气管，确认各管路中不存在气管未插好的情况。同时，将调节各执行元件速度的节流阀开度调到最小，避免气源接通后各执行元件突然动作产生较大冲击，导致设备或人员伤害事故发生。

2. 打开气泵，接通气源，将过滤减压阀的压力调节手柄向上提起，顺时针或逆时针慢慢转动压力调节手柄，观察压力表，待压力表气压指在 0.5 MPa 左右时，压下压力调节手柄锁紧。切忌过度转动压力调节手柄，以防其损坏和压力突然升高。

3. 检查气动回路的气密性，观察气路中是否存在漏气，若有漏气的情况，则要根据响声判断找出漏气的位置及原因。若是气管破损或气动元件损坏导致漏气的，则需更换气管或气动元件；若是没有插好气管导致漏气的，则需重新插好气管。

4. 用电磁阀上的手动换向加锁钮检验顶料气缸、挡料气缸、手爪伸出气缸、手爪提升气缸、气动手指和气动摆台的初始位置和动作位置是否符合工作要求。

在进行顶料气缸和挡料气缸调试时，用小旋具把加锁钮旋到 LOCK 位置时，手控开关向下凹进去，不能进行手控操作。只有在 PUSH 位置，可用工具向下按，信号为“1”，等同于该侧的电磁信号为“1”；常态时，手控开关的信号为“0”。手动换向加锁钮初始时应处于 PUSH 位置。需要注意的是，旋动手控旋钮的力度不宜太大，否则很容易使其损坏。常态时，顶料气缸活塞杆应在缩回位置，当手控开关用工具向下按，对应电磁阀动作时，顶料气缸活塞杆应均匀伸出到伸出位置。常态时，挡料气缸活塞杆应在伸出位置，当手控开关用工具向下按，对应电磁阀动作时，挡料气缸活塞杆应均匀回缩到缩回位置。如果发现气缸运动方向不对，则要对调该气缸上节流阀或电磁阀的两快速连接气口上的气管。

在进行手爪伸出气缸和手爪提升气缸（导杆气缸）的调试时，用小一字螺钉旋具将手动换向加锁钮旋到 PUSH 位置，当手控开关处于常态时，手爪伸出气缸和手爪提升气缸均处于缩回位置，当手控开关用工具向下按时，手爪伸出气缸和手爪提升气缸快速伸出，松下手控开关时，手爪伸出气缸和手爪提升气缸快速缩回。

在进行气动手指的调试时，用小一字螺钉旋具将手动换向加锁钮旋到 PUSH 位置，当手控开关处于常态时，气动手指处于松开状态，当手控开关用工具向下按时，气动手指迅速夹紧，松下手控开关时，气动手指快速松开。

在进行气动摆台的调试时，用小一字螺钉旋具将手动换向加锁钮旋到 PUSH 位置，当手控开关处于常态时，气动摆台处于 0°位置，当手控开关用工具向下按时，气动摆台以均匀速度旋转 180°，松下手控开关时，气动摆台迅速返回 0°位置。如果在调试中发现气动摆台转动角度不到位，那么就必须参见图 3—1—6 采用下述方法对气动摆台摆动角度进行机械调整，直到摆台摆动到位。

当需要调节回转角度或调整摆动位置精度时，应首先松开调节螺杆上的反扣螺母，通过旋入和旋出调节螺杆，从而改变回转凸台的回转角度，调节螺杆 1 和调节螺杆 2 分别用于左旋和右旋角度的调整。当调整好摆动角度后，应将反扣螺母与基体反扣锁紧，防止调节螺杆松动，从而造成回转精度降低。在进行以上各个气缸动作的调试时，要注意调试的顺序，且在调试时不要碰撞到其他部件。

5. 调整气缸节流阀来进行气缸活塞杆的伸出和缩回运动速度的调试、气动手指夹紧和松开速度的调试以及气动摆台旋转 180°速度的调试。轻轻转动其节流阀上的调节螺钉，逐渐打开节流阀的开度，确保输出气流能使气缸的活塞杆滑块平稳滑动，气动手指加紧和松开速度均匀，气动摆台旋转速度均匀无阻滞，各个气缸的活塞杆运行无冲击、无卡滞为宜，最后再锁紧节流阀的调节螺母。

6. 按照图 3—3—2 来连接线路进行电磁阀的动作调试，来模拟 PLC 对电磁阀的控制。

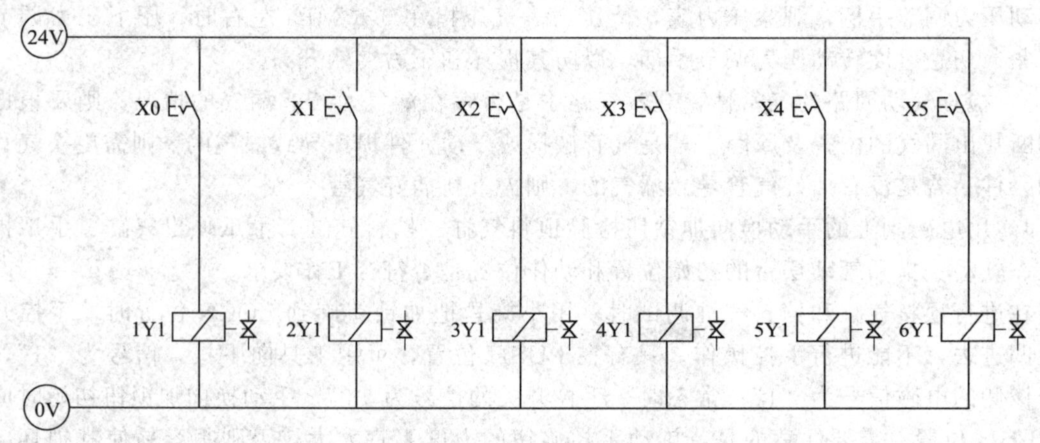

图 3—3—2　装配单元气动部分调试原理图

任务评价

评分标准见表 3—3—1。

表 3—3—1　　评分标准

序号	考核内容	评分标准	配分	得分
1	职业素养与安全意识	现场操作安全保护符合安全操作规程；工具摆放、包装物品等的处理符合职业岗位的要求	10	
2	团队协作与敬业精神	团队有分工、有合作，配合紧密；遵守纪律，尊重教师，爱惜设备和器材，保持工位的整洁	10	

续表

序号	考核内容	评分标准	配分	得分
3	气动回路的连接	回路连接要完全满足装配单元气动控制原理图中各执行元件动作的关系；回路连接符合实训要求步骤；气管与快速接头连接紧密，无漏气现象；气管选取长度适宜，颜色分明，布局合理；所有排布好的气管必须用尼龙带绑扎，松紧度以不使气管变形为宜，外形要整齐美观	40	
4	气动回路的调试	接通气源前操作正确，符合安全规范；打开气泵时符合安全操作规程，保证人员及设备安全；气动回路气密性检查准确，更换气管操作符合要求；电磁阀手动调试操作无误，气缸初始位置正确；节流阀调节气缸运动速度操作正确，活塞杆运行速度适宜，气动手指夹紧和松开速度适宜，气动摆台旋转速度快速平稳；采用原理图进行电磁阀动作调试接线正确，结果准确	40	
合计总分			100	

思考与练习

1. 装配单元气动回路中各气缸初始位置由什么决定？当初始位置不符合控制要求时，可以如何调整？

2. 进行装配单元气动回路的连接与调试时需要注意哪些问题？

任务 4　装配单元电气控制回路的连接与调试

技能点

◎ 装配单元电气控制回路的连接

◎ 装配单元电气控制回路的调试

知识点

◎ 装配单元输入/输出端口的分配

◎ 装配单元 PLC 控制原理图的设计

任务提出

电气控制回路是本工作单元的控制机构，传感器、电磁阀、PLC、输入按钮、指示灯等器件共同组成电气控制回路，根据装配单元动作要求完成对气动执行机构的控制，从而实现本单元的工作过程。

本任务要求在深入理解 YL—335 自动化生产线装配单元工作过程的基础上，识读装配单元 PLC 控制原理图，进行加工单元电气控制回路的连接，包括传感器、电磁阀、输入按钮、指示灯等与 PLC 的电气连接，并进行电气控制回路的调试，完成装配单元的电气控制任务。

装配单元 PLC 输入输出点较多，因此其 PLC 控制原理图根据输入和输出分别绘制，如图 3—4—1、图 3—4—2 所示。

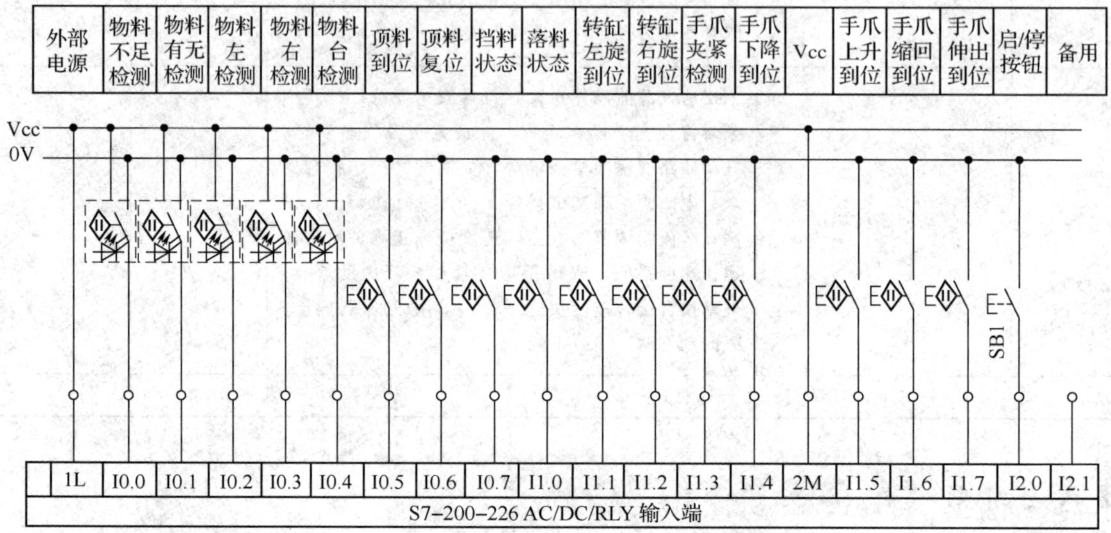

图 3—4—1　装配单元 PLC 的输入端接线原理图

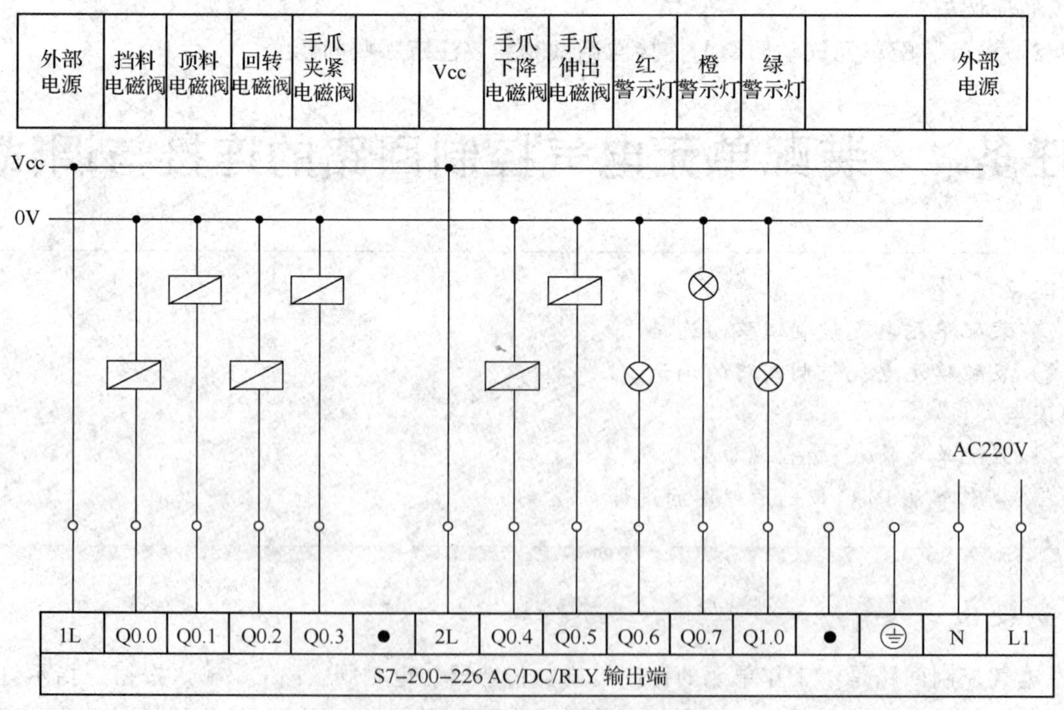

图 3—4—2　装配单元 PLC 的输出端接线原理图

任务分析

要完成本任务，需要熟悉装配单元各个气缸和气动手指的动作过程，在理解工作原理的前提下设计电气系统回路原理图，然后按照实训要求一步步进行电气回路的连接。电气回路连接完毕以后，进行模拟输入的手动调试，进而完成电气回路的调试。

相关知识

根据装配单元工作任务的要求分配工作单元装置的输入/输出。

一、输入

装配单元在小工件料仓组件里的料仓中部和料仓底部分别安装了一个漫射式光电开关，分别用于小物料不足检测和小物料有无检测。在装配回转台组件的左、右料斗下方也各安装了一个漫射式光电开关，分别用于物料左检测和物料右检测。最后在放置大工件的料斗下方也安装了一个漫射式光电开关，用于大物料的物料有无检测。这样装配单元一共安装了 5 个漫射式光电开关。

装配单元气动执行元件共有 6 个气缸，包括顶料气缸、挡料气缸、手爪伸出气缸（导杆气缸）、手爪提升气缸（导杆气缸）、气动摆台、物料夹紧气缸（气动手指），除了气动手指只用一个磁性开关检测气爪夹紧状态外，其他 5 个气动元件在其两个极限位置都各有一个磁性开关，这样磁性开关共有 11 个，占用 11 个输入点。

这样传感器信号共占用 16 个输入点，另外加上一个启/停按钮，共 17 个输入点。

二、输出

输出包括控制 6 个气缸的电磁阀以及用作整个系统报警所用的 3 个指示灯，一共 9 点输出。

由于装配单元所使用的传感器及电磁阀较多，选用西门子 S7—200 系列 S7—226AC/DC/RLY 主单元。与 222 主单元相比，如前表 1—4—1 所述，226 主单元具有更多的输入输出点，共 24 点输入和 16 点输出；程序存储区和数据存储区容量也更大；扩展模块也可以连接更多；同时 226 主单元在外形尺寸上也比 222 主单元要大得多，因此在安装上要预留更多的 PLC 安装位置。本单元实际使用 17 点输入，9 点输出。多的输入点可以在课后练习中供增加控制功能时使用。

YL—335 允许各工作单元作为独立设备运行，采用本地控制方式各工作单元在进行连接调试时可以单独运行。在装配单元本地控制中，主令信号输入点还是采用 1 个，这样需要有启动和停止 2 种主令信号，只能由软件编程实现。实现方法大家可参阅模块一中对应内容。待 5 个工作单元全部安装调试后，YL—335 生产线各个单元必须作为一个整体协调有序进行运行，系统采用 RS485 串行通信实现的网络控制方案，具体在模块 6 中再做详细介绍。采用本地控制进行本地单元的连接和调试时 PLC 的 I/O 分配表如表 3—4—1 所示。

表 3—4—1 装配单元的 I/O 地址分配表

输入信号				
序号	地址	设备符号	设备名称	设备功能
1	I0.0	SC1	漫反射光电开关	小物料仓物料不足检测
2	I0.1	SC2	漫反射光电开关	小物料仓物料有无检测
3	I0.2	SC3	漫反射光电开关	气动摆台物料左检测
4	I0.3	SC4	漫反射光电开关	气动摆台物料右检测
5	I0.4	SC5	漫反射光电开关	大料台物料有无检测
6	I0.5	1B2	磁性开关	顶料到位检测
7	I0.6	1B1	磁性开关	顶料复位检测
8	I0.7	2B2	磁性开关	挡料状态检测
9	I1.0	2B1	磁性开关	落料状态检测
10	I1.1	5B1	磁性开关	转缸左旋到位检测
11	I1.2	5B2	磁性开关	转缸右旋到位检测
12	I1.3	6B1	磁性开关	手爪夹紧检测
13	I1.4	4B2	磁性开关	手爪下降到位检测
14	I1.5	4B1	磁性开关	手爪上升到位检测
15	I1.6	3B1	磁性开关	手爪缩回到位检测
16	I1.7	3B2	磁性开关	手爪伸出到位检测
17	I2.0	SB1	启停按钮	提供启/停信号
输出信号				
序号	地址	设备符号	设备名称	设备功能
1	Q0.0	2Y1	挡料电磁阀	控制挡料电磁阀动作
2	Q0.1	1Y1	顶料电磁阀	控制顶料电磁阀顶料
3	Q0.2	5Y1	回转电磁阀	控制气动摆台旋转
4	Q0.3	6Y1	手爪夹紧电磁阀	控制手爪夹紧松开
5	Q0.4	4Y1	手爪下降电磁阀	控制手爪上升下降
6	Q0.5	3Y1	手爪伸出电磁阀	控制手爪伸出缩回
7	Q0.6		红色警示灯	红色信号
8	Q0.7		橙色警示灯	橙色信号
9	Q1.0		绿色警示灯	绿色信号

任务实施

一、电气回路的连接

1. 连接

为了保证线路连接的方便，采用“工作单元装置—接线端子排—PLC”的接线思路，首先将工作单元装置的导线集中接到接线端子排，再从接线端子排引出相应的导线到PLC。装置侧的接线，包括各传感器、电磁阀、电源端子等引线到接线端子排端口之间的接线。PLC侧的接线，包括电源接线，接线端子排端口和PLC接线端口之间的连线，PLC的I/O点与按钮指示灯模块端子之间的连线。

当进行磁感应式接近开关接线时，将棕色的24 V电源线连接到I/O转接端口模块的输入端24 V电源公共端口，蓝色信号引出线连接到I/O转接端口模块的对应信号输入端口。如前所述，通常在磁感应式接近开关内部封装串联了限流电阻和保护二极管，以防止磁感应式接近开关因引线极性接反而烧毁。因此在磁感应式接近开关的接线错误时，也不会使其烧坏，只是不能正常工作而已。

当进行漫反射光电传感器的接线时，棕色电源线连接到I/O转接端口模块的输入端24 V电源公共端口，蓝色接地线连接到接地接口，黑色信号线连接到对应信号接口即可。

当进行电磁阀连接时，将红色电源控制信号线连接到I/O转接端口模块的输出端上层对应的信号输出接口上，黑色接地线连接到I/O转接端口模块输出端底层的接地公共端口上，电磁阀控制连接线的另一端插头直接插到电磁阀的插座上即可。

2. 连接注意事项

装置侧接线端口中，输入信号端子的上层端子（＋24 V）只能作为传感器的正电源端，切勿用于电磁阀等执行元件的负载。电磁阀等执行元件的正电源端和0V端应连接到输出信号端子的下层端子的相应端子上。装置侧接线完成后，应用扎带绑扎，力求整齐美观。

PLC侧的接线注意各种颜色导线的区分，以方便线路检查。电气接线工艺应符合国家职业标准的规定。例如，导线连接到端子时，采用压紧端子压接方法；连接线必须有符合规定的标号；每一端子连接的导线不超过两根等。

3. 接线端子排

I/O转接端口模块采用双层接线端子排，用于集中连接本工作单元所有电磁阀、传感器等器件的电气连接线、PLC的I/O端口及直流电源。上层端子用作连接公共电源正、负极（U_{cc}和0 V），连接片的作用是将各分散端子片进行电气短接，下层端子用作信号线的连接，固定端板是将各分散的组成部分进行横向固定，熔座内插装有2 A的熔管。接线端口上的每一个端子旁边都有数字标号，以说明端子的位地址。接线端口通过导轨固定在底板上。

装配单元装置侧的接线端口上各电磁阀和传感器的端子排分配见表3—4—2。

表 3—4—2　　装配单元端子排分配

输入端口中间层			输出端口中间层		
端子号	设备符号	信号线	端子号	设备符号	信号线
2	SC1	小物料仓物料不足检测	2	2Y1	挡料电磁阀
3	SC2	小物料仓物料有无检测	4	1Y1	顶料电磁阀
4	SC	气动摆台物料左检测	5	5Y1	回转电磁阀
5	SC4	气动摆台物料右检测	6	6Y1	手爪夹紧电磁阀
6	SC5	大物料台物料有无检测	7	4Y1	手爪下降电磁阀
7	1B2	顶料到位检测	8	3Y1	手爪伸出电磁阀
8	1B1	顶料复位检测			
9	2B2	挡料状态检测			
10	2B1	落料状态检测			
11	5B1	转缸左旋到位检测			
12	5B2	转缸右旋到位检测			
13	6B1	手爪夹紧检测			
14	4B2	手爪下降到位检测			
15	4B1	手爪上升到位检测			
16	3B2	手爪缩回到位检测			
17	3B1	手爪伸出到位检测			
			9～14 号端子没有连接		

二、电气回路的检查与调试

在装配单元电气控制回路连接完成后，首先要在不通电的情况下进行短路和开路的检查。要严禁出现短路；检查开路，可以按照 PLC 接线原理图，用万用表检查每条线路的导通情况，如果有不能导通的情况应及时排除。以上检查无误之后通电，按照 PLC 接线原理图，用万用表检查其功能是否与设计要求一致。

磁感应式接近开关的调试。磁感应式接近开关要与气缸配合使用，若安装不合理，则会出现气缸动作不正确的现象。在气缸上安装完磁感应式接近开关后，需根据气缸的运动进行位置调整，调整的方法是松开磁感应式接近开关的紧锁螺栓，让其沿着气缸滑动，到达定位位置后，LED 灯亮，同时 PLC 对应输入指示灯点亮，再将螺栓锁紧即可。如果发现磁感应式接近开关在气缸上调整位置后，LED 灯依旧不亮，就应检查其接线是否正确；若其接线无误，则该磁感应式接近开关损坏，应更换。如磁感应开关上 LED 指示灯点亮，而 PLC 对应输入指示灯未能点亮，则在排除 PLC 故障的前提下，重点检查蓝色信号引出线到接口端子排再到 PLC 对应输入端的线路连接情况。

漫反射光电传感器的调试。当工件被放置于光电接近开关的检测位置上时，正常状态有信号输出，其后部的 LED 指示灯会亮。但是如果 LED 指示灯不亮，可能是接近开关的检测距离太小和灵敏度不够，就需要用小一字螺钉旋具调节其后端的灵敏度调节旋钮，适当增加灵敏度；也有可能是接线出错或接触不良，就需要检查线路并重新进行调试。当检测位置处没有工件而此时 LED 指示灯也亮时，说明该接近开关的检测范围太大和灵敏度过高，需要调节其后端的灵敏度调节旋钮，适当降低灵敏度。同上如漫反射光电开关上 LED 指示灯点亮，而 PLC 对应输入指示灯未能点亮，则在排除 PLC 故障的前提下，重点检查黑色信号引出线到接口端子排再到 PLC 对应输入端的线路连接情况。

电磁阀的调试。当进行电磁阀调试时，可将待调试的电磁阀线圈红色电源控制信号线改接到 I/O 转接端口模块的 24 V 电源端口上，再接通电源，观察电磁阀线圈 LED 指示灯是否亮，若电磁阀线圈指示灯亮，则输出信号为"1"，控制气缸执行对应动作，该电磁阀线圈可正常工作。在测试完成后，需重新将红色电源控制信号线改接回到对应的信号输出接口上。若电磁阀线圈指示灯不亮，则可能是电磁阀线圈电源线插头松脱或接线出错，只要重新插紧或连接正确即可；也有可能因为电磁阀线圈已经烧毁，需更换。值得注意的是，有双线圈的电磁阀不能让它的两个线圈同时得电，否则可能会烧坏电磁阀线圈，此时阀芯的位置也是不确定的。

指示灯模块的调试。指示灯模块的接线较为简单，可以参见图 3—1—8 进行连线，线路连接好后，可在 PLC 中编写简单控制程序让红、橙、绿色指示灯控制信号 Q0.6、Q0.7、Q1.0 依次有输出，观察各指示灯能否正常点亮。如 PLC 有输出，3 灯均不能正常点亮，可排查公共控制端电源是否连接正确；若个别灯不能正常点亮，可排查是否灯泡有损坏。

任务评价

评分标准见表 3—4—3。

表 3—4—3　　评分标准

序号	考核内容	评分标准	配分	得分
1	职业素养与安全意识	现场操作安全保护符合安全操作规程；工具摆放、包装物品等的处理符合职业岗位的要求	10	
2	团队协作与敬业精神	团队有分工、有合作，配合紧密；遵守纪律，尊重教师，爱惜设备和器材，保持工位的整洁	10	
3	电气回路的连接	回路连接要完全满足装配单元电气控制原理图；回路连接符合实训要求；电气回路连接符合国家行业标准的规定：端子连接、插针压接牢固无松动；每一端子连接的导线不超过 2 根；端子连接处有线号；连接线有符合规定的标号；电路接线绑扎且整齐美观；各传感器、电磁阀、PLC 等电路连接正确	40	
4	电气回路的调试	接通电源前电路检查操作正确，符合安全规范；电路接通后能正确进行磁性开关、漫反射光电开关、启停按钮等输入设备的调试，各元件均能正确运行，且能排除线路故障；能正确进行输出端电磁阀的模拟调试，电磁阀能正确控制气动执行机构完成本单元整体控制要求；指示灯模块当进行模拟调试时能正常点亮	40	
		合计总分	100	

思考与练习

1. 说明使用万用表对装配单元供电电源系统进行线路排查的过程和方法。
2. 进行装配单元电气回路的连接与调试时需要注意哪些问题？
3. 详细说明进行指示灯模块调试时会遇到哪些异常情况？故障如何排查解除？

任务5 装配单元 PLC 程序的编写与调试

技能点

◎ 装配单元 PLC 程序的编写

◎ 装配单元 PLC 程序的调试

知识点

◎ 西门子 S7—200 系列主子程序控制

◎ 装配单元本地控制程序的编写方法

任务提出

装配单元控制功能的实现是靠 PLC 中的控制程序结合传感器、电磁阀等输入输出设备一起实现的。装配单元既可作为独立设备单独运行，采用本地控制方式，也可与其余单元作为一条生产线整体运行，采用网络控制方式。

本任务为完成 YL—335 自动化生产线装配单元作为独立设备单独运行的本地控制程序的编写与调试，要求采用启/停按钮来控制装配单元的启动和停止，根据控制要求来实现装配单元的加工动作。

控制要求：采用本地控制方式，利用一个按钮产生启动/停止信号；下料控制程序，实现把小料仓内小圆柱工件送到装配机械手下面；抓料控制程序，实现装配机械手抓取小圆柱工件，放入大工件中；指示灯控制程序，在装配单元上安装的红、黄、绿三色警示灯，动作取决于输送单元发送到网络上的系统状态信号。

任务分析

装配单元的工艺过程相对较为复杂，既有完成辅助功能的启动停止程序和指示灯控制程序，还有实现本单元主要动作功能的下料控制程序和抓料控制程序，因此要完成本任务，需要学习西门子 S7—200 系列 PLC 编程中的主子程序调用指令和编程思路（本任务着重介绍下料控制程序和抓料控制程序的编写，有关指示灯控制的程序参见本书后续章节的介绍）。

相关知识

一、西门子 S7—200 系列 PLC 子程序指令

子程序调用指令（CALL）将程序控制权交给子程序 SBR _ N，调用子程序时可以带参

数也可以不带参数。子程序执行完成后，控制权返回到调用子程序的指令的下一条指令。

子程序条件返回指令（CRET）根据它前面的逻辑决定是否终止子程序。

在主程序中，可以嵌套调用子程序（在子程序中调用子程序），最多嵌套8层。在中断服务程序中，不能嵌套调用子程序。在被中断服务程序调用的子程序中不能再出现子程序调用。不禁止递归调用（子程序调用自己），但是当使用带子程序的递归调用时应慎重。

要添加一个子程序可以在STEP 7—Micro/WIN软件命令菜单中选择“Edit”→“Insert”→“Subroutine”。STEP 7—Micro/WIN软件为每个子程序自动加入返回指令，不需要人工添加。

当有一个子程序被调用时，系统会保存当前的逻辑堆栈，置栈顶值为“1”，堆栈的其他值为“0”，把控制交给被调用的子程序。当子程序完成之后，恢复逻辑堆栈，把控制权交还给调用程序。

带参数调用子程序在后续模块输送单元中应用较多，在此也预先做一详细介绍。子程序可以包含要传递的参数。参数在子程序的局部变量表中定义。参数必须有变量名（最多23个字符）、变量类型和数据类型。一个子程序最多可以传递16个参数。在带参数调用子程序指令中，参数必须按照一定顺序排列，输入参数在最前面，其次是输入/输出参数，然后是输出参数。局部变量表中的变量类型区定义变量是传入子程序（IN）、传入和传出子程序（IN_OUT）或者传出子程序（OUT）。要加入一个参数，把光标放到要加入的变量类型区（IN、IN_OUT、OUT）。点击鼠标右键可以得到一个选择菜单。选择“插入”选项，然后选择“下一行”选项。这样就出现了另一个所选类型的参数项。

如果用语句表编程，CALL指令的格式是：CALL子程序号，参数1，参数2，…，参数16。

二、西门子S7—200系列PLC子程序指令应用实例

图3—5—1所示的实例为主程序调用子程序和子程序返回指令程序的应用实例。图3—5—2实例为带参数调用子程序实例。

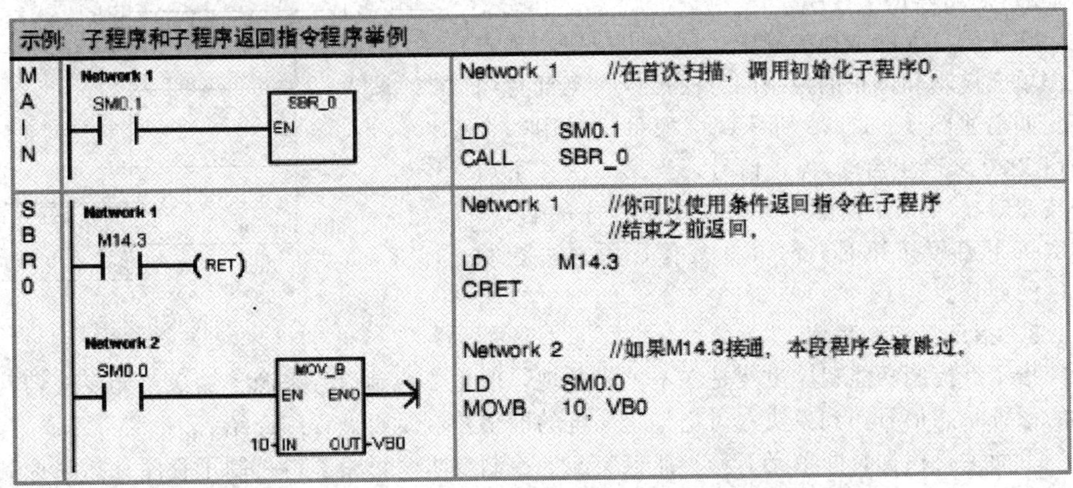

图3—5—1　主子程序调用和返回指令实例

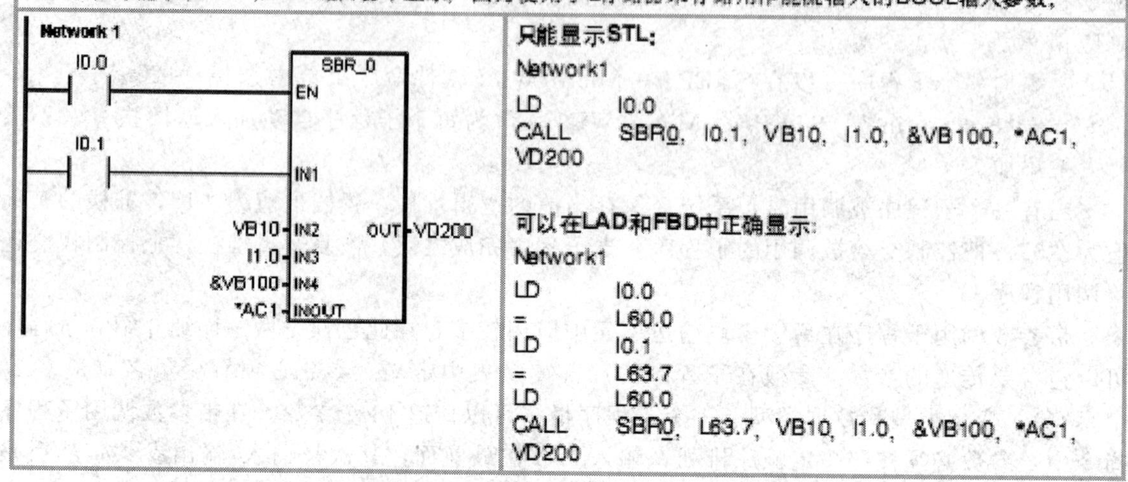

示例 子程序调用

以下有两个STL程序，第一个程序只能在STL编辑器中以STL的形式显示，因为用作能流输入的BOOL参数没有存储在L存储区中，

第二个程序能够在LAD和FBD编辑器中显示，因为使用了L存储器来存储用作能流输入的BOOL输入参数，

只能显示STL:

```
Network1
LD      I0.0
CALL    SBR0, I0.1, VB10, I1.0, &VB100, *AC1,
VD200
```

可以在LAD和FBD中正确显示:

```
Network1
LD      I0.0
=       L60.0
LD      I0.1
=       L63.7
LD      L60.0
CALL    SBR0, L63.7, VB10, I1.0, &VB100, *AC1,
VD200
```

图 3—5—2 带参数调用子程序实例

任务实施

一、PLC 控制程序的编写

1. 主程序

在装配单元中，采用主子程序调用的方法，主程序调用上述 4 个子程序，完成相应的控制功能。图 3—5—3 为装配单元主程序梯形图。

2. 启动停止子程序

在装配单元的本地控制中，用一个按钮实现本工作单元启动和停止的控制的方法可以参见前述内容。如前述图 1—5—10 所示，装配单元采用一个按钮 I2.0 来产生启动/停止信号，当第一次按下启停按钮时，M10.0 置位，用它去控制程序的启动，再次按下启停按钮时，M10.0 复位，用它去控制程序的停止。

SM0.0
下料控制
EN
抓料控制
EN
启动停止
EN
指示灯控制
EN

图 3—5—3 装配单元主程序

3. 指示灯控制程序

指示灯控制功能程序虽然是在本单元实现，但主要控制信号来源于输送单元发送到网络上的系统状态信号，到模块六讨论整个系统的网络控制时再做详细介绍。

下面主要根据装配单元下料和抓料装配的控制要求来讨论下料控制子程序和抓料控制子程序的编写。

4．下料控制和抓料控制子程序

先来看看装配单元的详细动作过程。一开始装配单元各气缸的初始位置为：挡料气缸处于伸出状态，顶料气缸处于缩回状态，料仓上已经有足够的小圆柱零件；装配机械手的升降气缸处于提升状态，伸缩气缸处于缩回状态，气爪处于松开状态。设备上电和气源接通后，若各气缸满足初始位置要求，且料仓上已经有足够的小圆柱零件；工件装配台上有待装配大工件。此时为设备准备好状态，按下启动按钮，装配单元启动，如果回转台上的左料盘内没有小圆柱零件，就执行下料操作；如果左料盘内有零件，而右料盘内没有零件，执行回转台回转操作。如果回转台上的右料盘内有小圆柱零件且装配台上有待装配工件，执行装配机械手抓取小圆柱零件，放入待装配工件中的操作。完成装配任务后，装配机械手应返回初始位置，等待下一次装配。

进入运行状态后，装配单元的工作过程包括 2 个相互独立的子过程，一个是下料过程，另一个是抓料装配过程。下料过程就是通过供料机构的操作，使料仓中的小圆柱零件落下到摆台左边料盘上；然后摆台转动，使装有零件的料盘转移到右边，以便装配机械手抓取零件。抓料装配过程是当装配台上有待装配工件，且装配机械手下方有小圆柱零件时，进行抓料装配操作。

根据前述 I/O 分配表，根据控制要求，实现装配单元的本地控制，先来看看下料控制子程序。图 3—5—4 为下料控制子程序。

下料控制过程包含两个互相联锁的过程，即落料过程和摆台转动、料盘转移的过程。在小圆柱零件从料仓下落到左料盘的过程中，禁止摆台转动；反之，在摆台转动过程中，禁止打开料仓（挡料气缸缩回）落料。

实现联锁的方法是：①当摆台的左限位或右限位磁性开关动作并且左料盘没有料，经定时确认后，开始落料过程；②当挡料气缸伸出到位使料仓关闭、左料盘有物料而右料盘为空，经定时确认后，开始摆台转动，直到达到限位位置。具体程序逻辑和有关各网络段的程序说明如图 3—5—4 所示。

抓料装配子程序的工艺过程是一个顺序控制，可以采用 SCR 指令进行编程。

具体程序可以看图 3—5—5 至图 3—5—7。

网络 1 通过启动控制位 M10.0 对顺控继电器 S1.0 置位，准备进行抓料装配工作。网络 2 到网络 5 为第一个动作，当检测到大物料台上有物料时延时 0.5 s，状态转移到 S1.1，准备进行下一个动作。网络 6 到网络 14 为整个抓料过程。其中网络 7 确认机械手在初始位置，网络 8 确认气动摆台左右摆台均旋转到位后开始延时 0.5 s，定时时间到后网络 9 开始控制机械手爪下降。

机械手下降到位后网络 10 开始延时 0.3 s，定时时间到后，网络 11 控制手爪抓料夹紧，手爪夹紧后，网络 12 控制手爪下降复位，手爪开始上升。网络 13 当手爪夹紧小物料上升到位后，状态转移到 S1.2，准备下一动作。网络 15 到网络 17 为整个装配过程。网络 16 完成整个小物料装配进大物料的完整过程。动作依次为手爪伸出到大物料台正上方，到位开始延时，延时后手爪把小物料下降到大物料的空孔内，到位后开始延时，延时后手爪松开，小物料自由落下，完成装配过程。同时状态转移到 S1.3，准备最后的返回动作。

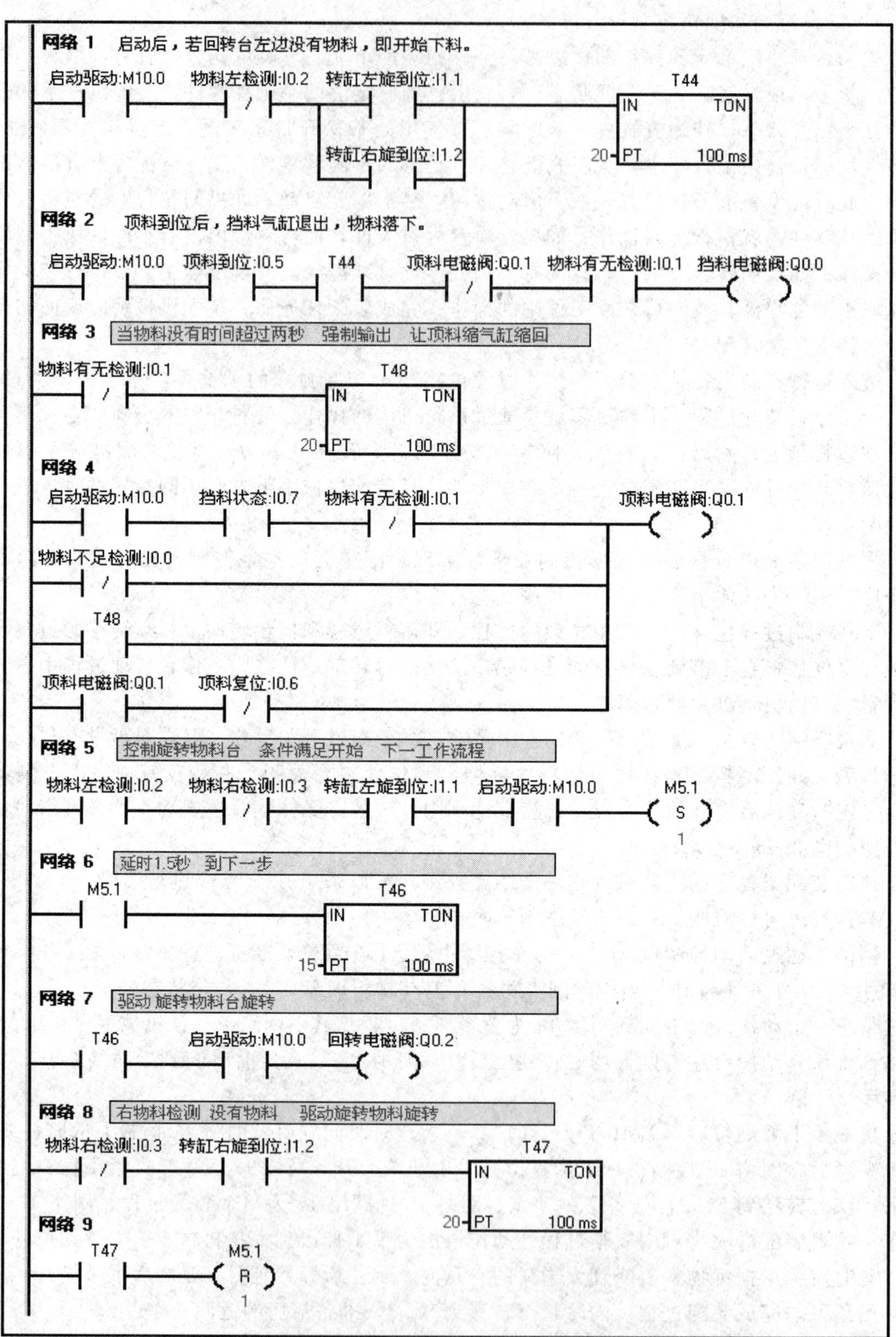

图 3—5—4　下料控制子程序

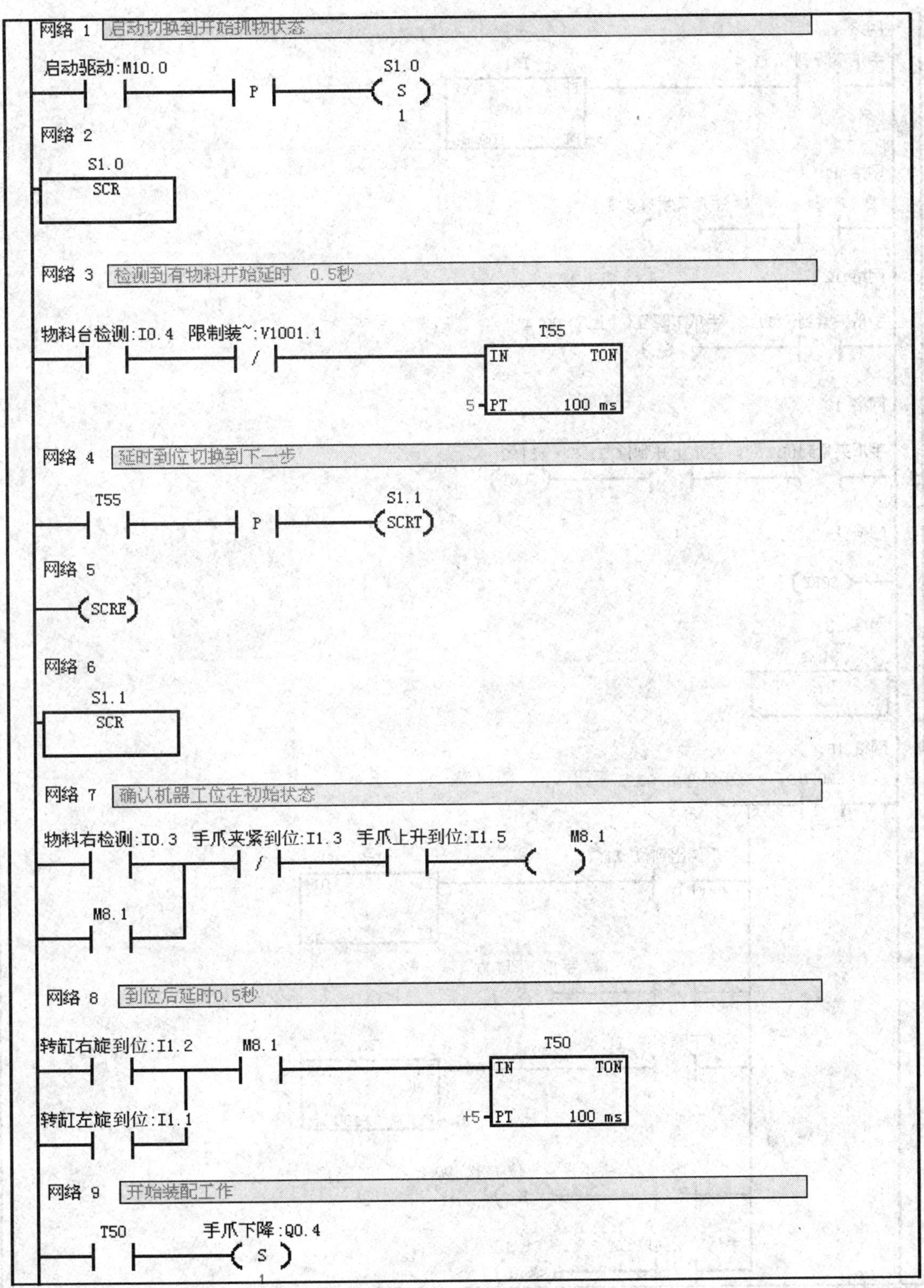

图 3—5—5　抓料控制子程序清单 1

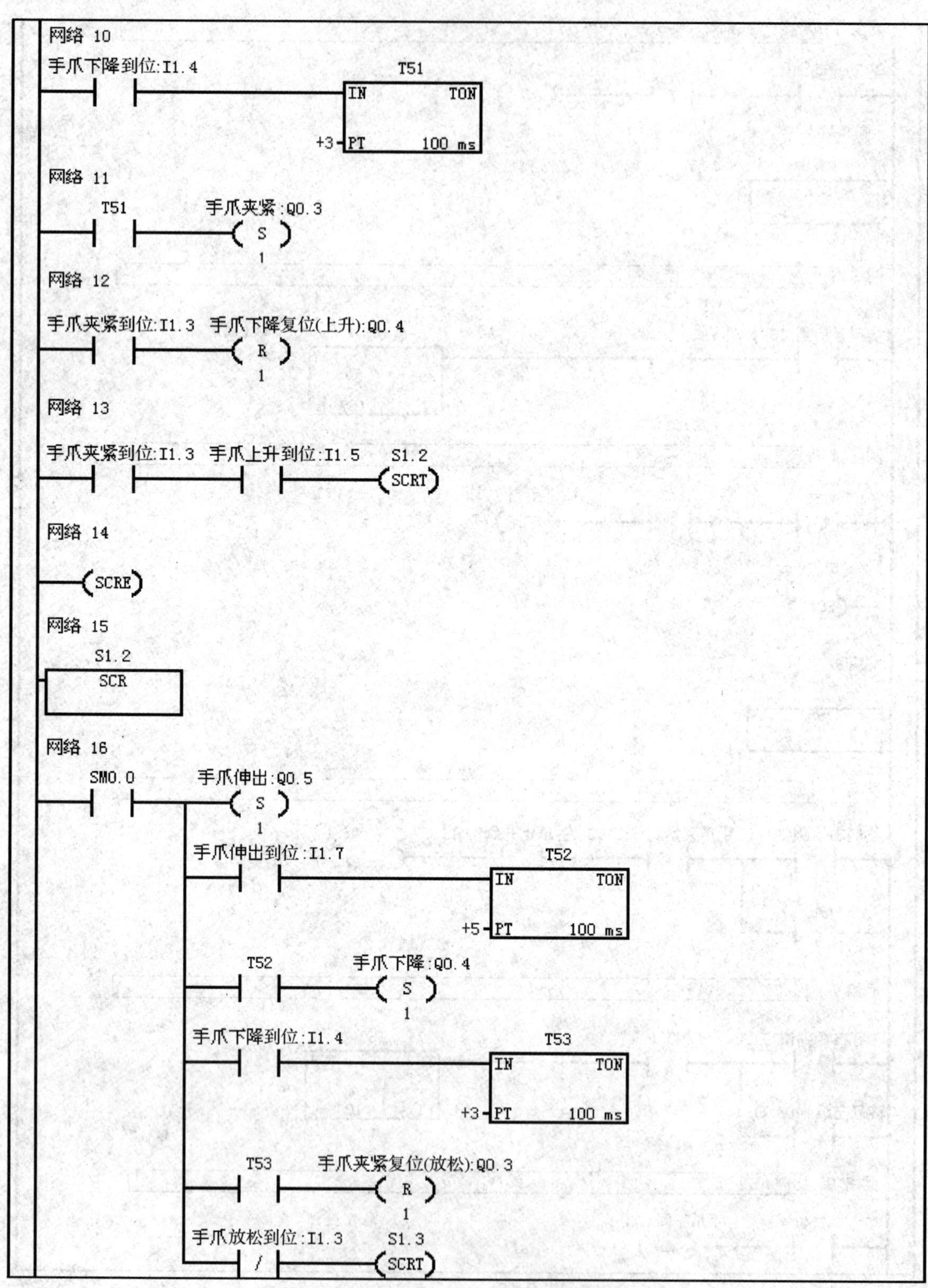

图 3—5—6　抓料控制子程序清单 2

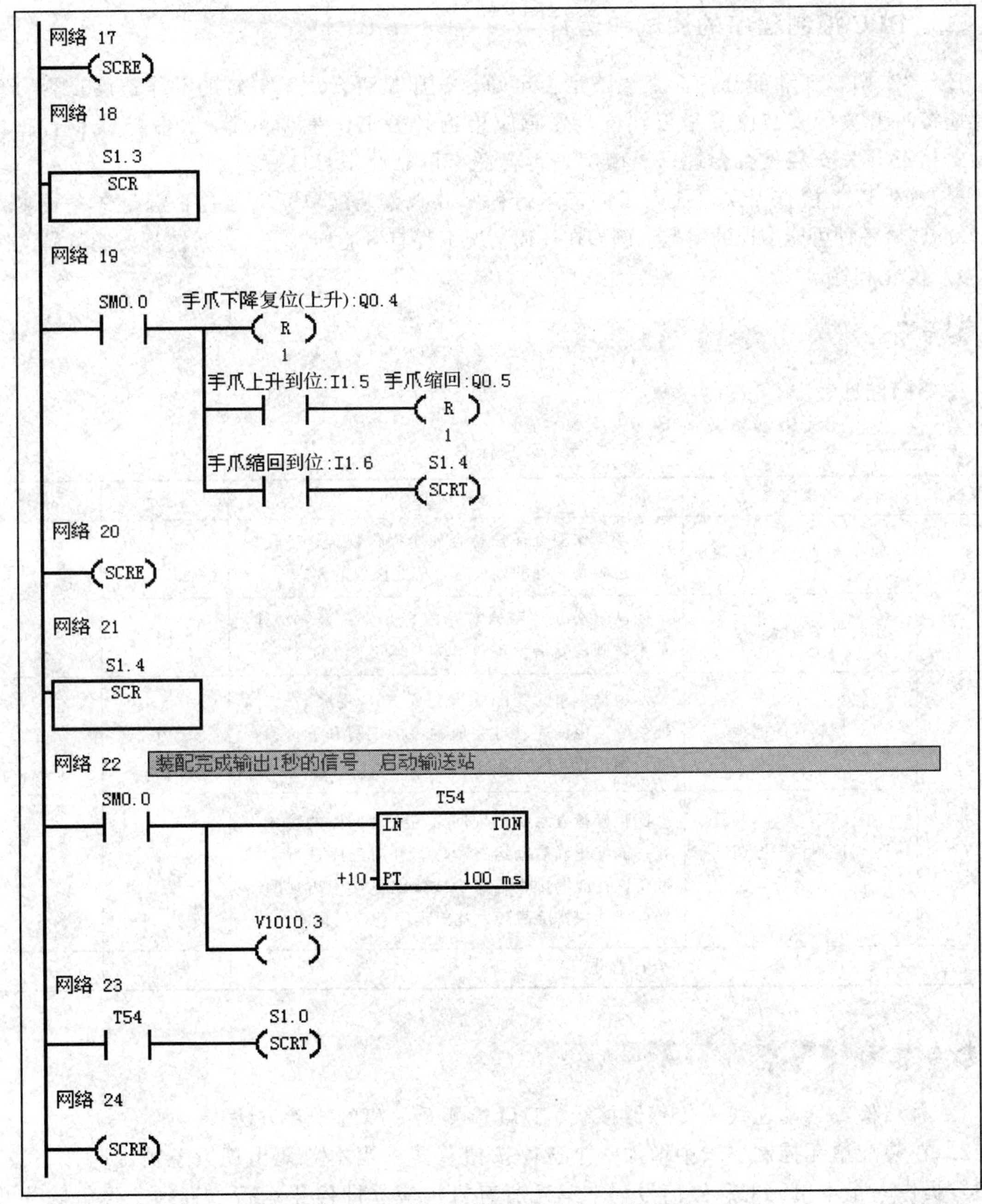

图 3—5—7　抓料控制子程序清单 3

网络 18 到网络 20 为机械手返回动作，依次为手爪上升，上升到位后手爪缩回，缩回到位后状态转移到 S1.4，准备最后的动作。网络 21 到网络 24 主要为向系统反馈装配完成信号，这个主要用于系统的整体控制，以后再做详细介绍。最后状态重新转移到 S1.0，准备下一次装配操作。

二、PLC控制程序的调试和运行

1. 再次调整气动部分，检查气路是否正确，气压是否合理，气缸的动作速度是否合理；磁感应接近开关的安装位置是否到位，磁感应接近开关工作是否正常；I/O接线是否正确；光敏式接近开关安装是否合理，灵敏度是否合适，可靠性是否良好。

2. 确保以上检查无误，放入工件，运行程序并观察装配单元动作是否满足任务要求。

3. 调试各种可能出现的情况，例如在任何情况下都有可能加入工件，系统都要能可靠工作。

4. 优化程序。

任务评价

评分标准见表3—5—1。

表3—5—1 评分标准

序号	考核内容	评分标准	配分	得分
1	职业素养与安全意识	现场操作安全保护符合安全操作规程；工具摆放、包装物品等的处理符合职业岗位的要求	10	
2	团队协作与敬业精神	团队有分工、有合作，配合紧密；遵守纪律，尊重教师，爱惜设备和器材，保持工位的整洁	10	
3	PLC控制程序的编写	能根据本单元控制要求完成PLC程序的设计；能熟练使用编程软件完成程序的编写和下传；程序逻辑正确，能实现控制功能	40	
4	PLC控制程序的调试和运行	能正确检查系统电气回路与气动回路的总体连接；能够正确启动运行程序，并对程序进行监控和调试；能够排查程序中或线路连接中出现的问题，能尽快排除故障；能对程序进行优化	40	
合计总分			100	

思考与练习

1. 总结检查气动连线、传感器接线、I/O检测及故障的排除方法。

2. 在装配单元控制要求中增加一个急停按钮，要求当本单元出现紧急情况时按下急停按钮，提供一个本单元的急停信号，本单元所有机构应立即停止运行，直到急停解除为止，试改写加工单元本地控制程序，并进行程序调试与运行。

3. 如果在装配过程中出现意外情况，如何处理？

分拣单元的安装、调试与编程

任务1　分拣单元结构与功能的认知

知识点

◎ 分拣单元的结构与功能的认知

◎ 分拣单元中所用特殊传感器的认知

任务提出

分拣单元是自动生产线中的最末单元，完成对装配单元送来的已加工、装配完的工件的分拣工作，并使不同颜色的工件从不同的料槽分流。

本任务是认知 YL—335 自动化生产线分拣单元的结构与功能。

任务分析

要完成本任务，需要学习分拣单元的工作过程及相关传感器的知识。

任务实施

一、分拣单元的结构和功能

1. 分拣单元的基本功能

分拣单元是最末单元，将上一单元送来的已加工、装配的工件进行分拣，使不同颜色的工件从不同的料槽分流。当输送单元送来工件放到传送带上并被入料口光电传感器检测到时，即启动变频器，工件开始送入分拣区进行分拣。其外观如图 4—1—1 所示。

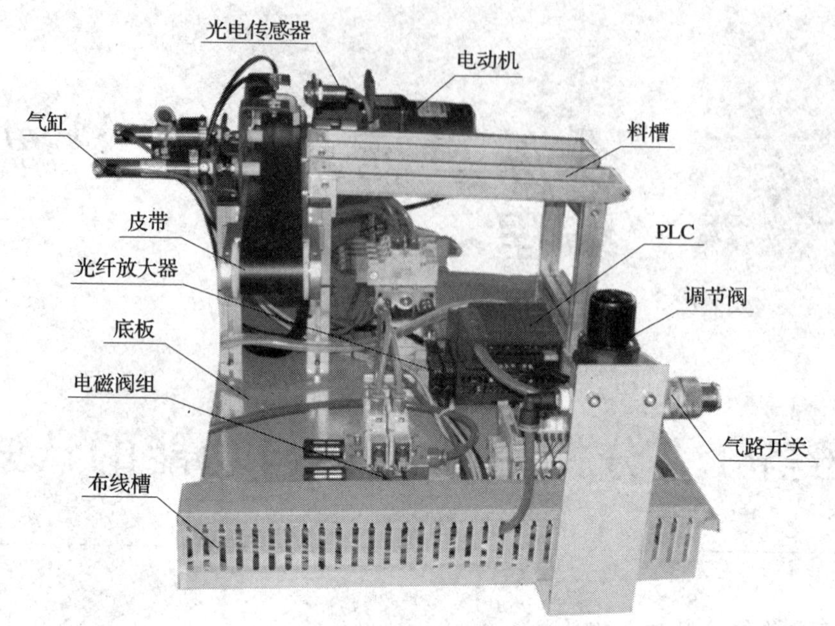

图 4—1—1　分拣单元实物的全貌

2. 分拣单元的结构组成

分拣单元主要包括：皮带输送线和成品分拣装置。主要配置有：直线传送带输送线、直线气缸、三相异步电动机、变频器、光电传感器、光纤传感器等。分拣单元主要结构组成为：传送和分拣机构、传送带驱动机构、变频器模块、电磁阀组、接线端口、PLC 模块、底板等。

传送和分拣机构如图 4—1—2 所示。它主要由传送带、物料槽、推料（分拣）气缸、漫射式光电传感器、光纤传感器、磁感应接近式传感器、电动机、光纤安装支架、底板、传送带张紧机构、工件导向件等组成。

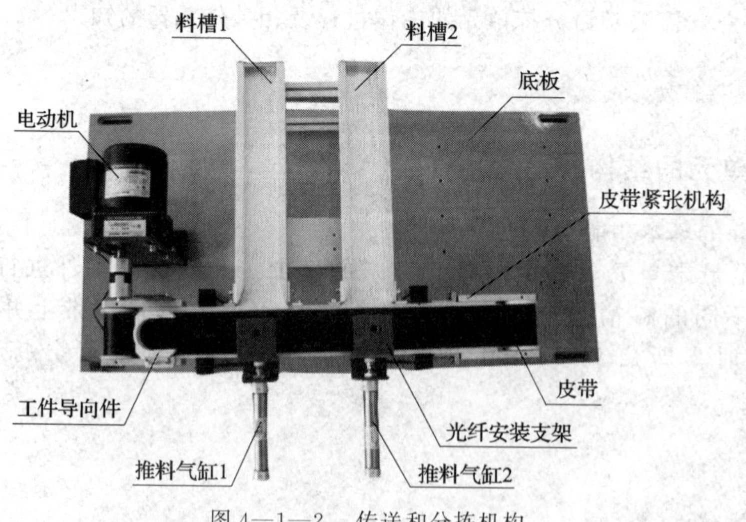

图 4—1—2　传送和分拣机构

传动带驱动机构如图 4—1—3 所示。采用的三相减速电动机，用于拖动传送带从而输送物料。它主要由电动机支架、电动机、联轴器等组成。三相电动机是传动机构的主要部分，电动机转速的快慢由变频器来控制，其作用是带动传送带从而输送物料。电动机支架用于固定电动机。联轴器用于把电动机的轴和输送带主动轮的轴连接起来，从而组成一个传动机构。

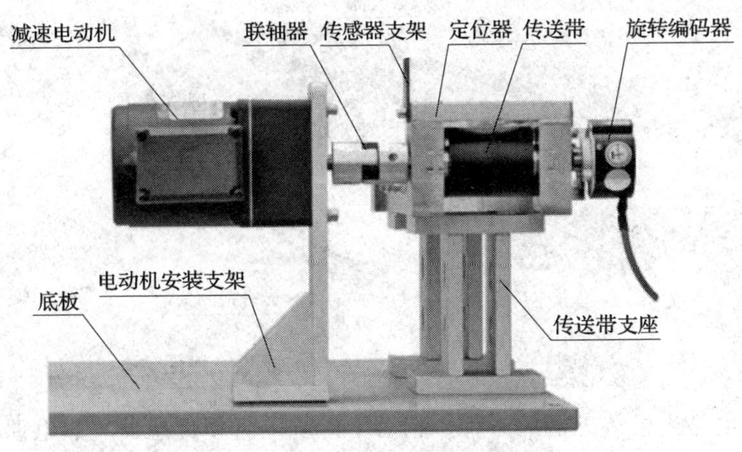

图 4—1—3　传送带驱动机构

传送带是把已加工好的由机械手输送过来的工件进行传输，输送至分拣区。导向件是用来纠偏机械手输送过来的工件的。两条物料槽分别用于存放加工好的黑色工件和白色工件。

传送和分拣的工作原理：本单元的功能是完成从装配单元送来的装配好的工件的分拣。当输送单元送来工件放到传送带上并为入料口漫反射式光电传感器检测到时，将信号传输给 PLC，通过 PLC 的程序启动变频器，电动机运转驱动传送带工作，把工件带进分拣区，如果进入分拣区工件为白色，则检测白色物料的光纤传感器动作，作为 1 号槽推料气缸启动信号，将白色物料推到 1 号槽里，如果进入分拣区工件为黑色，检测黑色的光纤传感器作为 2 号槽推料气缸启动信号，将黑色物料推到 2 号槽里。到此，整条自动生产线的加工结束。

在每个料槽的对面都装有推料（分拣）气缸，把分拣出的工件推到对应的料槽中。在两个推料（分拣）气缸的前极限位置分别装有磁感应接近开关，PLC 的自动控制可根据该信号来判别分拣气缸当前所处位置。当推料（分拣）气缸将物料推出时，磁感应接近开关动作，输出信号为“1”，反之，输出信号为“0”。

二、分拣单元中的传感器

分拣单元中使用的传感器包括安装在传送带入料口上的漫反射式光电传感器和安装在两个推料气缸伸出极限位置的磁感应接近开关，这些传感器的安装和使用原理可参考前面几个单元的相应内容。下面主要介绍分拣单元中所用区分黑色工件和白色工件的光纤传感器的工作原理和使用方法。在最新型的 335 型自动生产线上，如图 4—1—3 所示，在三相减速电动机主轴上安装有旋转编码器，对电动机的旋转速度和方向进行反馈，下面对旋转编码器工作原理作简单的介绍。

1. 光纤式光电接近开关（光纤传感器）

光纤式光电开关由光纤检测头、光纤放大器两部分组成。光纤放大器和光纤检测头是分离的两个部分，光纤检测头的尾部分成两条光纤，使用时分别插入放大器的两个光纤孔。光纤式光电开关的输出连接至 PLC。光纤式光电接近开关如图 4—1—4 所示。

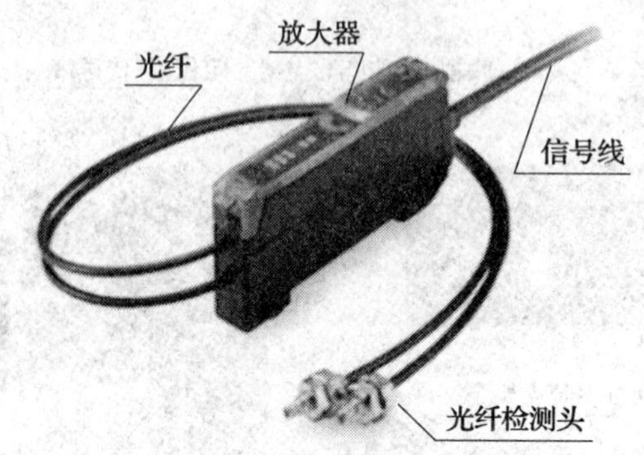

图 4—1—4　光纤式光电接近开关组件

光纤传感器也是光电传感器的一种，相对于传统电量型传感器（热电偶、热电阻、压阻式、振弦式、磁电式），光纤传感器具有下述优点：抗电磁干扰，可工作于恶劣环境，传输距离远，使用寿命长，此外，由于光纤头具有较小的体积，所以可以安装在空间很小的地方。

光纤式光电接近开关的放大器的灵敏度调节范围较大。当光纤传感器灵敏度调得较小时，反射性较差的黑色物体，光电探测器无法接收到反射信号；而反射性较好的白色物体，光电探测器就可以接收到反射信号。反之，若调高光纤传感器灵敏度，则即使对反射性较差的黑色物体，光电探测器也可以接收到反射信号。

光纤传感器传感部分没有电路连接，不产生热量，只利用很少的光能，这些特点使光纤传感器成为危险环境下的理想选择。光纤传感器还可以用于关键生产设备的长期高可靠性和稳定性的监视。光纤传感器中的光纤放大器部分可以根据需要来放置。比如有些生产过程中烟火、电火花等可能引起爆炸和火灾，而光能不会成为火源，不会引起爆炸和火灾，所以可将光纤检测头设置在危险场所，将放大器单元设置在非危险场所进行使用。光纤传感器安装示意图如图 4—1—5 所示。

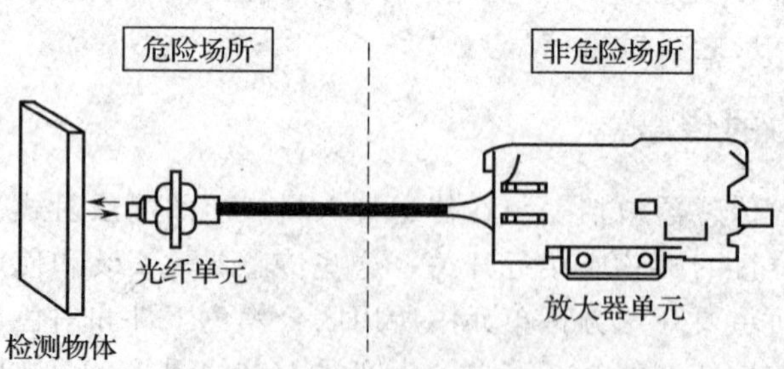

图 4—1—5　光纤传感器安装示意图

光纤传感器分为传感型和传光型两大类。传感型是以光纤本身作为敏感元件，使光纤兼有感受和传递被测信息的作用。传光型是把由被测对象所调制的光信号输入光纤，通过输出端的光信号处理而进行测量的，传光型光纤传感器的工作原理与光电传感器类似。

图 4—1—6 给出了放大器单元的俯视图，调节其中部的 8 旋转灵敏度高速旋钮就能进行放大器灵敏度调节（顺时针旋转灵敏度增大）。调节时，会看到“入光量显示灯”发光的变化。当探测器检测到物料时，“动作显示灯”会亮，提示检测到物料。

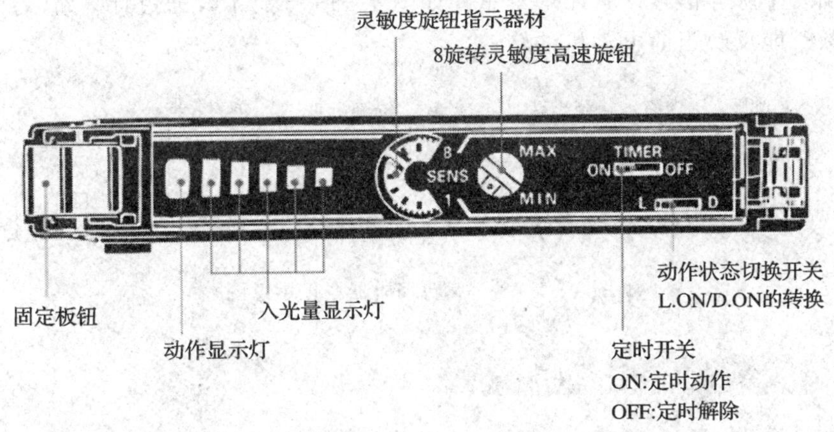

图 4—1—6　光纤传感器放大器单元的俯视图

2. 光纤式光电开关在分拣单元中的应用

在分拣单元的传送带上方分别装有两个光纤式光电开关。光纤传感器在分拣单元中的具体应用如图 4—1—7 所示，这两个光纤传感器采用的就是传光型的光纤式光电开关，光纤仅作为被调制光的传播线路使用，因而外观如图 4—1—4 所示，两条光纤一个是光的发光端、一个是光的接收端，分别连接到光纤放大器。

光纤检测头

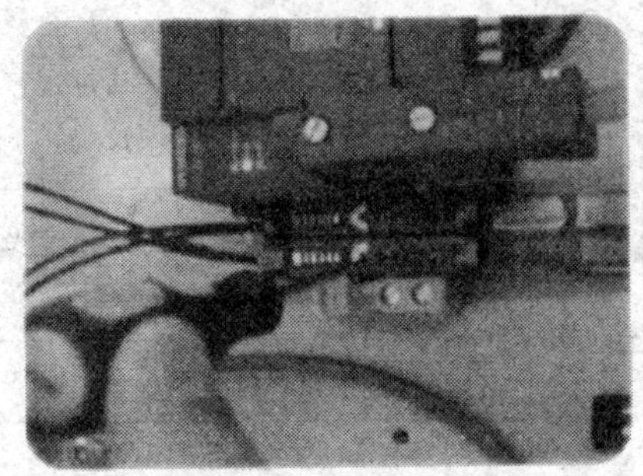

光纤放大器

图 4—1—7　光纤式光电开关在分拣单元中的应用

在分拣单元中光纤式光电开关的放大器的灵敏度可以调节，当光纤传感器灵敏度调得较小时，对于反射性较差的黑色物体，光纤放大器无法接收到反射信号；而对于反射性较好的白色物体，光纤放大器光电探测器就可以接收到反射信号。从而可以通过调节光纤光电开关的灵敏度来判别黑白两种颜色物体，将两种物料区分开，从而完成自动分拣工序。

3．旋转编码器的工作原理

旋转编码器是通过光电转换，将输出至轴上的机械、几何位移量转换成脉冲或数字信号的传感器，主要用于速度或位置（角度）的检测。典型的旋转编码器是由光栅盘和光电检测装置组成。光栅盘是在一定直径的圆板上等分地开通若干个长方形狭缝。由于光电码盘与电动机同轴，电动机旋转时，光栅盘与电动机同速旋转，经发光二极管等电子元件组成的检测装置检测输出若干脉冲信号，其原理示意图如图 4—1—8 所示，通过计算每秒旋转编码器输出脉冲的个数就能反映当前电动机的转速。

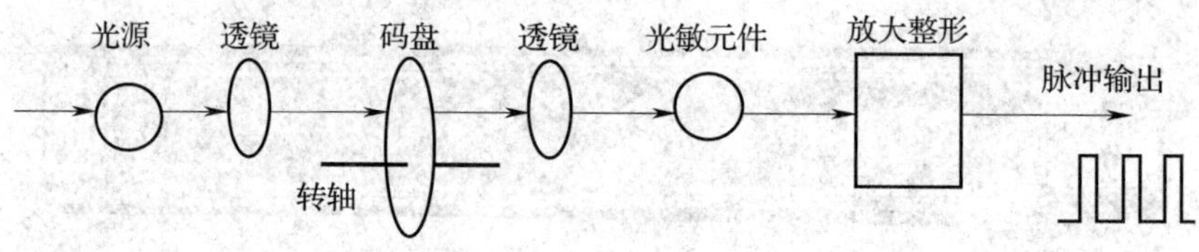

图 4—1—8　旋转编码器原理示意图

任务评价

评分标准见表 4—1—1。

表 4—1—1　　　　**评分标准**

序号	考核内容	评分标准	配分	得分
1	分拣单元结构和功能的认知	熟练掌握分拣单元的基本结构，知晓各组成部分名称；理解分拣单元基本功能，了解工作及控制流程	50	
2	分拣单元中光纤式光电接近开关的认知	理解光纤传感器的工作原理和基本结构；能够对其灵敏度进行调节；能够指出其在分拣单元中的安装位置；掌握其在分拣单元中的安装方法	30	
3	分拣单元中旋转编码器工作原理的认知	理解旋转编码器基本工作原理；能够指出其在分拣单元中的安装位置	20	
		合计总分	100	

思考与练习

1．简述分拣单元的工作过程。

2．简述光纤传感器如何判别黑白颜色的工件。

3．简述脉冲编码器的工作原理。

任务 2 分拣单元的机械安装

技能点

◎ 机械装配和操作技能

◎ 常用装配工具、检测工具的使用

知识点

◎ 分拣单元的机械结构组成

◎ 分拣单元机械安装的步骤和方法

任务提出

分拣单元的机械结构按照功能主要分为传送和分拣机构和传动带驱动机构。除了机械部件之外，还有一些配合机械动作的气动元件和传感器，以及变频器模块等。

本任务要求在底板上完成 YL—335 自动生产线分拣单元各机械机构的安装，同时要求将本单元电气控制中所使用的变频器模块、电磁阀组、PLC、接线端子排也固定安装在底板上。

任务分析

要完成本任务，需要具备机械安装的基础知识，按照具体安装步骤实施，完成本单元各部件的机械安装，最后将分拣单元整体固定于工作台上。

任务实施

一、准备工作

在进行安装之前，应在教师指导下，通过先导任务的学习，熟悉本单元功能和动作过程，熟悉本单元各组成结构，初步建立整体安装思路。

二、机械安装

1. 安装

按照“零件→组件→组装”的思路，首先将各个零件安装成组件，然后进行组装。分拣单元机械装配可按如下 4 个阶段进行：

（1）完成传送机构的组装，装配传送带装置及其支座，然后将其安装到底板上，如图 4—2—1 所示。

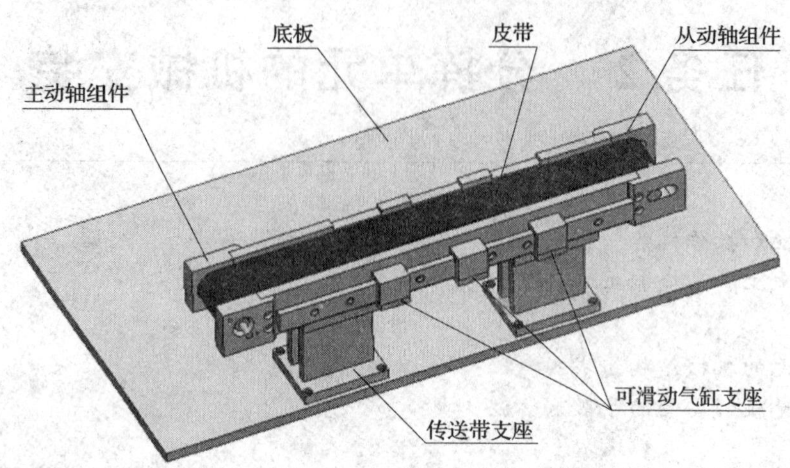

图 4—2—1　传送机构组件的组装

在自动化生产线机械传动系统中，常利用带传动方式实现机械部件之间的运动和动力的传递。根据工作原理不同，带传动可分为摩擦带传动和啮合带传动两类，其传动结构图如图 4—2—2 所示。摩擦带传动是依靠带与带轮之间的摩擦力传递运动的。啮合带传动是依靠带轮上的齿与带上的齿或孔啮合传递运动的。由于啮合带传动在传动过程中传递功率大、传动精度较高，所以在自动化生产线中使用较为广泛。

图 4—2—2　带传动结构图

本单元传动带采用的是摩擦带传动。无论是靠摩擦传送皮带还是靠啮合传送的同步齿型带，正确的安装和维护是保证带传动正常工作、延长带使用寿命的有效措施，一般应注意以下几点：

1）安装前，如果两轴中心距是可调整的结构，应先将中心距缩短，传送带装好后再按要求调整好中心距。

2）安装时禁止用工具硬撬、硬拽，以防传送带伸长或过松过紧现象。

3）带轮的安装要求保证主动轮与从动轮轴线间的平行度，否则容易出现传送带跑偏。

（2）完成驱动电动机组件装配，进一步装配联轴器，把驱动电动机组件与传送机构相连接并固定在底板上，如图 4—2—3 所示。

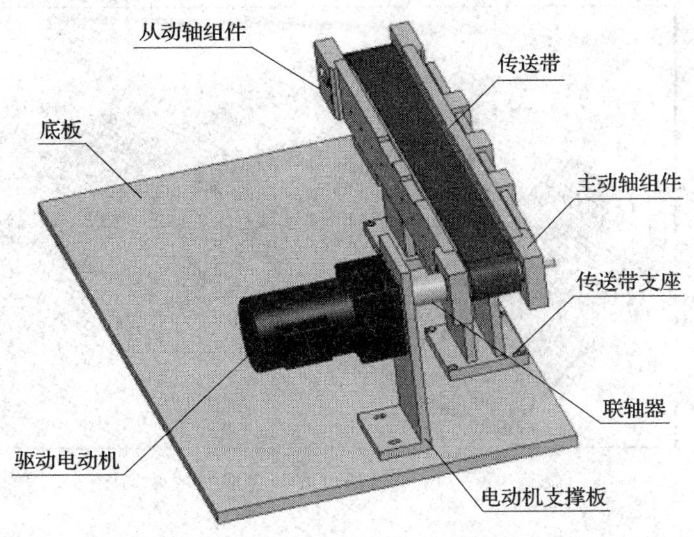

图 4—2—3　驱动电动机组件安装

联轴器的装配方法如下：

1）用游标卡尺、内径百分表，检查轴和配合件的配合尺寸。若配合尺寸不合格时，应经过磨、刮、铰削加工修复至合格。

2）按照平键的尺寸，用锉刀修整轴槽和轮毂槽的尺寸。去除键槽上的锐边，以防装配时造成过大的过盈。

3）测量两个半联轴器的轴线到各自安装平面间的距离，以便后面的组件选取。

4）将两个半联轴器通过键分别安装在对应的轴上。

5）将其中一轴所装的组件（可选取大而重、轴线距安装基准较远的，一般选取主机）先固定在基准平面上。

6）通过调整安装高度使两个半联轴器的轴线高低保持一致，其精度必须进行反复调整，以达到规定要求。

7）均匀连接两个半联轴器，依次均匀旋紧螺母。

8）逐步均匀旋紧轴组件的安装螺母，并检查两个轴的转动松紧是否一致，不能出现卡滞现象，否则要重新调整。

（3）继续完成推料气缸支架、推料气缸、传感器支架、出料槽及支撑板等装配，如图 4—2—4 所示。

具体安装步骤如下：首先组装支架，在支架上套上传送带；然后安装主动轮和从动轮，再在支架上安装支撑组件 1、支撑组件 2、导轨 1 和导轨 2，以及滑动组件；接着将安装好的整体用螺栓固定在底板上；接着在主动轴上安装联轴器，将电动机支撑板、电动机调整好安装高度和固定位置并固定紧；接着在支架上安装料槽安装件，安装料槽、料槽底板连接件，调整好料槽位置并固定；接下来在支架上安装气缸连接件，再将分拣气缸安装在气缸连接件上；接着在支架上料槽的对应位置装好传感器连接件，准备接下来安装传感器。

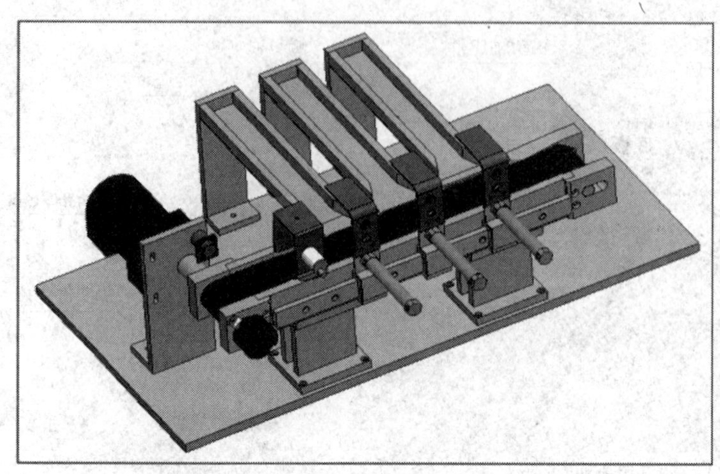

图 4—2—4　机械部件安装完成时的效果图

(4) 传感器的安装

1) 磁性开关的安装

磁性开关的安装位置可以调整，调整方法是松开磁性开关的紧定螺栓，让它顺着气缸滑动，到达指定位置后，再旋紧紧定螺栓。本单元只分别安装了两个用来检测两个推料气缸伸出极限位置的磁性开关。具体安装方法与前述单元类似。

如果磁性开关安装位置不当，会影响控制过程。目前只是进行传感器的初步位置安装，螺钉先不要拧紧，必须等待系统进行电气回路调试时再进行精确的调整。

2) 漫射式光电开关的安装

在分拣单元中，漫射式光电开关用的也不多，就在传送带入料口上安装了一个漫射式光电开关。若对应位置上没有工件，则该漫射式光电开关处于常态；若对应位置上有工件，则该光电接近开关动作，表明对应位置上已有工件。该光电传感器的输出信号送到装配单元PLC 的输入端，结合 PLC 程序，来进行分拣单元的整个动作控制，完成工件的分拣任务。

同样，如果漫射式光电开关安装位置不当，会影响控制过程。目前只是进行传感器的初步位置安装，螺钉先不要拧紧，必须等待系统进行电气回路调试时再进行精确的调整，然后再拧紧螺钉。

3) 光纤传感器的安装

在分拣单元的传送带上方分别装有两个光纤式光电开关。具体安装位置应该是在推料气缸正上方正对着料槽的传感器支架上。如图 4—1—7 所示，光纤传感器的光纤检测头和光纤放大器两个部分分开安装，光纤检测头安装在皮带正对料槽口的传感器支架上，光纤放大器安装在 PLC 附件的底板上。光纤检测头尾端部分分成两条光纤，使用时分别插入放大器的两个光纤孔。具体连接方法如图 4—2—5 所示。

4) 旋转编码器的安装

旋转编码器的安装要注意如下事项：安装时不要给轴施加直接的冲击；编码器轴与机器的连接，应使用柔性连接器。在轴上装连接器时，不要硬压入。即使使用连接器，因安装不良，也有可能给轴加上比允许负荷还大的负荷，或造成拨芯现象，因此，要特别注意；轴承

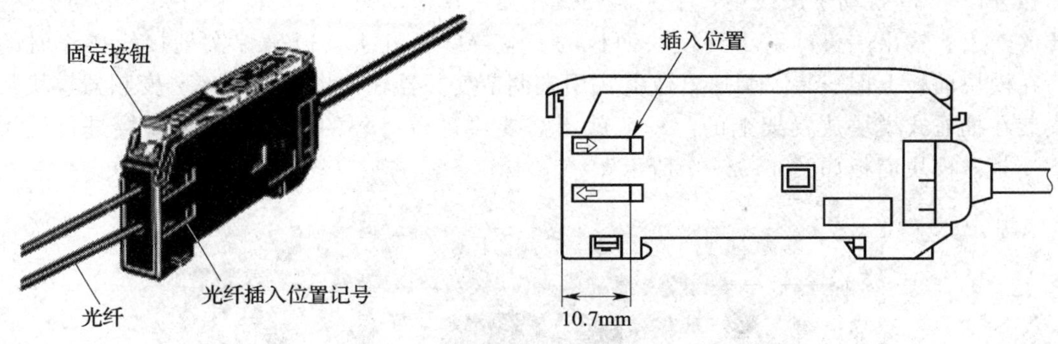

图 4—2—5　光纤传感器连接示意图

寿命与使用条件有关，受轴承荷重的影响特别大。如轴承负荷比规定荷重小，可大大延长轴承寿命；不要将旋转编码器进行拆解，这样做将有损防油和防滴性能，防滴型产品不宜长期浸在水、油中，表面有水、油时应擦拭干净。

（5）变频器模块的安装

在分拣单元中，控制皮带轮运动的三相减速电动机的启动和停止采用西门子 MM420 变频器进行控制。下面就西门子 MM420 变频器在工程上的安装与拆卸的方法做个简单的介绍。

在工程使用中，MM420 变频器通常安装在配电箱内的 DIN 导轨上，安装和拆卸的步骤如图 4—2—6 所示。

安装的步骤：

1）导轨的上闩销把变频器固定到导轨的安装位置上。

2）在导轨上按压变频器，直到导轨的下闩销嵌入到位。

从导轨上拆卸变频器的步骤：

1）开变频器的释放机构，将旋具插入释放机构中。

2）施加压力，导轨的下闩销就会松开。

3）变频器从导轨上取下。

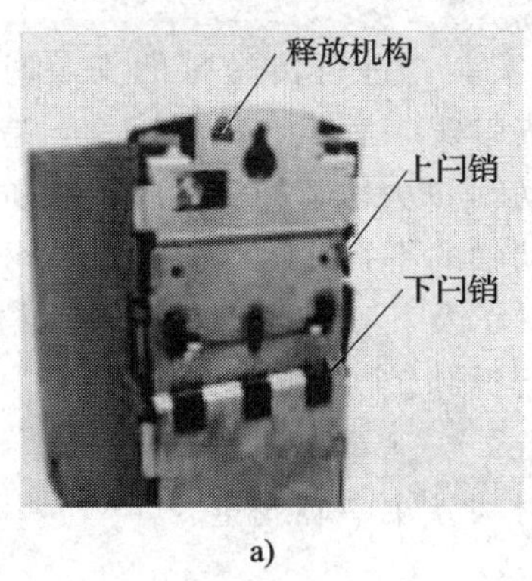

a)

b)

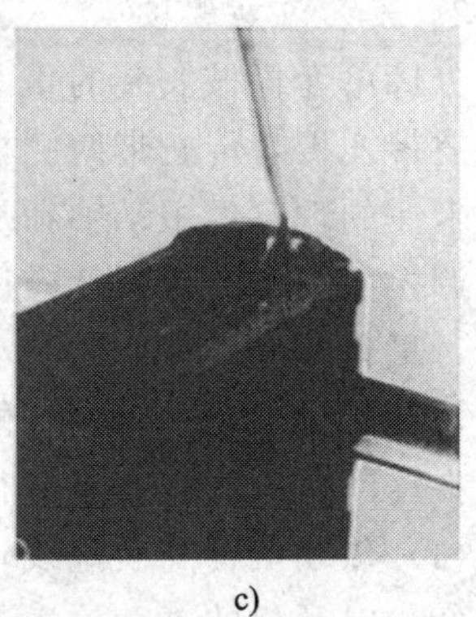

c)

图 4—2—6　MM420 变频器的安装和拆卸

a）变频器背面的固定机构　b）在 DIN 导轨上安装变频器　c）从导轨上拆卸变频器

在 YL—335 自动生产线中，变频器安装在模块盒中，变频器的电源端头、电动机端头、主要的输入、输出端头都引出到模块面板的安全导线插孔上，以确保实训接线操作时的安全。在模块面板上还安装了调速电位器，用来调节变频器输出电压的频率。变频器模块是直接安装在抽屉式模块放置架上的。一般就不需要再进行另外的机械安装，直接进行使用即可。变频器模块面板如图 4—2—7 所示。

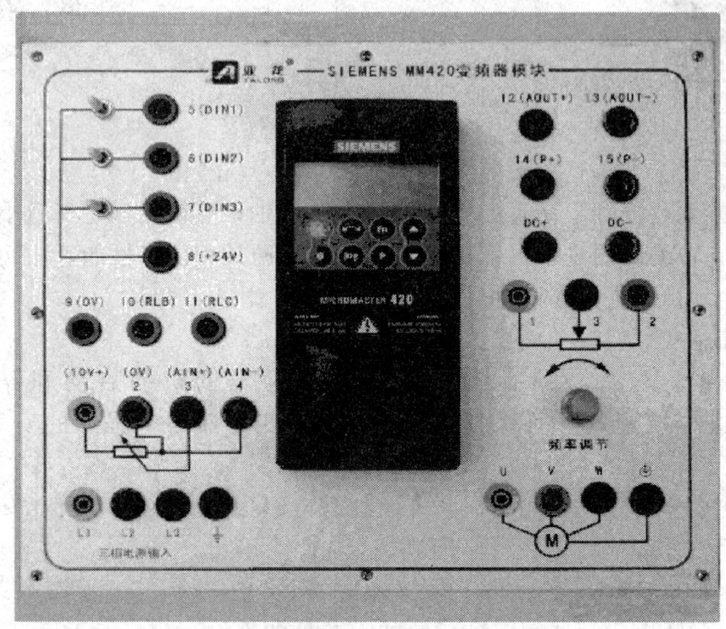

图 4—2—7　分拣单元变频器模块面板

（6）阀组、PLC、接线端子排的固定安装

最后将本单元控制所用的电磁阀组、PLC、接线端子排固定在底板上。需要注意的是本单元所用的电磁阀如前所述可以使用手控开关进行控制，从而实现对相应气路的控制，以改变对推料气缸等执行机构的控制，从而达到调试目的。

2. 安装注意事项

分拣单元机械安装的重难点主要是在于传送带组件的安装。进行传送带的安装时要注意：皮带托板与传送带两侧板的固定位置应调整好，以免皮带安装后凹入侧板表面，造成推料被卡住的现象；主动轴和从动轴的安装位置不能错，主动轴和从动轴的安装板的位置不能相互调换；皮带的张紧度应调整适中；要保证主动轴和从动轴的平行；为了使传动部分平稳可靠，噪音减小，特使用滚动轴承为动力回转件，但滚动轴承及其安装配合零件均为精密结构件，对其拆装需一定的技能和专用的工具，建议不要自行拆卸。

在传动机构安装好后进行调试时，一定要注意以下两点：

（1）传动机构安装基线（导向器中心线）与输送单元滑动导轨中心线重合。

（2）电动机的轴和输送带主动轮的轴重合。

在进行分拣单元的两个气缸的安装时，一是要注意气缸的安装位置，应使工件从料槽中间被推入；二是要注意水平安装，否则有可能推翻工件。同时为了准确且平稳地把工件从料槽中间推出，需要仔细地调整两个推料气缸的位置和气缸活塞杆的伸出速度。

任务评价

评分标准见表 4—2—1。

表 4—2—1　　评分标准

序号	考核内容	评分标准	配分	得分
1	职业素养与安全意识	现场操作安全保护符合安全操作规程；工具摆放、包装物品等的处理符合职业岗位的要求	10	
2	团队协作与敬业精神	团队有分工、有合作，配合紧密；遵守纪律，尊重教师，爱惜设备和器材，保持工位的整洁	10	
3	传送机构组件的安装	按时按照位置关系完成安装工作；安装牢固无松动现象；主动轴从动轴安装牢固，平行度高；传动皮带安装正确，运动平稳无阻滞现象；铝合金型材安装牢固无松动，定位准确	20	
4	驱动电动机组件的安装	按时按照位置关系完成安装工作；安装牢固无松动现象；驱动电动机、联轴器等安装正确，同轴度高	20	
5	气缸支架与气缸、传感器支架、出料槽及支撑板等辅助组件的组装	按时按照位置关系完成安装工作；安装牢固无松动现象；气缸及节流阀安装正确，位置合理；铝合金型材安装牢固无松动，定位准确；辅助组件安装牢固无晃动	20	
6	传感器的安装	按时按要求完成安装工作；安装牢固无松动现象；传感器定位基本准确，便于调整；光纤传感器安装位置合理，便于电气连接	10	
7	电磁阀组、PLC、接线端子排的安装	按时按要求完成安装工作；安装牢固无松动现象；端子排、电磁阀组、PLC 安装位置符合要求，适合走线	10	
合计总分			100	

思考与练习

1. 按照装配顺序完成分拣单元的机械安装实训。
2. 在装配顺序中是否可以进行顺序上的调整？为什么？
3. 讨论并说明完成分拣单元机械安装后要进行哪些调试工作？请详细列出具体调试步骤。

任务 3　分拣单元气动控制回路的连接与调试

技能点

◎ 分拣单元气动控制回路的连接

◎ 分拣单元气动控制回路的调试

知识点

◎ 分拣单元气动控制回路的工作原理

◎ 分拣单元气动控制回路的设计

任务提出

气动控制回路是本工作单元的执行机构之一。分拣单元气动执行元件较少，就包括用来分拣黑色工件和白色工件的两个分拣推料气缸。当进入分拣区工件为白色，则检测白色物料的光纤传感器动作，作为 1 号槽推料气缸启动信号传递给 PLC，PLC 执行程序，控制电磁阀，进而由电磁阀来控制顶料气缸的运动将白色物料推到 1 号槽里；如果进入分拣区工件为黑色，检测黑色物料的光纤传感器动作，作为 2 号槽推料气缸启动信号传递给 PLC，PLC 执行程序，控制电磁阀，进而由电磁阀来控制顶料气缸的运动，将黑色物料推到 2 号槽里。

本任务是进行 YL—335 自动化生产线分拣单元气动控制回路的连接和调试。分拣单元的气动控制回路如图 4—3—1 所示。

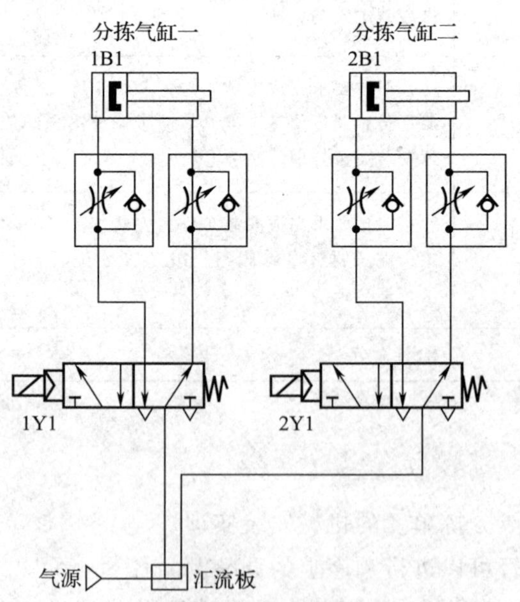

图 4—3—1　分拣单元气动控制回路工作原理图

任务分析

要完成本任务，需要熟悉分拣单元分拣推料的动作过程，确定各气动执行元件初始位置，在理解工作原理的前提下读懂气动系统回路原理图，然后按照实训要求一步步进行气动回路的连接，对节流阀和电磁阀组进行手动调试，进而完成气动回路的调试。

相关知识

分拣单元的气动控制回路如图 4—3—1 所示。

图中最上层执行元件从左到右依次为分拣气缸一和分拣气缸二，分别用来分拣白色工件和黑色工件。1A 和 2A 分别为分拣气缸一和分拣气缸二。1B1 为安装在分拣气缸一的伸出极限工作位置的磁感应接近开关，2B1 为安装在分拣气缸二的伸出极限工作位置的磁感应接近开关。系统电气连接与 PLC 程序编写完成后，这两个磁感应接近开关的安装位置分别决定了这两个气缸进行伸出推料的时候所能到达的极限位置。1Y1 和 2Y1 分别为控制分拣气缸一和分拣气缸二的电磁阀的电磁控制端。第二层控制元件为安装了带快速接头的限出型气缸节流阀，调节节流阀可以控制气缸活塞杆的伸出、缩回运动的速度。第三层控制元件为两个二位五通的带手控开关的单控电磁阀，两个控制阀集中安装在带有消声器的汇流板上，这两个阀分别对上述两个分拣顶料气缸的气路进行控制，以改变各自的动作状态。最下层为气源系统。

任务实施

一、气动回路的连接

1. 连接

按照图 4—3—1 所示气动系统回路工作原理从气泵开始，将气管依次连接到汇流排，然后在汇流排上安装两个二位五通单控电磁阀，接着在汇流板中两个排气口末端连接消声器，消声器的作用是减小压缩空气在向大气排放时的噪声，再将两个节流阀分别安装在气缸的作用气口上，最后用气管将电磁阀工作口与气缸上的节流阀相连接，完成气动回路的连接。在此需要注意的就是各个气缸的初始位置，从图 4—3—1 可以看出，当气源接通时，两个分拣推料气缸的初始状态都是缩回位置，因此两个气缸在进行气路连接时要根据原理图选择不同的工作口进行连接。此点在进行气路连接时尤其需要注意。连接调试结束后扎紧气管，并固定在铝合金型材支撑架上。

2. 连接注意事项

回路连接要完全满足分拣单元气动控制原理图中各执行元件动作的关系；当进行回路连接时，气管一定要完全插到快速接头中，轻轻拉拔各连接位置的气管，以不出现松动为宜；连接时注意气管的选取长度适宜，太长或太短都不利于运动件的运动，用不同颜色的气管表示气体的进出；气管要在快速接头中插紧，不能有漏气现象；气管走向应按序排布，均匀美观，不能交叉、打折；外露气管必须用扎带扎紧，松紧适宜，松紧度以不使气管变形为宜，外形要整齐美观。

二、气动回路的调试

在分拣单元控制气路连接完成后，为了确保执行元件能满足工作需要而良好运行，需要对气动回路进行调试，具体的调试步骤如下。

1. 接通气源前，先用手轻轻拉拔各快速接头处的气管，确认各管路中不存在气管未插好的情况。同时，将调节各执行元件速度的节流阀开度调到最小，避免气源接通后各执行元件突然动作产生较大冲击，导致设备或人员伤害事故发生。

2. 打开气泵，接通气源，将过滤减压阀的压力调节手柄向上提起，顺时针或逆时针慢慢转动压力调节手柄，观察压力表，待压力表气压指在 0.5 MPa 左右时，压下压力调节手柄锁紧。切忌过度转动压力调节手柄，以防其损坏和压力突然升高。

3. 检查气动回路的气密性，观察气路中是否存在漏气，若有漏气的情况，则要根据响声判断找出漏气的位置及原因。若是气管破损或气动元件损坏导致漏气的，则需更换气管或气动元件；若是没有插好气管导致漏气的，则需重新插好气管。

4. 用电磁阀上的手动换向加锁钮检验这两个分拣推料气缸的初始位置和动作位置是否符合工作要求。

在进行这两个分拣推料气缸的调试时，用小旋具把加锁钮旋到 LOCK 位置时，手控开关向下凹进去，不能进行手控操作。只有在 PUSH 位置，可用工具向下按，信号为“1”，等同于该侧的电磁信号为“1”；常态时，手控开关的信号为“0”。手动换向加锁钮初始时应处于 PUSH 位置。需要注意的是，旋动手控旋钮的力度不宜太大，否则很容易使其损坏。常态时，分拣推料气缸活塞杆应在缩回位置，当手控开关用工具向下按时，对应电磁阀动作时，分拣推料气缸活塞杆应快速均匀伸出到伸出位置。如果发现气缸运动方向不对，则要对调该气缸上节流阀或电磁阀的两快速连接气口上的气管。

在进行以上各个气缸动作的调试时，要注意调试的顺序，且在调试时不要碰撞到其他部件。

5. 调整气缸节流阀来进行气缸活塞杆的伸出和缩回运动速度的调试。轻轻转动其节流阀上的调节螺钉，逐渐打开节流阀的开度，确保输出气流能使气缸的活塞杆滑块平稳快速滑动，各个气缸的活塞杆运行无冲击、无卡滞为宜，最后再锁紧节流阀的调节螺母。

6. 可以参考前面图 3—3—2 来连接线路进行电磁阀的动作调试，以模拟 PLC 对电磁阀的控制。

任务评价

评分标准见表 4—3—1。

表 4—3—1 **评分标准**

序号	考核内容	评分标准	配分	得分
1	职业素养与安全意识	现场操作安全保护符合安全操作规程；工具摆放、包装物品等的处理符合职业岗位的要求	10	

续表

序号	考核内容	评分标准	配分	得分
2	团队协作与敬业精神	团队有分工、有合作，配合紧密；遵守纪律，尊重教师，爱惜设备和器材，保持工位的整洁	10	
3	气动回路的连接	回路连接要完全满足分拣单元气动控制原理图中各执行元件动作的关系；回路连接符合实训要求步骤；气管与快速接头连接紧密，无漏气现象；气管选取长度适宜，颜色分明，布局合理；所有排布好的气管必须用尼龙带绑扎，松紧度以不使气管变形为宜，外形要整齐美观	40	
4	气动回路的调试	接通气源前操作正确，符合安全规范；打开气泵时符合安全操作规程，保证人员及设备安全；气动回路气密性检查准确，更换气管操作符合要求；电磁阀手动调试操作无误，气缸初始位置正确；节流阀调节气缸运动速度操作正确，活塞杆运行速度适宜；采用原理图进行电磁阀动作调试接线正确，结果准确	40	
合计总分			100	

思考与练习

1. 分拣单元气动回路中各气缸初始位置由什么决定？当初始位置不符合控制要求时，可以如何调整？

2. 进行分拣单元气动回路的连接与调试时需要注意哪些问题？

任务4　分拣单元电气控制回路的连接与调试

技能点

◎ 分拣单元电气控制回路的连接

◎ 分拣单元电气控制回路的调试

知识点

◎ 三相异步电动机的原理和控制

◎ MM420 变频器的原理与使用

◎ 分拣单元输入/输出端口的分配

◎ 分拣单元 PLC 控制原理图的设计

任务提出

电气控制回路是本工作单元的控制机构，传感器、变频器、三相电动机、电磁阀、PLC、输入按钮等器件共同组成电气控制回路，根据分拣单元动作要求完成对气动执行机构和传动机构的控制，从而实现本单元的工作过程。

本任务要求是根据分拣单元 PLC 控制原理图，进行分拣单元电气控制回路的连接，包括传感器、变频器、电磁阀、输入按钮、指示灯等与 PLC 的电气连接，并进行电气控制回路的调试。

YL—335 自动化生产线分拣单元 PLC 控制原理图如图 4—4—1 所示。

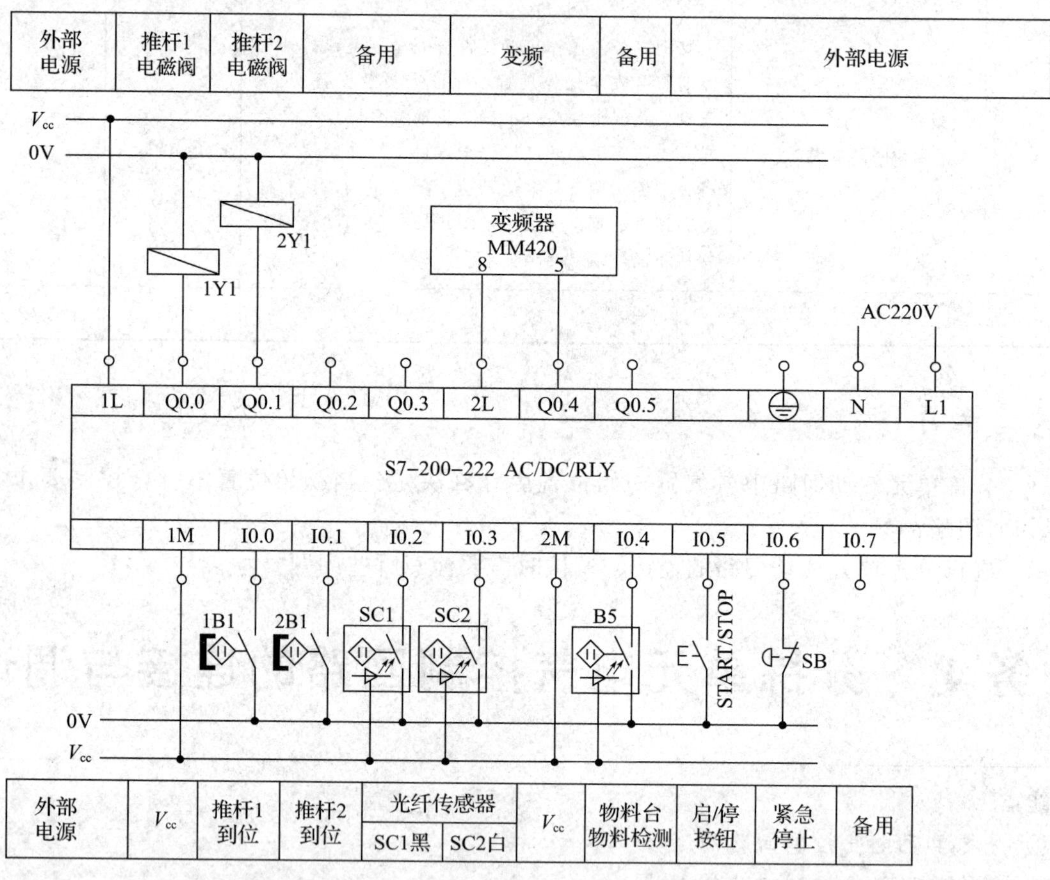

图 4—4—1 分拣单元的 PLC 控制原理图

任务分析

要完成本任务，需要具备以前所学的 PLC 控制的基本知识，掌握三相电动机的原理和控制方法，掌握 MM420 变频器的工作原理和使用方法，需要熟悉分拣单元各个气缸和传动机构的动作过程，掌握模拟输入的手动调试方法。

相关知识

一、光纤传感器安装及调整

1. 电气与机械安装

安装过程中，首先将光纤检测头固定，将光纤放大器安装在导轨上，然后光纤检测头的尾端两条光纤，分别插入放大器的两个光纤孔。然后根据图 4—4—2 所示进行电气接线，接线时请注意根据导线颜色判断电源极性和信号输出线。

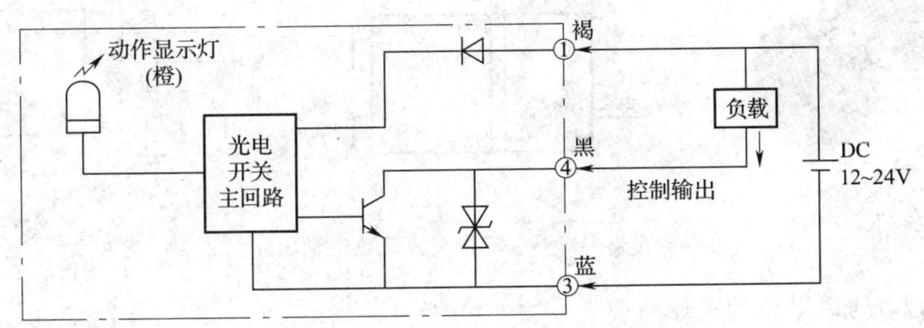

图 4—4—2　光纤传感器电路框图

2. 灵敏度调整

图 4—4—3 所示为光纤放大器的俯视图，调节灵敏度旋钮就能进行放大器灵敏度调节。调节时，会看到“入光量显示灯”发光的变化。在检测距离固定后，当白色工件出现在光纤检测头下方时，“动作显示灯”亮，提示检测到工件；当黑色工件出现在光纤检测头下方时，“动作显示灯”亮，这个光纤式光电开关调试完成。

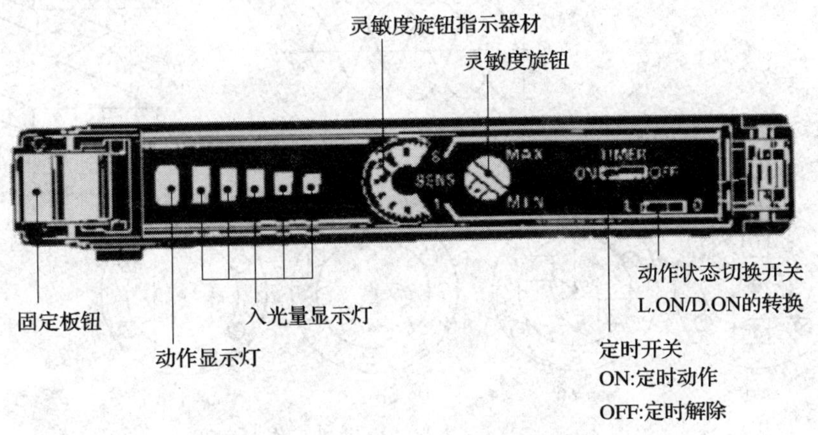

图 4—4—3　光纤放大器的俯视图

二、三相异步电动机及控制

在自动线中，有许多机械运动控制，就像人的手和足一样，用来完成机械运动和动作。实际上，自动线中作为动力源的传动装置有各种电动机、气动装置和液压装置。在YL—335

自动线中，分拣单元传送带的运动控制由交流电动机来完成。YL—335 的分拣单元的传送带动力装置为三相交流异步电动机，在运行中，它不仅要可以改变速率，也需要改变方向。交流异步电动机利用电磁线圈把电能转换成电磁力，再依靠电磁力做功，从而把电能转换成转子的机械运动。交流电动机结构简单，可产生较大功率，在有交流电源的地方都可以使用。

YL—335 分拣单元的传送带使用了带减速装置的三相交流电动机，如图 4—4—4 所示，使得传送带的运转速度适中。

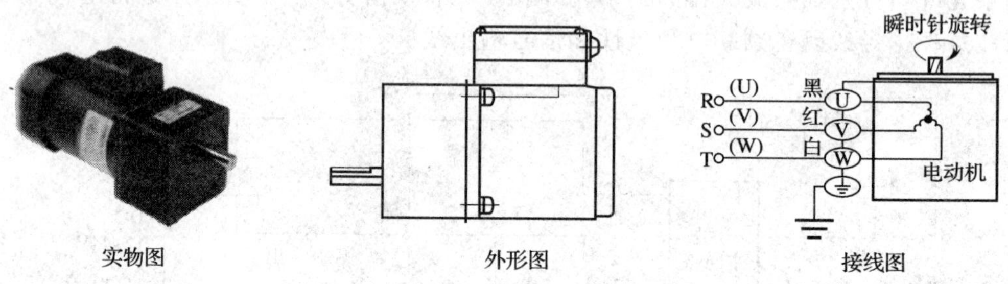

图 4—4—4　三相交流减速电动机

1. 三相异步电动机的工作原理

如图 4—4—5 所示是一台单极的三相交流电动机的工作原理图，当三相绕组中流过三相交流电流时，各相绕组按右螺旋定则产生磁场。每一相绕组产生一对 N 极和 S 极，三相绕组的磁场合成起来，形成一对合成磁场的 N 极和 S 极。这个合成磁场是一个旋转磁场，每当绕组中的电流变化一个周期，交流电动机就会旋转一周。

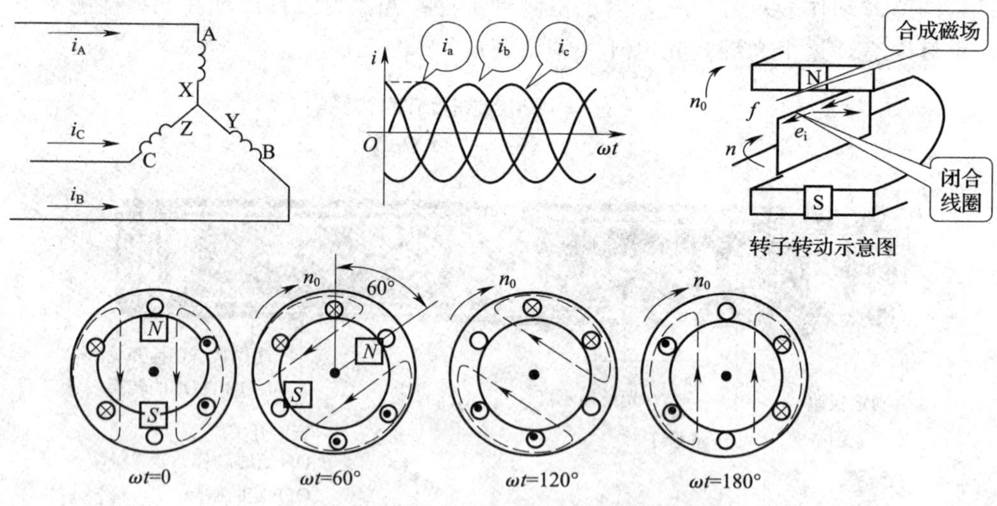

图 4—4—5　三相交流电动机工作原理图

旋转磁场的转速称为交流电动机的同步转速。当绕组电流的频率为 f，电动机的磁极数为 p，同步转速（r/min）可用 $n_0=120f/p$ 表示。异步电动机的转子转速 n 为

$$n=\frac{60\,f}{p}\ (1-s)$$

其中 s 为转差率。

由上式可见，要改变电动机的转速：①改变磁极对数 p；②改变转差率 s；③改变频率 f。在 YL—335 分拣单元的传送带的控制上，交流电动机的调速采用变频调速的方式。

2. 三相异步电动机的反转原理

如图 4—4—6 所示，当改变交流电动机供电电源的相序，就可改变电动机的转向。电动机的速度方向控制都由变频器完成。

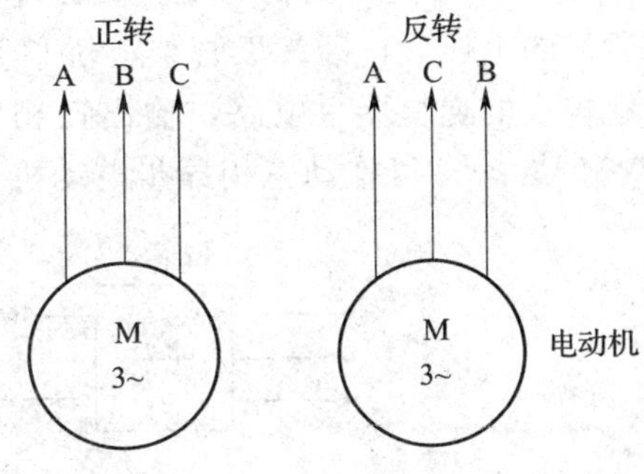

图 4—4—6　交流电动机的正转与反转

三相异步电动机在运行过程中需注意，若其中一相和电源断开，则变成单相运行。此时电动机仍会按原来方向运转。但若负载不变，三相供电变为单相供电，电流将变大，导致电动机过热。使用中要特别注意这种现象；三相异步电动机若在启动前有一相断电，将不能启动。此时只能听到嗡嗡声，长时间启动不了，也会过热，必须赶快排除故障。注意外壳的接地线必须可靠地接大地，防止漏电引起人身伤害。

三、通用变频器驱动装置的使用

西门子 MM420（MICROMASTER420）是用于控制三相交流电动机速度的变频器系列。该系列有多种型号，从单相电源电压，额定功率 120 W 到三相电源电压，额定功率 11 kW可供用户选用。YL—335 选用的 MM420 额定参数：电源电压为 380～480 V，三相交流；额定输出功率为 0.75 kW；额定输入电流为 2.4 A；额定输出电流为 2.1 A；外形尺寸为 A 型；操作面板为基本操作板（BOP）。

YL—335 分拣单元使用的三相交流减速电动机的速度、方向控制采用西门子公司通用变频器 MM420，其电气连接如图 4—4—7 所示。三相交流电源经熔断器、交流接触器、滤波器（可选）、变频器输出到交流电动机。

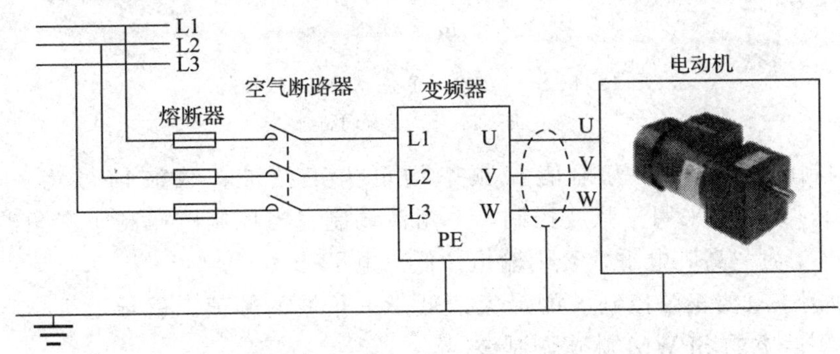

图 4—4—7　变频器与电动机的安装接线

在图 4—4—7 中，有两点需要注意：一是屏蔽，二是接地。滤波器到变频器、变频器到电动机的线采用屏蔽线，并且屏蔽层需要接地，另外带电设备的机壳要接地。

1. 通用变频器的工作原理

变频器控制输出正弦波的驱动电源是以恒电压频率比（U/f）保持磁通不变为基础，再经过正弦波脉宽调制（SPWM）驱动主电路，以产生 U、V、W 三相交流电驱动三相交流异步电动机。

SPWM 交—直—交变压变频器原理如图 4—4—8 所示，它先将 50 Hz 交流电经变压器得到所需的电压后，经二极管整流桥和 LC 滤波，形成恒定的直流电压，再送入 6 个大功率晶体管构成的逆变器主电路，输出三相频率和电压均可调整的等效于正弦波的脉宽调制波（SPWM 波），即可拖动三相异步电动机运转。

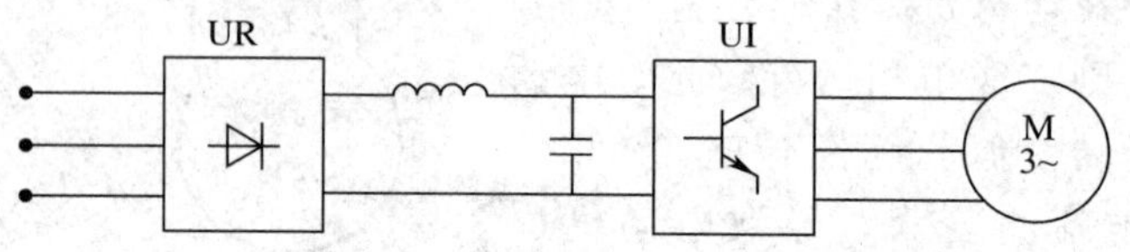

图 4—4—8　SPWM 交—直—交变压变频器的原理

等效于正弦波的脉宽调制波如图 4—4—9 所示，把正弦半波分成 n 等份，每一区间的面积用其相等的等幅不等宽的矩形面积代替。则矩形脉冲所组成的波形就与正弦波等效。正弦波的正负半周均如此处理。

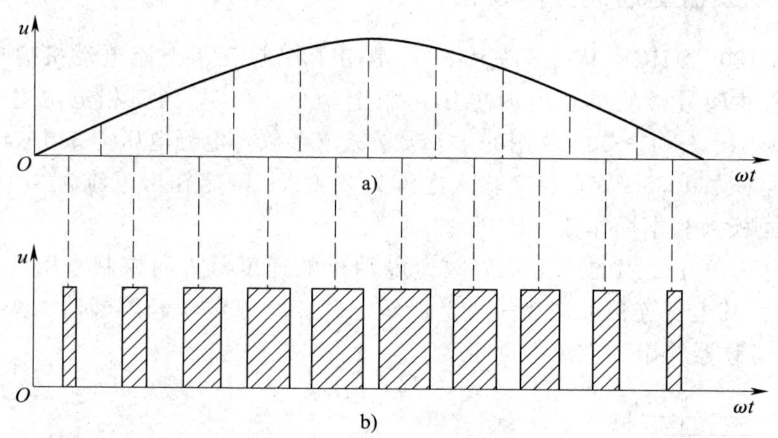

图 4—4—9　等效于正弦波的脉宽调制波

a）正弦波　b）脉宽调制波

SPWM 调制的控制信号为幅值和频率均可为正弦波，载波信号为三角波，如图 4—4—10a所示，该电路采用正弦波控制，三角波调制。当控制电压高于三角波电压时，比较器输出电压 U_d 为“高”电平，否则输出“低”电平。

以 A 相为例，只要正弦控制波的最大值低于三角波的幅值，就导通 T1，封锁 T4，这样就输出等幅不等宽的 SPWM 脉宽调制波。

三相 SPWM 调制时，三角波共用，每相都有一个输入正弦信号和 SPWM 调制器，其输出调制波分别为 u_a、u_b、u_c。输入的三相正弦信号相位相差 120°，其幅值和频率是可调的。从而可改变输出的等效正弦波，以达到控制的目的。

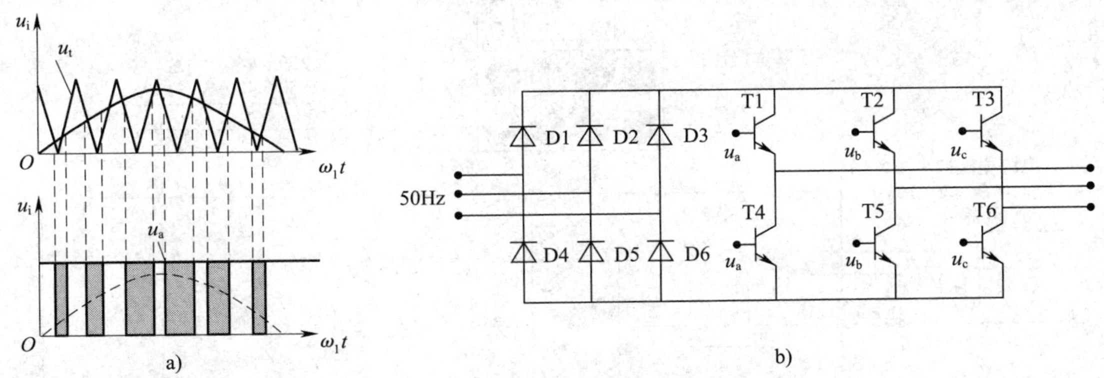

图 4—4—10　SPWM 变频器工作原理及电气简图

a）控制信号正弦波和载波　b）SPWM 变频器主电路图

SPWM 调制波经功率放大才能驱动电动机。在图 4—4—10b 所示 SPWM 变频器功率放大主回路中，左侧的桥式整流器将工频交流电变成直流恒值电压，给图中右侧逆变器供电。等效正弦脉宽调制波 u_a、u_b、u_c 送入 T1～T6 的基极，则逆变器输出脉宽按正弦规律变化的等效矩形电压波，经过滤波变成正弦交流电用来驱动交流伺服电动机。

2．西门子通用变频器 MM420

西门子通用变频器 MM420 由微处理器控制，并采用具有现代先进技术水平的绝缘栅双极型晶体管（IGBT）作为功率输出器件，它们具有很高的运行可靠性和功能的多样性。脉冲宽度调制的开关频率是可选的，降低了电动机运行的噪声。

MM420 变频器的框图如图 4—4—11 所示，包含数字输入点 DIN1（端子⑤），DIN2（端子⑥），DIN3（端子⑦）；内部电源＋24V（端子⑧），内部电源 0V（端子⑨）；模拟输入点：AIN＋（端子③），内部电源＋10V（端子①），内部电源 0V（端子②）；继电器输出：RL1—B（端子⑩），RL1—C（端子⑪）；模拟量输出：AOUT＋（端子⑫），AOUT—（端子⑬）；RS—485 串行通信接口：P＋（端子⑭），N—（端子⑮）等输入/输出接口。同时带有人机交互接口基本操作板（BOP）。其核心部件为 CPU 单元，根据设定的参数，经过运算输出控制正弦波信号，经过 SPWM 调制、放大，输出三相交流电压驱动三相交流电动机运转。

图 4—4—12 所示是基本操作面板的外形。利用基本操作面板可以改变变频器的各个参数。

BOP 具有 7 段显示的 5 位数字，可以显示参数的序号和数值，报警和故障信息，以及设定值和实际值。参数的信息不能用 BOP 存储。

基本操作面板（BOP）上的按钮及其功能见表 4—4—1。

3．MM420 变频器的参数设置实例

任务要求：电动机能实现高、中、低 3 种转速的调整，高速时运行频率为 15 Hz，中速时运行频率为 10 Hz，低速时运行频率为 5 Hz，变频器由外部数字量控制，同时具有反转控制功能。

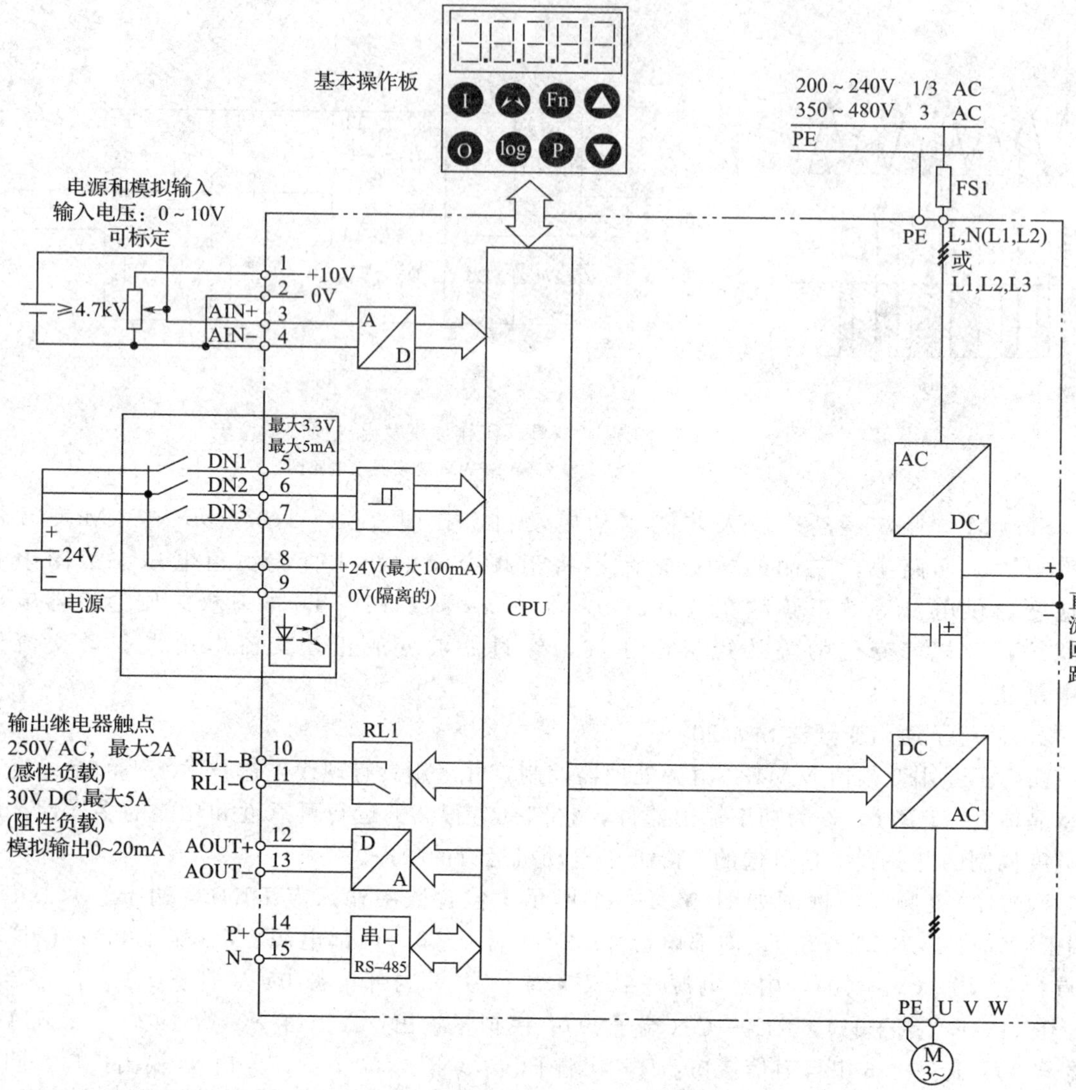

图 4—4—11　MM420 变频器框图

图 4—4—12　操作面板

表 4—4—1　**BOP 上的按钮及其功能**

显示/按钮	功 能	功能的说明
	状态显示	LCD 显示变频器当前的设定值
	启动变频器	按此键启动变频器。默认值运行时此键是被封锁的，为了使此键的操作有效，应设定 P0700＝1
	停止变频器	OFF1：按此键，变频器将按选定的斜坡下降速率减速停车。默认值运行时此键被封锁；为了允许此键操作，应设定 P0700＝1 OFF2：按此键两次（或一次，但时间较长）电动机将在惯性作用下自由停车。此功能总是“使能”的
	改变电动机的转动方向	按此键可以改变电动机的转动方向，电动机反向时，用负号表示或用闪烁的小数点表示。默认值运行时此键是被封锁的，为了使此键的操作有效，应设定 P0700＝1
	电动机点动	在变频器无输出的情况下按此键，将使电动机启动，并按预设定的点动频率运行。释放此键时，变频器停车。如果变频器/电动机正在运行，按此键将不起作用
	功能	此键用于浏览辅助信息 变频器运行过程中，在显示任何一个参数时按下此键并保持不动 2 s，将显示以下参数值（在变频器运行中从任何一个参数开始）： 1. 直流回路电压（用 d 表示，单位 V） 2. 输出电流（A） 3. 输出频率（Hz） 4. 输出电压（用 o 表示，单位 V） 5. 由 P0005 选定的数值［如果 P0005 选择显示上述参数中的任何一个（3，4 或 5），这里将不再显示］ 连续多次按下此键将轮流显示以上参数 跳转功能：在显示任何一个参数（r×××或 P×××）时短时间按下此键，将立即跳转到 r0000，如果需要的话，可以接着修改其他的参数。跳转到 r0000 后，按此键将返回原来的显示点
	访问参数	按此键即可访问参数
	增加数值	按此键即可增加面板上显示的参数数值
	减少数值	按此键即可减少面板上显示的参数数值

要完成上述任务首先要认识 MM420 变频器的参数。每一个参数名称对应一个参数的编号。

参数号用 0000～9999 的 4 位数字表示。在参数号的前面冠以一个小写字母“r”时，表示该参数是“只读”的参数。其他所有参数号的前面都冠以一个大写字母“P”。这些参数的设定值可以直接在标题栏的“最小值”和“最大值”范围内进行修改。

表 4—4—2 给出了 YL—335 上常用到的变频器参数设置值，如果希望设置更多的参数，请参考 MM420 用户手册。

表 4—4—2　　YL—335 上常用变频器参数设置值

序号	参数号	设置值	说明
1	P0010	30	
2	P0970	1	恢复出厂值
3	P0003	3	
4	P0004	0	
5	P0010	1	快速调试
6	P0100	0	
7	P0304	380	电动机的额定电压
8	P0305	0.17	电动机的额定电流
9	P0307	0.03	电动机的额定功率
10	P0310	50	电动机的额定频率
11	P0311	1500	电动机的额定速度
12	P0700	2	选择命令源
13	P1000	1	选择频率设定值
14	P1080	0	电动机最小频率
15	P1082	50.00	电动机最大频率
16	P1120	2	斜坡上升时间
17	P1121	2	斜坡下降时间
18	P3900	1	结束快速调试
19	P0003	3	
20	P1040	10	

（1）更改参数

用 BOP 可以修改和设定系统参数，使变频器具有期望的特性，例如，斜坡时间、最小和最大频率等。选择的参数号和设定的参数值在 5 位数字的 LCD 上显示。

1）更改参数的数值的步骤

①查找所选定的参数号。

②进入参数值访问级，修改参数值。

③确认并存储修改好的参数值。

图 4—4—13 所示说明如何改变参数 P0004 的数值。按照图中说明的类似方法，可以用 BOP 设定常用的参数。

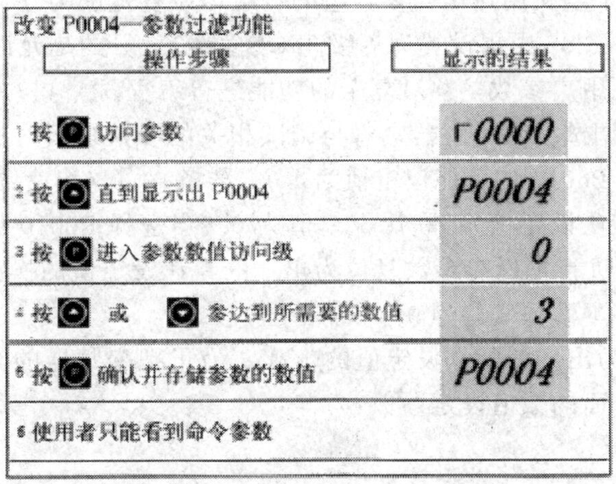

改变 P0004—参数过滤功能

操作步骤	显示的结果
1 按 P 访问参数	r0000
2 按 ▲ 直到显示出 P0004	P0004
3 按 P 进入参数数值访问级	0
4 按 ▲ 或 ▼ 参达到所需要的数值	3
5 按 P 确认并存储参数的数值	P0004
6 使用者只能看到命令参数	

图 4—4—13　P0004 参数设置过程

参数 P0004（参数过滤器）的作用是根据所选定的一组功能，对参数进行过滤（或筛选），并集中对过滤出的一组参数进行访问，从而可以更方便地进行调试。P0004 可能的设定值如表 4—4—3 所示，默认的设定值为 0。

表 4—4—3　　参数 P0004 的设定值

设定值	所指定参数组意义	设定值	所指定参数组意义
0	全部参数	12	驱动装置的特征
2	变频器参数	13	电动机的控制
3	电动机参数	20	通信
7	命令，二进制 I/O	21	报警/警告/监控
8	模—数转换和数—模转换	22	工艺参量控制器（例如 PID）
10	设定值通道/RFG（斜坡函数发生器）		

2）改变设定值的步骤

假设参数 P0004 设定值为 0，需要把设定值改变为 7。步骤如下：

①按 P 键访问参数。

②按 ▲ 蹝直到显示出 P0004。

③按 P 键进入参数数值访问级。

④按 ▲ 和 ▼ 键达到所需要的数值 7。

⑤按 P 键确认并存储参数的数值。

（2）部分参数设置说明

为了完成上述任务，这里对部分常用参数设置进行说明：

1）参数 P0003 用于定义用户访问参数组的等级，设置范围为 0～4，该参数默认设置为等级 1（标准级），YL—335 中预设置为等级 3（专家级），目的是允许用户可访问 1、2 级的参数及参数范围和定义用户参数，并对复杂的功能进行编程。

2）参数 P0010 是调试参数过滤器，对与调试相关的参数进行过滤，只筛选出那些与特定功能组有关的参数。P0010 的可能设定值为：0（准备），1（快速调试），2（变频器），29（下载），30（工厂的默认设定值）；默认设定值为 0。当选择 P0010＝1 时，进行快速调试；若选择 P0010＝30，则进行把所有参数复位为出厂的默认设定值的操作。应注意的是，在变频器投入运行之前应将本参数复位为 0。

3）将变频器复位为出厂的默认设定值的步骤。为了把变频器的全部参数复位为出厂的默认设定值，应按照下面的数值设定参数：

①设定 P0010＝30。

②设定 P0970＝1。

这时便开始参数的复位。变频器将自动地把它的所有参数都复位为它们各自的默认设置值。如果用户在参数调试过程中遇到问题，并且希望重新开始调试时，实践证明这种复位操作方法是非常有用的。复位为出厂默认设置值的时间大约要 60 s。

4）按任务要求设置参数。

任务要求电动机转速可分级调整，则应调整变频器的 P701 和 P702 参数，而参数 P1001 和 P1002 则按转速要求设定固有频率值。调整变频器参数步骤如下：

①在 BOP 操作板上修改 P0004，使 P0004＝7，选择命令组。

②修改 P0701（数字输入 1 的功能），使 P0701＝16，设定为固定频率设定值（直接选择＋ON）。

③修改 P0702（数字输入 2 的功能），使 P0702＝16，设定为固定频率设定值（直接选择＋ON）。

④修改 P0703（数字输入 3 的功能），使 P0703＝12，设定为固定频率设定值（直接选择＋ON）。

⑤再修改 P0004，使 P0004＝10，选择设定值通道。

⑥修改 P1001（固定频率 1），使 P1001＝10。

⑦修改 P1002（固定频率 2），使 P1002＝5。

根据上述参数的说明，将数字输入点 DIN1 置为高电平、DIN2 置为低电平，变频器输出 10 Hz；将数字输入点 DIN1 置为低电平、DIN2 置为高电平，变频器输出 5 Hz；将数字输入点 DIN1 置为高电平、DIN2 置为高电平，变频器输出 15 Hz；将数字输入点 DIN3 置为高电平，电动机反转；将数字输入点 DIN3 置为低电平，电动机正转。

四、分拣单元的输入/输出端口的分配

根据分拣单元工作任务的要求分派工作单元装置的输入/输出。分拣单元在传送带入料口上安装了一个漫射式光电开关，作为输送单元送来物料有无的检测。当物料送到时有信号输出，作为分拣单元工作启动的信号。在传送皮带位于分别存放黑白物料的两个料槽的入口处上方安装了两个光纤传感器，用于对黑白物料的区分检测。在此尤其需要注意的是对这两

个光纤传感器的灵敏度调整，第一个光纤传感器的灵敏度要调低一些，这样可以保证黑色物料被放过，白色物料被推料气缸推入白色物料存放的料槽中，第二个光纤传感器的灵敏度要调高一些，这样可以保证黑色物料被推料气缸推入黑色物料存放的料槽中，从而达到物料分拣的功能。具体调节方法参见前面光纤传感器的灵敏度调节方法。如果第一个光纤传感器灵敏度过高，黑色物料通过时也有信号发出，则黑白物料均被推入同一个料槽中，这样就达不到物料分拣的目的。另外在两个推料气缸伸出的位置上各安装了一个磁感应接近开关，用于对推料气缸推料极限位置的测定。

这样传感器信号共占用 5 个输入点，另外加上一个启/停按钮，并增加一个急停按钮，共 7 个输入点。输出包括控制 2 个推料气缸的电磁阀以及 1 个控制变频器启动的输出点，这样共 3 个输出点。在其后的实训练习中可以提供给变频器更多的输出点，进行较为复杂的变频器控制。由此选用西门子 S7—222 AC/DC/RLY 主单元，共 8 点输入和 6 点继电器输出，多的输出点可在进行较为复杂的变频器控制时使用。

YL—335 允许各工作单元作为独立设备运行，采用本地控制方式各工作单元在进行连接调试时可以单独运行。在分拣单元本地控制中，主令信号输入点还是采用 1 个，这样需要有启动和停止 2 种主令信号，只能由软件编程实现。实现方法大家可参阅模块一中对应内容。待 5 个工作单元全部安装调试后，YL—335 生产线各个单元必须作为一个整体协调有序进行运行，系统采用 RS485 串行通信实现的网络控制方案，具体在模块 6 中再做详细介绍。采用本地控制进行本地单元的连接和调试时 PLC 的 I/O 分配见表 4—4—4。

表 4—4—4　　分拣单元的 I/O 地址分配表

输入信号				
序号	地址	设备符号	设备名称	设备功能
1	I0.0	1B1	磁性开关	推料气缸 1 推料到位
2	I0.1	2B1	磁性开关	推料气缸 2 推料到位
3	I0.2	SC1	光纤传感器	黑色物料检测
4	I0.3	SC2	光纤传感器	白色物料检测
5	I0.4	SC3	漫反射光电开关	物料台物料有无检测
6	I0.5	SB1	启动停止按钮	启动停止信号
7	I0.6	SB2	急停按钮	急停信号
输出信号				
序号	地址	设备符号	设备名称	设备功能
1	Q0.0	1Y1	推料杆 1 电磁阀	控制推料杆 1 电磁阀动作
2	Q0.1	2Y1	推料杆 2 电磁阀	控制推料杆 2 电磁阀动作
3	Q0.4		变频器 5 号端子	控制变频器启动输出

五、PLC 控制原理图

根据控制要求、PLC 的 I/O 信号分配以及传感器、变频器、按钮、电磁阀等器件的电气符号，绘制分拣单元 PLC 接线原理图如图 4—4—1 所示。

任务实施

一、电气回路的连接

1. 连接

为了保证线路连接的方便，采用“工作单元装置—接线端子排—PLC”的接线思路，首先将工作单元装置的导线集中接到接线端子排，再从接线端子排引出相应的导线到 PLC。装置侧的接线，包括各传感器、电磁阀、电源端子等引线到接线端子排端口之间的接线。PLC 侧的接线，包括电源接线，接线端子排端口和 PLC 接线端口之间的连线，PLC 的 I/O 点与按钮模块端子之间的连线。

（1）磁感应式接近开关接线

将棕色的 24 V 电源线连接到 I/O 转接端口模块的输入端 24 V 电源公共端口，蓝色信号引出线连接到 I/O 转接端口模块的对应信号输入端口。如前所述，通常在磁感应式接近开关内部封装串联了限流电阻和保护二极管，以防止磁感应式接近开关因引线极性接反而烧毁。因此在磁感应式接近开关的接线错误时，也不会使其烧坏，只是不能正常工作而已。

（2）漫反射光电传感器的接线

棕色电源线连接到 I/O 转接端口模块的输入端 24 V 电源公共端口，蓝色接地线连接到接地接口，黑色信号线连接到对应信号接口即可。

（3）光纤传感器的接线

光纤传感器为三线制元器件，其电气接线时应分别将棕色线接到 I/O 转接端口模块输入端的 24 V 电源接口，蓝色线接到 0 V 接口，黑色线接到对应的信号接口。当进行光纤传感器电气接线时，不能将 3 根线的极性接错，更不能将黑色信号线直接连接到＋24 V 上，否则会使其烧毁。特别需要注意的是，光纤在安装和使用过程中，不能将光纤折成“死弯”或使其受到其他形式的损伤，否则光纤将会被损坏无法进行光信号传输。

（4）光纤传感器的安装

只要将两光纤检测头对正固定，光纤检测头尾端的两条光纤分别插入放大器的两个光纤孔中即可。而当进行对射式光纤传感器安装时，光纤检测头安装位置的调节很重要，两边检测头必须正对到位并进行紧固。在正对到位后，光纤放大器上将会有检测信号输出，指示灯亮。对于在两光纤检测头安装无问题的情况下仍无法实现信号检测的情况，需要进行光纤放大器灵敏度的调节，以保证光路通、断时，其稳定运行指示灯都会亮，而检测指示灯会随光路的通、断而自动亮、灭。同时，该光纤放大器上还设置有外接输出信号工作模式选择开关，用于设置输出信号逻辑电平的高、低关系。

（5）电磁阀连接

将红色电源控制信号线连接到 I/O 转接端口模块的输出端上层对应的信号输出接口上，黑色接地线连接到 I/O 转接端口模块输出端底层的接地公共端口上，电磁阀控制连接线的另一端插头直接插到电磁阀的插座上即可。

分拣单元与前述几个单元电气接线方法有所不同，该单元的变频器模块是安装在抽屉式模块放置架上的，变频器模块如前图 4—2—7 所示。因此，该单元 PLC 输出到变频器控制端子的控制线，须首先通过接线端口连接到实训台面上的接线端子排上，然后用安全导线插接到变频器模块上。同样，变频器的驱动输出线也须首先用安全导线插接到实训台面上的接线端子排插孔侧，再由接线端子排连接到三相交流电动机。

2．连接注意事项

装置侧接线端口中，输入信号端子的上层端子（+24 V）只能作为传感器的正电源端，切勿用于电磁阀等执行元件的负载。电磁阀等执行元件的正电源端和 0 V 端应连接到输出信号端子的下层端子的相应端子上。装置侧接线完成后，应用扎带绑扎，力求整齐美观。

PLC 侧的接线注意各种颜色导线的区分，以方便线路检查。电气接线工艺应符合国家职业标准的规定。例如，导线连接到端子时，采用压紧端子压接方法；连接线必须有符合规定的标号；每一端子连接的导线不超过两根等。

3．接线端子排

I/O 转接端口模块采用双层接线端子排，用于集中连接本工作单元所有电磁阀、传感器等器件的电气连接线、PLC 的 I/O 端口及直流电源。上层端子用作连接公共电源正、负极（U_{cc}和 0 V），连接片的作用是将各分散端子片进行电气短接，下层端子用作信号线的连接，固定端板是将各分散的组成部分进行横向固定，熔座内插装有 2 A 的熔管。接线端口上的每一个端子旁边都有数字标号，以说明端子的位地址。接线端口通过导轨固定在底板上。分拣单元装置侧的接线端口上各电磁阀和传感器的端子排分配见表 4—4—5。

表 4—4—5　　分拣单元端子排分配

输入端口中间层			输出端口中间层		
端子号	设备符号	信号线	端子号	设备符号	信号线
2	SC1	黑色物料检测	2	1Y1	推料电磁阀 1
3	SC2	白色物料检测	3	2Y1	推料电磁阀 2
4	SC3	物料台物料有无检测			
5	1B1	推料气缸 1 到位检测			
6	2B1	推料气缸 2 到位检测			
7～17 号端子没有连接			4～14 号端子没有连接		

二、电气回路的检查与调试

在分拣单元电气控制回路连接完成后，首先要在不通电的情况下进行短路和开路的检查。要严禁出现短路；检查开路，可以按照 PLC 接线原理图，用万用表检查每条线路的导通情况，如果有不能导通的情况应及时排除。以上检查无误之后通电，按照 PLC 接线原理图，用万用表检查其功能是否与设计要求一致。

1．磁感应式接近开关的调试

磁感应式接近开关要与气缸配合使用，若安装不合理，则会出现气缸动作不正确的现象。在气缸上安装完磁感应式接近开关后，需根据气缸的运动进行位置调整，调整的方法是松开磁感应式接近开关的紧锁螺栓，让其沿着气缸滑动，到达定位位置后，LED 灯亮，同时 PLC 对应输入指示灯点亮，再将螺栓锁紧即可。如果发现磁感应式接近开关在气缸上调整位置后，LED 灯依旧不亮，就应检查其接线是否正确；若其接线无误，则该磁感应式接近开关损坏，应更换。如磁感应开关上 LED 指示灯点亮，而 PLC 对应输入指示灯未能点亮，则在排除 PLC 故障的前提下，重点检查蓝色信号引出线到接口端子排再到 PLC 对应输入端的线路连接情况。

2．漫反射光电传感器的调试

当工件被放置于光电接近开关的检测位置上时，正常状态有信号输出，其后部的 LED 指示灯会亮。但是如果 LED 指示灯不亮，可能是接近开关的检测距离太小和灵敏度不够，就需要用小一字螺钉旋具调节其后端的灵敏度调节旋钮，适当增加灵敏度；也有可能是接线出错或接触不良，就需要检查线路并重新进行调试。当检测位置处没有工件而此时 LED 指示灯也亮时，说明该接近开关的检测范围太大和灵敏度过高，需要调节其后端的灵敏度调节旋钮，适当降低灵敏度。同上如漫反射光电开关上 LED 指示灯点亮，而 PLC 对应输入指示灯未能点亮，则在排除 PLC 故障的前提下，重点检查黑色信号引出线到接口端子排再到 PLC 对应输入端的线路连接情况。

3．光纤传感器的调试

光纤式光电接近开关的放大器的灵敏度调节范围较大。当光纤传感器灵敏度调得较低时，对于反射性较差的黑色物体，光电探测器无法接收到反射信号而对于反射性较好的白色物体，光电探测器就可以接收到反射信号。反之，若调高光纤传感器灵敏度，则即使对反射性较差的黑色物体，光电探测器也可以接收到反射信号。从而可以通过调节灵敏度判别黑白两种颜色物体，将两种物料区分开，从而完成自动分拣工序。通常是使用旋具来调整光纤传感器灵敏度。如图 4—4—2 所示为光纤放大器的俯视图，调节灵敏度旋钮就能进行放大器灵敏度调节。当使用旋具进行调节时，会看到“入光量显示灯”发光的变化。在检测距离固定后，当白色工件出现在光纤检测头下方时，此时“动作显示灯”亮，提示检测到白色工件，此时灵敏度较低；继续进行调节，当黑色工件出现在光纤检测头下方时，“动作显示灯”亮，提示检测到黑色工件，此时灵敏度较高，这个光纤式光电开关调试完成。按照灵敏度前低后高的原则依次完成两个光纤传感器的调试。

电磁阀的调试。当进行电磁阀调试时，可将待调试的电磁阀线圈红色电源控制信号线改接到 I/O 转接端口模块的 24 V 电源端口上，再接通电源，观察电磁阀线圈 LED 指示灯是否亮，若电磁阀线圈指示灯亮，则输出信号为“1”，控制气缸执行对应动作，该电磁阀线圈可正常工作。在测试完成后，需重新将红色电源控制信号线改接回到对应的信号输出接口上。若电磁阀线圈指示灯不亮，则可能是电磁阀线圈电源线插头松脱或接线出错，只要重新插紧或连接正确即可；也有可能因为电磁阀线圈已经烧毁，需更换。值得注意的是，有双线圈的电磁阀不能让它的两个线圈同时得电，否则可能会烧坏电磁阀线圈，此时阀芯的位置也是不确定的。

4．变频器模块的调试

变频器安装在模块盒中，变频器的电源端头、电动机端头、主要的输入、输出端头都引出到模块面板的安全导线插孔上，以确保实训接线操作时的安全。在模块面板上还安装了调速电位器，用来调节变频器输出电压的频率。具体参见图 4—2—7。

在进行变频器和三相电动机的调试时，首先进行主电路接线，变频器模块面板上的 L1、L2、L3 插孔接三相电源，接地插孔接保护地线；三个电动机插孔 U、V、W 连接到三相电动机（千万不能接错电源，否则会损坏变频器）。MM420 变频器模块面板上引出了 MM420 的数字输入点：DIN1（端子⑤），DIN2（端子⑥），DIN3（端子⑦），内部电源＋24 V（端子⑧），内部电源 0 V（端子⑨）。数字输入量端子可连接到 PLC 的输出点（端子⑧接一个输出公共端，例如 2 L）。当变频器命令参数 P0700＝2（外部端子控制）时，可由 PLC 控制变频器的启动/停止以及变速运行等。在模块面板上还引出了 MM420 的模拟输入点：AIN＋（端子③），内部电源＋10 V（端子①），内部电源 0 V（端子②）。同时，面板上还安装了一个用作频率调节的电位器，它的引出线为［1］，［2］，［3］端。如果需要在变频器上直接操作控制三相电动机的运行，可在面板上用安全插接线把电位器［1］端与内部电源＋10 V（端子①）相连，电位器［3］端与内部电源 0 V（端子②）相连，电位器［2］端与 AIN＋（端子③）相连。连接主电路后，拨动 DIN1 端旁的钮子开关即可启动/停止变频器，旋动电位器即可改变频率实现电动机速度调整。

任务评价

评分标准见表 4—4—6。

表 4—4—6　　**评分标准**

序号	考核内容	评分标准	配分	得分
1	职业素养与安全意识	现场操作安全保护符合安全操作规程；工具摆放、包装物品等的处理符合职业岗位的要求	10	
2	团队协作与敬业精神	团队有分工、有合作，配合紧密；遵守纪律，尊重教师，爱惜设备和器材，保持工位的整洁	10	
3	电气回路的连接	回路连接要完全满足分拣单元电气控制原理图；回路连接符合实训要求；电气回路连接符合国家行业标准的规定；端子连接、插针压接牢固无松动；每一端子连接的导线不超过 2 根；端子连接处有线号；连接线有符合规定的标号；电路接线绑扎且整齐美观；各传感器、电磁阀、PLC、变频器等电路连接正确	40	
4	电气回路的调试	接通电源前电路检查操作正确，符合安全规范；电路接通后能正确进行磁性开关、漫反射光电开关、光纤传感器、启停按钮等输入设备的调试，各元件均能正确运行，且能排除线路故障；能正确进行输出端电磁阀的模拟调试，电磁阀能正确控制气动执行机构完成本单元整体控制要求；变频器模块当进行模拟调试时能正常输出并控制三相电动机旋转	40	
		合计总分	100	

思考与练习

1. 说明使用万用表对分拣单元供电电源系统进行线路排查的过程和方法。
2. 进行分拣单元电气回路的连接与调试时需要注意哪些问题?
3. 使用335A系列模拟输入按钮对变频器模块进行调试，采用正确接线来控制三相电动机正反转并按设定速度旋转。

任务5　分拣单元PLC程序的编写与调试

技能点

◎ PLC控制程序的编写
◎ PLC控制程序的调试

任务提出

分拣单元控制功能的实现是靠PLC中的控制程序结合传感器、电磁阀、变频器等输入输出设备一起实现的。分拣单元即可作为独立设备单独运行，采用本地控制方式，也可与其余单元一起作为一条生产线整体运行，采用网络控制方式。

本任务为根据控制要求来实现YL—335自动化生产线分拣单元的分拣工作。控制要求：当设备通电和气源接通后，分拣单元的两个气缸均应处于初始位置，当机械手将工件运送到分拣站传送带上方入料口后，把工件放下，然后执行返回原点的操作。

任务分析

要完成本任务，需要具备西门子PLC编程的基础知识以及使用西门子200系列PLC专用编程软件STEP 7—Micro/WIN完成PLC程序的编写、下传、监控、调试等基本操作技能。

任务实施

一、PLC控制程序的编写

在YL—335的分拣单元中，提供启动/停止按钮和急停按钮各一个作为该单元的主令信号。与供料单元同样，如果需要有启动和停止2种主令信号，只能由软件编程实现，实现方法在前面已经阐述，这里不再重复。本单元的急停按钮是当本单元出现紧急情况下提供的局部急停信号，一旦发生，本单元所有机构应立即停止运行，直到急停解除为止；同时，急停状态信号应回馈到系统，以便协调处理。图4—5—1为分拣单元主程序。图4—5—2为增加了急停按钮后分拣单元的启动/停止子程序。

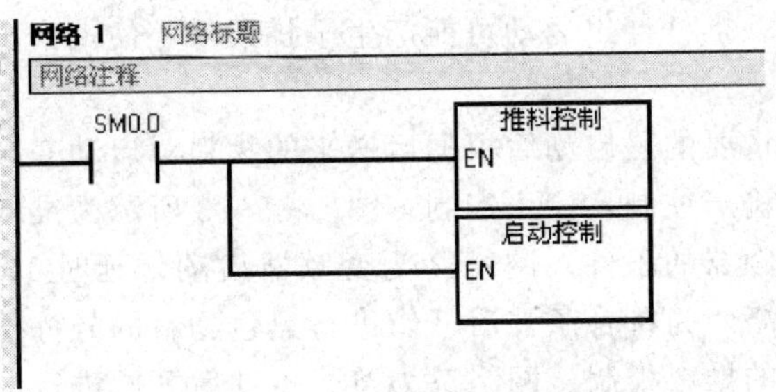

图 4—5—1　分拣单元主程序

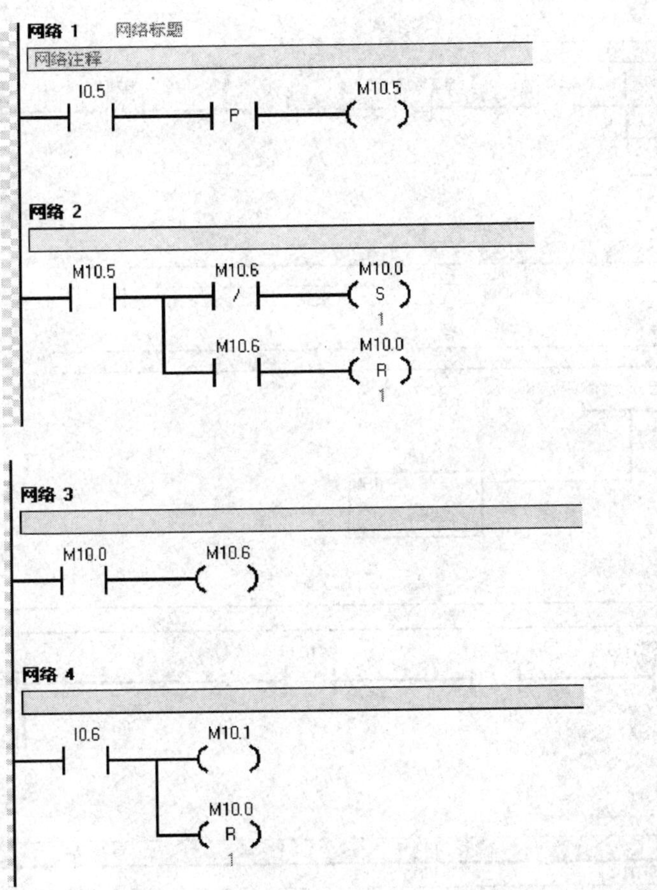

图 4—5—2　分拣单元启动停止子程序

根据分拣单元输入输出分配表，I0.5 为启动/停止按钮，I0.6 为急停按钮。与前述各单元类似，采用一个按钮来控制分拣单元的程序如下所示。其中 M10.6 作为单元启动标志，M10.0 用来控制分拣推料程序的启动和停止，M10.1 作为急停信号反馈。

分拣单元需要完成在传送带上把不同颜色的工件从不同的滑槽分流的功能。为了使工件能准确地推出，光纤传感器灵敏度的调整、变频器参数（运转频率、斜坡下降时间等）的设置以及软件编程中定时器设定值的设置等，应相互配合。

推料分拣控制子程序包括：变频器的启动/停止操作；物料颜色属性的判别以及相应推

出操作；当物料被推出，推杆伸出运动可能产生干扰信号，使得推出操作反复进行。为此应采取相应的屏蔽措施。

在分拣单元中，最重要的是启动后根据运送来的物料对启动变频器工作，然后根据对于物料颜色的判别来确定输出控制及停止控制。图 4—5—3 所示为推料控制子程序。网络 1 为启动变频器以及停止变频器的条件。网络 2 为变频器启动，延时 10 s 后停止。网络 3 为黑色物料的推料控制。网络 4 为符合条件后开始进行黑色物料的分拣推料。网络 5 为屏蔽误动作。网络 6 为白色物料的推料控制。网络 7 为符合条件后开始进行白色物料的分拣推料。网络 8 为屏蔽误动作。

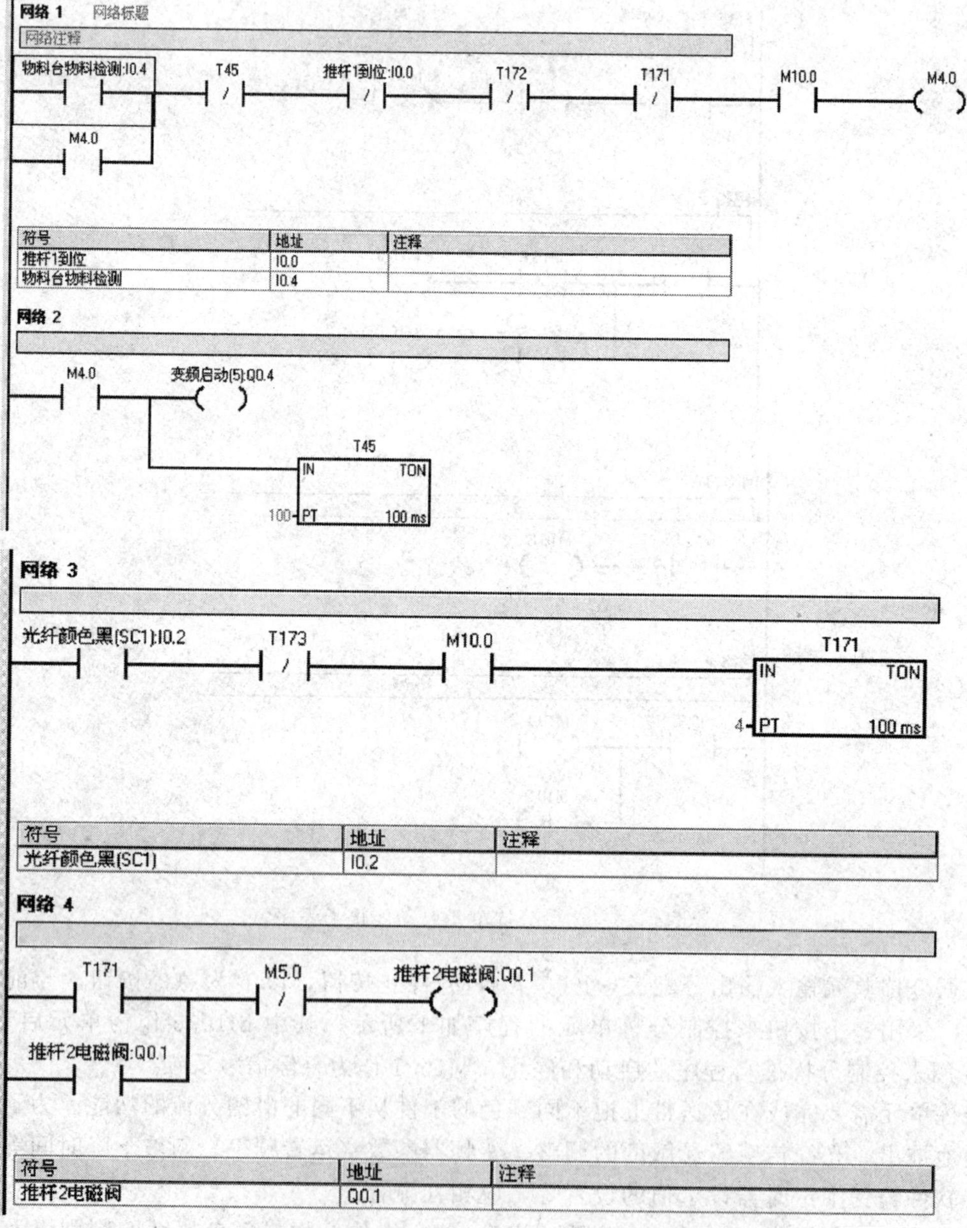

符号	地址	注释
推杆1到位	I0.0	
物料台物料检测	I0.4	

符号	地址	注释
光纤颜色黑(SC1)	I0.2	

符号	地址	注释
推杆2电磁阀	Q0.1	

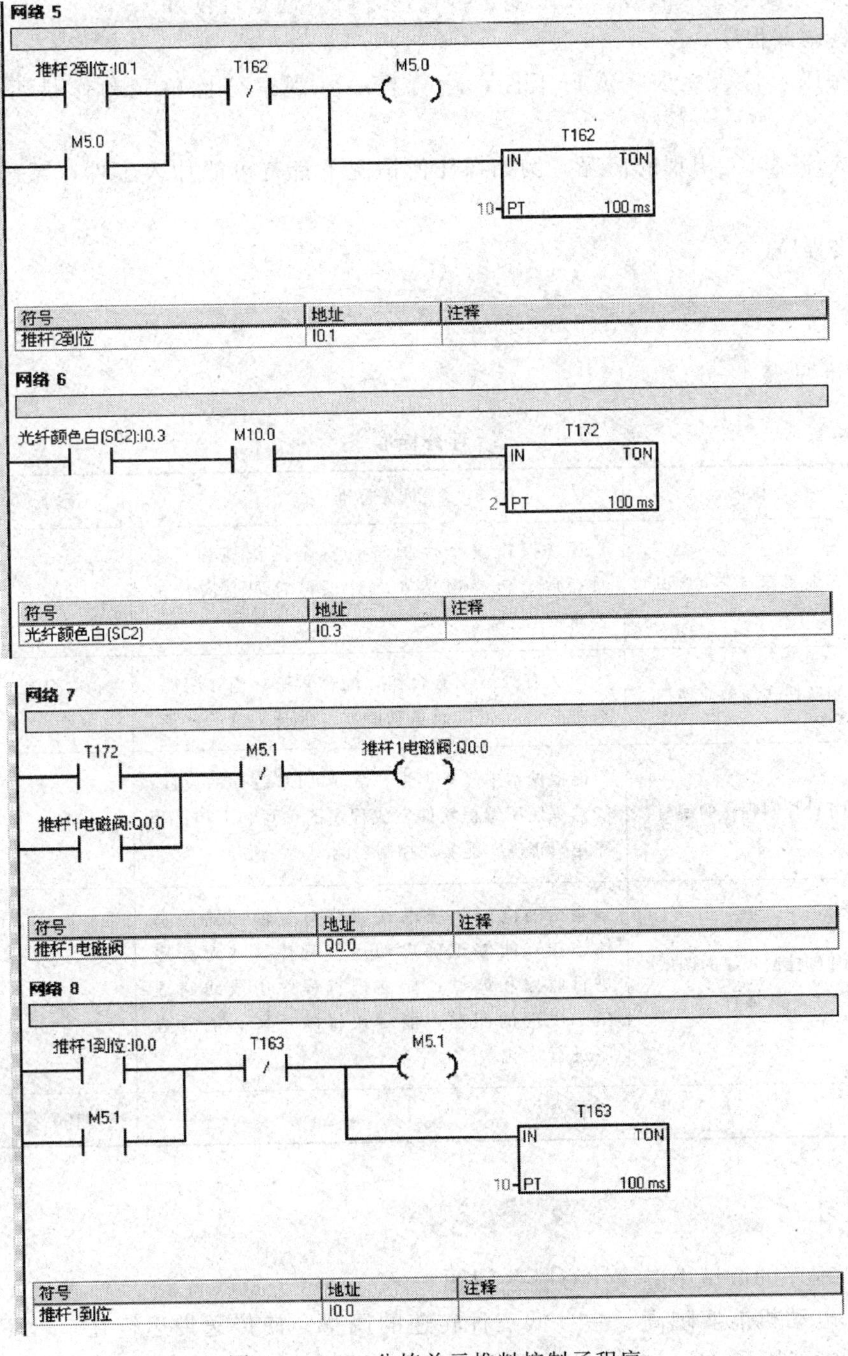

图 4—5—3　分拣单元推料控制子程序

二、PLC 控制程序的调试和运行

1. 再次调整气动部分，检查气路是否正确，气压是否合理，气缸的动作速度是否合理；磁感应接近开关的安装位置是否到位，磁感应接近开关工作是否正常；I/O 接线是否正确；

光电式接近开关安装是否合理，灵敏度是否合适，可靠性是否良好。

2. 仿真调试程序。

3. 确保以上检查无误，放入工件，运行程序并观察分拣单元动作是否满足任务要求。

4. 调试各种可能出现的情况，例如在任何情况下都有可能加入工件，系统都要能可靠工作。

5. 优化程序。

任务评价

评分标准见表 4—5—1。

表 4—5—1　评分标准

序号	考核内容	评分标准	配分	得分
1	职业素养与安全意识	现场操作安全保护符合安全操作规程；工具摆放、包装物品等的处理符合职业岗位的要求	10	
2	团队协作与敬业精神	团队有分工、有合作，配合紧密；遵守纪律，尊重教师，爱惜设备和器材，保持工位的整洁	10	
3	PLC 控制程序的编写	能根据本单元控制要求完成 PLC 程序的设计；能熟练使用编程软件完成程序的编写和下传；程序逻辑正确，能实现控制功能	40	
4	PLC 控制程序的调试和运行	能正确检查系统电气回路与气动回路的总体连接；能够正确启动运行程序，并对程序进行监控和调试；能够排查程序中或线路连接中出现的问题，能尽快排除故障；能对程序进行优化	40	
		合计总分	100	

思考与练习

1. PLC 程序的调试中应该注意哪些问题？

2. 要求电动机能实现高、中、低三种转速的调整，使传送带运行在三种不同速度下，高速时运行频率为 40 Hz，中速时运行频率为 25 Hz，低速时运行频率为 15 Hz。按照要求完成变频器参数的设置，并在现有的 PLC 的输出端子接线中，重新进行输入输出的线路分配，可将 Q0.4 和 Q0.5 给变频器的 5、6 号控制端子。同时，编制相应的 PLC 控制程序。

3. 用顺序功能图重新设计该程序，工作要求与原有程序一致。

任务6　分拣单元人机界面控制的实现

技能点

◎ 分拣单元人机界面的硬件连接

◎ 分拣单元人机界面的软件编写

知识点

◎ 触摸屏工作原理

◎ 组态软件基础知识

任务提出

在YL—335自动生产线上采用了北京昆仑通态公司研发的人机界面触摸屏TPC7062KS，该产品设计采用了7英寸高亮度TFT液晶显示屏（分辨率800×480），四线电阻式触摸屏（分辨率4096×4096），色彩达64K彩色。该触摸屏采用的软件也是该公司开发的MCGS嵌入式组态软件，是一款在实时多任务嵌入式操作系统WindowsCE环境中运行的组态软件，可以实现自动生产线的人机界面控制。

本任务为完成以分拣单元为例来实现其人机界面的控制，任务包括触摸屏与个人计算机的硬件连接；触摸屏与S7—200 PLC的硬件连接；组态软件的组态过程，以及程序的下载（以分拣单元为例，其他各单元的人机界面控制可以参照进行）。

控制要求：启停操作和工作状态指示，不通过按钮指示灯和操作指示，而是在触摸屏上实现。当在触摸屏上按下启动按钮后，只要在传送带入料口人工放下已装配的工件时，变频器即启动，驱动传动电动机以预先参数给定的速度，把工件带往分拣区。各料槽工件累计数据在触摸屏上给以显示，且数据在触摸屏上可以清零。当在触摸屏上按下停止按钮时，无论传送带入料口有无工件，分拣单元都不工作，直到再次按下启动按钮。

任务分析

要完成本任务，需要具备触摸屏工作原理的基本知识和进行触摸屏与外部设备进行连接的动手能力，以及使用MCGS嵌入式组态软件完成人机界面的组态、控制程序的编写、下传、监控、调试等基本操作技能，同时还要具备PLC程序的改写能力。

相关知识

一、触摸屏

触摸屏作为人机界面的主要设备，包含HMI硬件和相应的专用画面组态软件。触摸屏系统一般包括触摸检测装置和触摸屏控制器两个部分。触摸检测装置用于检测用户触摸位置，接收到触摸信号后，将信号发送到触摸屏控制器；触摸屏控制器用于接收从触摸检测装置发来的触摸信息，并将它转换成触点坐标，再送给触摸屏的 CPU，触摸屏控制器也能同时接收 CPU 发来的命令并加以执行。

1. 按照技术原理的不同分

触摸屏按照技术原理的不同分为 5 种：矢量压力传感技术触摸屏、电阻技术触摸屏、电容技术触摸屏、红外线技术触摸屏、表面声波技术触摸屏。其中矢量压力传感技术触摸屏已退出历史舞台；红外线技术触摸屏价格低廉，但其外框易碎，容易产生光干扰，曲面情况下失真；电容技术触摸屏设计构思合理，但其图像失真问题很难得到根本解决；电阻技术触摸屏的定位准确，但其价格颇高，且怕刮易损；表面声波触摸屏解决了以往触摸屏的各种缺陷，清晰不容易被损坏，适于各种场合，缺点是屏幕表面如果有水滴和尘土会使触摸屏变得迟钝，甚至不工作。

2. 按照工作原理和传输信息的介质不同分

触摸屏按照工作原理和传输信息的介质不同分为 4 种：电阻式、电容感应式、红外线式以及表面声波式。每一类触摸屏都有其各自的优缺点。

YL—335 自动生产线上采用的触摸屏 TPC7062KS 属于四线电阻式触摸屏，这种电阻式触摸屏利用压力感应进行控制。电阻触摸屏的主要部分是一块与显示器表面非常配合的电阻薄膜屏，这是一种多层的复合薄膜，它以一层玻璃或硬塑料平板作为基层，表面涂有一层透明氧化金属（透明的导电电阻）导电层，上面再盖有一层外表面硬化处理、光滑防擦的塑料层、它的内表面也涂有一层涂层、在它们之间有许多细小的（小于 1/1 000 英寸）透明隔离点把两层导电层隔开绝缘。当手指触摸屏幕时，两层导电层在触摸点位置就有了接触，电阻发生变化，在 X 和 Y 两个方向上产生信号，然后送入触摸屏控制器。控制器侦测到这一接触并计算出（X，Y）的位置，再根据模拟鼠标的方式运作。这就是电阻技术触摸屏最基本的原理。所以电阻触摸屏可用较硬物体操作。四线电阻模拟量技术的两层透明金属层工作时每层均增加 5V 恒定电压：一个竖直方向，一个水平方向。总共需四根电缆。特点：高解析度，高速传输反应。表面硬度处理，减少擦伤、刮伤及防化学处理。具有光面及雾面处理。一次校正，稳定性高，永不漂移。

二、组态软件

1. 组态软件概述

组态软件的英文简称分别为 HMI 和 SCADA，对应英文全称为 Human and Machine Interface 和Supervisory Control and Data Acquisition，中文译为人机界面及监视控制和数据采集软件。

组态软件是一个集成的软件平台，由若干个组件构成。其中必备的典型组件包括应用程序管理器、图形界面开发程序、图形界面运行程序、实时数据库系统组态程序、实时数据库系统运行程序、I/O 驱动程序、扩展可选组件等 7 个部分。它是一个快速建立计算机监控系统界面的通用工具软件。通常运行于个人计算机（PC）平台，并与各类控制设备一起组成计算机监控系统。其中，各类控制设备通常称为下位机，而运行组态软件的 PC 称为上位机。组态软件支持的下位机设备种类包括各种 PLC、PC 板卡、仪表、变频器及模块等设备。

2. MCGS 嵌入版组态软件

MCGS 嵌入版组态软件是在 MCGS 通用版的基础上开发的，专门应用于嵌入式计算机监控系统的组态软件，MCGS 嵌入版包括组态环境和运行环境两部分，它的组态环境能够在基于 Microsoft 的各种 32 位 Windows 平台上运行，运行环境则是在实时多任务嵌入式操作系统 WindowsCE 中运行。适应于应用系统对功能、可靠性、成本、体积、功耗等综合性能有严格要求的专用计算机系统。通过对现场数据的采集处理，以动画显示、报警处理、流程控制和报表输出等多种方式向用户提供解决实际工程问题的方案，在自动化领域有着广泛的应用。此外 MCGS 嵌入版还带有一个模拟运行环境，用于对组态后的工程进行模拟测试，方便用户对组态过程的调试。

(1) MCGS 嵌入版组态软件的主要功能

1) 简单灵活的可视化操作界面。MCGS 嵌入版采用全中文、可视化、面向窗口的开发界面，符合中国人的使用习惯和要求。

2) 实时性强、有良好的并行处理性能。MCGS 嵌入版是真正的 32 位系统，充分利用了 32 位 WindowsCE 操作平台的多任务、按优先级分时操作的功能，以线程为单位对在工程作业中实时性强的关键任务和实时性不强的非关键任务进行分时并行处理，使嵌入式 PC 机广泛应用于工程测控领域成为可能。

3) 丰富、生动的多媒体画面。MCGS 嵌入版以图像、图符、报表、曲线等多种形式，为操作员及时提供系统运行中的状态、品质及异常报警等相关信息；用大小变化、颜色改变、明暗闪烁、移动翻转等多种手段，增强画面的动态显示效果；对图元、图符对象定义相应的状态属性，实现动画效果。MCGS 嵌入版还为用户提供了丰富的动画构件，每个动画构件都对应一个特定的动画功能。

4) 完善的安全机制。MCGS 嵌入版提供了良好的安全机制，可以为多个不同级别用户设定不同的操作权限。此外，MCGS 嵌入版还提供了工程密码功能，以保护组态开发者的成果。

5) 强大的网络功能。MCGS 嵌入版具有强大的网络通信功能，支持串口通信、Modem 串口通信、以太网 TCP/IP 通信。

6) 多样化的报警功能。MCGS 嵌入版提供多种不同的报警方式，具有丰富的报警类型，方便用户进行报警设置，并且系统能够实时显示报警信息，对报警数据进行应答，为工业现场安全可靠地生产运行提供有力的保障。

7) 实时数据库为用户分步组态提供极大方便。MCGS 嵌入版由主控窗口、设备窗口、用户窗口、实时数据库和运行策略五个部分构成，其中实时数据库是一个数据处理中心，是系统各个部分及其各种功能性构件的公用数据区，是整个系统的核心。各个部件独立地向实时数据库输入和输出数据，并完成自己的差错控制。在生成用户应用系统时，每一部分均可分别进行组态配置，独立建造，互不相干。

8) 支持多种硬件设备，实现“设备无关”。

9) 良好的可维护性。MCGS 嵌入版系统由五大功能模块组成，主要的功能模块以构件的形式来构造，不同的构件有着不同的功能，且各自独立。三种基本类型的构件（设备构件、动画构件、策略构件）完成了 MCGS 嵌入版系统的三大部分（设备驱动、动画显示和流程控制）的所有工作。

（2）MCGS 嵌入版用户应用系统

由 MCGS 嵌入版生成的用户应用系统，其结构由主控窗口、设备窗口、用户窗口、实时数据库和运行策略五个部分构成，如图 4—6—1 所示。

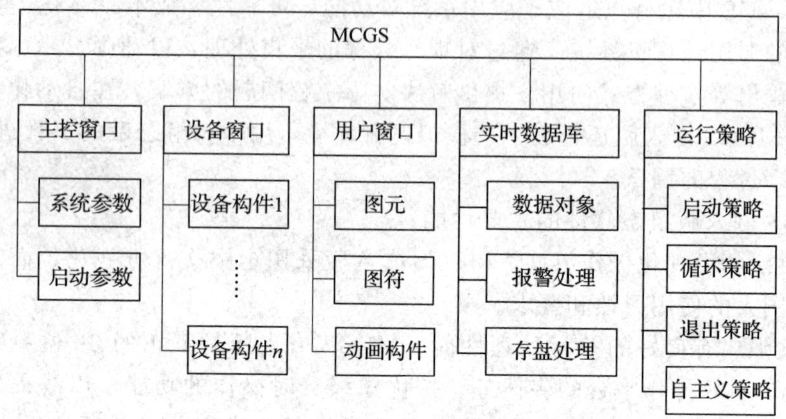

图 4—6—1　MCGS 嵌入版组态软件的组成图

1）主控窗口

主控窗口构造了应用系统的主框架。主控窗口确定了工业控制中工程作业的总体轮廓，以及运行流程、特性参数和启动特性等多项内容，是应用系统的主框架。

2）设备窗口

设备窗口是 MCGS 嵌入版系统与外部设备联系的媒介。设备窗口专门用来放置不同类型和功能的设备构件，实现对外部设备的操作和控制。设备窗口通过设备构件把外部设备的数据采集进来，送入实时数据库，或把实时数据库中的数据输出到外部设备。一个应用系统只有一个设备窗口，运行时，系统自动打开设备窗口，管理和调度所有设备构件使其正常工作，并在后台独立运行。注意，对用户来说，设备窗口在运行时是不可见的。

3）用户窗口

用户窗口实现了数据和流程的"可视化"。用户窗口中可以放置三种不同类型的图形对象：图元、图符和动画构件。图元和图符对象为用户提供了一套完善的设计制作图形画面和定义动画的方法。动画构件对应于不同的动画功能，它们是从工程实践经验中总结出的常用的动画显示与操作模块，用户可以直接使用。通过在用户窗口内放置不同的图形对象，搭制多个用户窗口，用户可以构造各种复杂的图形界面，用不同的方式实现数据和流程的"可视化"。组态工程中的用户窗口，最多可定义 512 个。所有的用户窗口均位于主控窗口内，其打开时窗口可见；关闭时窗口不可见。

4）实时数据库

实时数据库是 MCGS 嵌入版系统的核心。实时数据库相当于一个数据处理中心，同时也起到公用数据交换区的作用。MCGS 嵌入版使用自建文件系统中的实时数据库来管理所有实时数据。从外部设备采集来的实时数据送入实时数据库，系统其他部分操作的数据也来自于实时数据库。实时数据库自动完成对实时数据的报警处理和存盘处理，同时它还根据需要把有关信息以事件的方式发送给系统的其他部分，以便触发相关事件，进行实时处理。因此，实时数据库所存储的单元，不单单是变量的数值，还包括变量的特征参数（属性）及对该变量的操作方法（报警属性、报警处理和存盘处理等）。这种将数值、属性、方法封装在一起的数据被称为数据对象。实时数据库采用面向对象的技术，为其他部分提供服务，提供了系统各个功能部件的数据共享。

5）运行策略

运行策略是对系统运行流程实现有效控制的手段。运行策略本身是系统提供的一个框架，其里面放置有策略条件构件和策略构件组成的“策略行”，通过对运行策略的定义，使系统能够按照设定的顺序和条件操作实时数据库、控制用户窗口的打开、关闭并确定设备构件的工作状态等，从而实现对外部设备工作过程的精确控制。一个应用系统有三个固定的运行策略：启动策略、循环策略和退出策略，同时允许用户创建或定义最多 512 个用户策略。启动策略在应用系统开始运行时调用，退出策略在应用系统退出运行时调用，循环策略由系统在运行过程中定时循环调用，用户策略供系统中的其他部件调用。

综上所述，一个应用系统由主控窗口、设备窗口、用户窗口、实时数据库和运行策略五个部分组成。组态工作开始时，系统只为用户搭建了一个能够独立运行的空框架，提供了丰富的动画部件与功能部件。如果要完成一个实际的应用系统，还需要至少完成以下两项工作：在组态环境中用系统提供的或用户扩展的构件构造应用系统，配置各种参数，形成一个有丰富功能可实际应用的工程；把组态环境中的组态结果提交给运行环境。运行环境和组态结果一起构成了用户自己的应用系统。

任务实施

一、TPC7062KS 人机界面的硬件连接

TPC7062KS 人机界面的电源接线、各种通信接口的操作连接均在其背面进行，如图 4—6—2 所示。

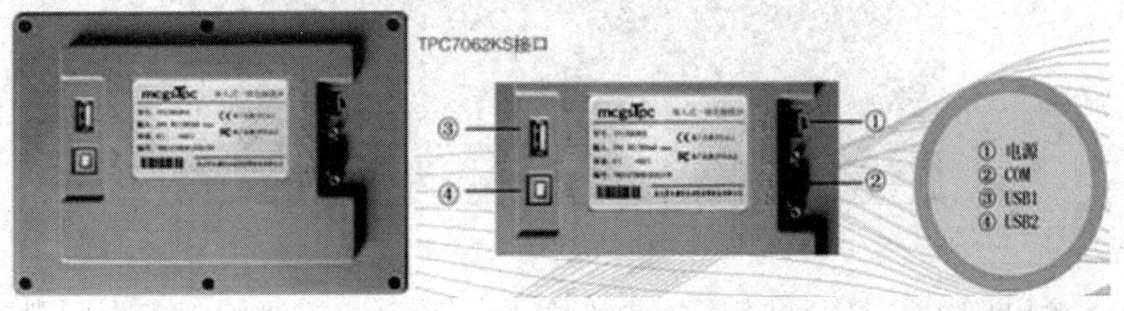

图 4—6—2　TPC7062KS 的接口

其中 USB1 口用来连接鼠标和 U 盘等，USB2 口用作工程项目下载，COM 口（RS232）用来连接 PLC。下载线和通信线如图 4—6—3 所示。

图 4—6—3　下载线和通信线

在 YL—335 上，TPC7062KS 触摸屏是通过 USB2 口与个人计算机连接的，连接以前，个人计算机应先安装 MCGS 组态软件。触摸屏通过 COM 口直接与分拣站的 PLC（PORT1）的编程口连接。所使用的通信线采用西门子 PC—PPI 电缆，PC—PPI 电缆把 RS232 转为 RS485。PC—PPI 电缆 9 针母头插在屏侧，9 针公头插在 PLC 侧。

为了实现正常通信，除了正确进行硬件连接，还须对触摸屏的串行口 0 属性进行设置，这将在设备窗口组态中实现，设置方法将在后面的工作任务中详细说明。

二、TPC7062KS 人机界面的组态

分拣单元画面效果图如图 4—6—4 所示。

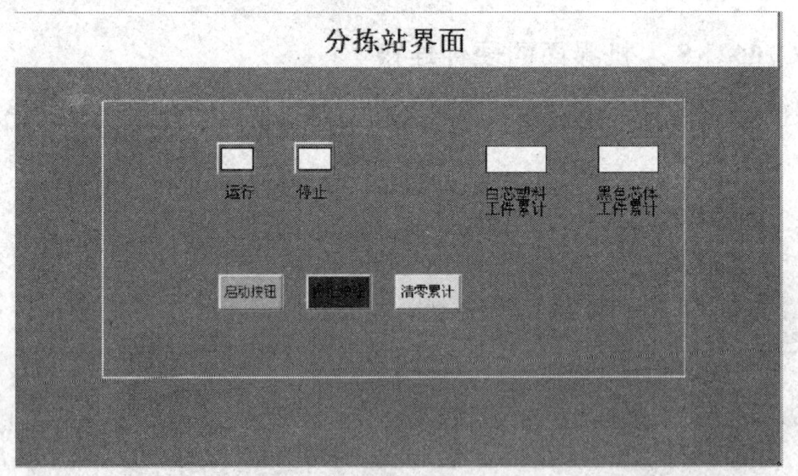

图 4—6—4　分拣单元画面

画面中包含的内容有：状态指示（运行、停止）、按钮（启动、停止、清零累计按钮）、数据输出显示（白色芯体工件累计、黑色芯体工件累计）、矩形框。

表 4—6—1 列出了触摸屏组态画面各元件对应 PLC 地址。

表 4—6—1　　触摸屏组态画面各元件对应 PLC 地址

元件类别	名称	输入地址	输出地址	数据类型
位状态开关	启动按钮		M0.2	开关型
	停止按钮		M0.3	开关型
	清零累计按钮		M0.4	开关型
位状态指示灯（运行状态）	运行指示灯		M0.0	开关型
	停止指示灯		M0.0	开关型
数值输出元件	白色芯体工件累计	VW72		数值型
	黑色芯体工件累计	VW74		数值型

接下来按步骤进行人机界面的组态。

1. 创建工程

TPC 类型中如果找不到“TPC7062KS”的话，则请选择“TPC7062K”，工程名称为“335A—分拣单元”。

2. 定义数据对象

根据前面给出的表 4—6—1，定义数据对象，下面以数据对象“启动按钮”为例，介绍定义数据对象的步骤：

（1）单击工作台中的“实时数据库”窗口标签，进入实时数据库窗口页。

（2）单击“新增对象”按钮，在窗口的数据对象列表中，增加新的数据对象，系统缺省定义的名称为“Data1”“Data2”“Data3”等（多次点击该按钮，则可增加多个数据对象）。

（3）选中对象，按“对象属性”按钮，或双击选中对象，则打开“数据对象属性设置”窗口。

（4）将对象名称改为：启动按钮；对象类型选择：开关型；单击“确认”。

按照此步骤，根据上面列表，设置其他数据对象。

3. 设备连接

为了能够使触摸屏和 PLC 通信连接上，须把定义好的数据对象和 PLC 内部变量进行连接，具体操作步骤如下：

（1）在“设备窗口”中双击“设备窗口”图标进入。

（2）点击工具条中的“工具箱”图标，打开“设备工具箱”。

（3）在可选设备列表中，双击“通用串口父设备”，然后双击“西门子 _ S7200PPI”，在下方出现“通用串口父设备”，“西门子 _ S7200PPI”，如图 4—6—5 所示。

（4）双击“通用串口父设备”，进入通用串口父设备的基本属性设置，如图 4—6—6 所示。

串口端口号（1～255）设置为：0—COM1；

通信波特率设置为：8—19200；

数据校验方式设置为：2—偶校验；

其他设置为默认。

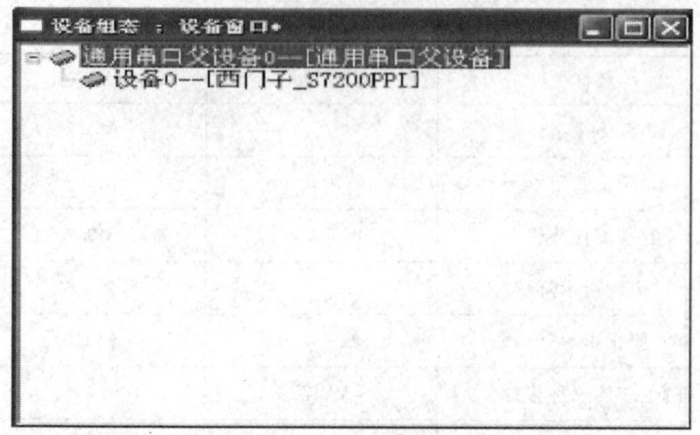

图 4—6—5　设备窗口

通用串口设备属性编辑

基本属性　电话连接

设备属性名	设备属性值
设备名称	通用串口父设备0
设备注释	通用串口父设备
初始工作状态	1 - 启动
最小采集周期(ms)	1000
串口端口号(1~255)	0 - COM1
通讯波特率	8 - 19200
数据位位数	1 - 8位
停止位位数	0 - 1位
数据校验方式	2 - 偶校验

检查(K)　确认(Y)　取消(C)　帮助(H)

图 4—6—6　通用串口属性设置

(5) 双击“西门子 _ S7200PPI”，进入设备编辑窗口，如图 4—6—7 所示。默认右窗口自动生产通道名称 I000.0—I000.7，可以单击“删除全部通道”按钮给予删除。

(6) 进行变量的连接。这里以“运行状态”变量进行连接为例说明。

1) 单击“增加设备通道”按钮，出现如图 4—6—8 所示窗口。

参数设置如下：

通道类型：M 寄存器；数据类型：通道的第 00 位；通道地址：0；通道个数：1；读写方式：只读。

2) 单击“确认”按钮，完成基本属性设置。

3) 双击“只读 M000.0”通道对应的连接变量，从数据中心选择变量：“运行状态”。用同样的方法，增加其他通道，连接变量，如图 4—6—9 所示，单击“确认”按钮完成设置。

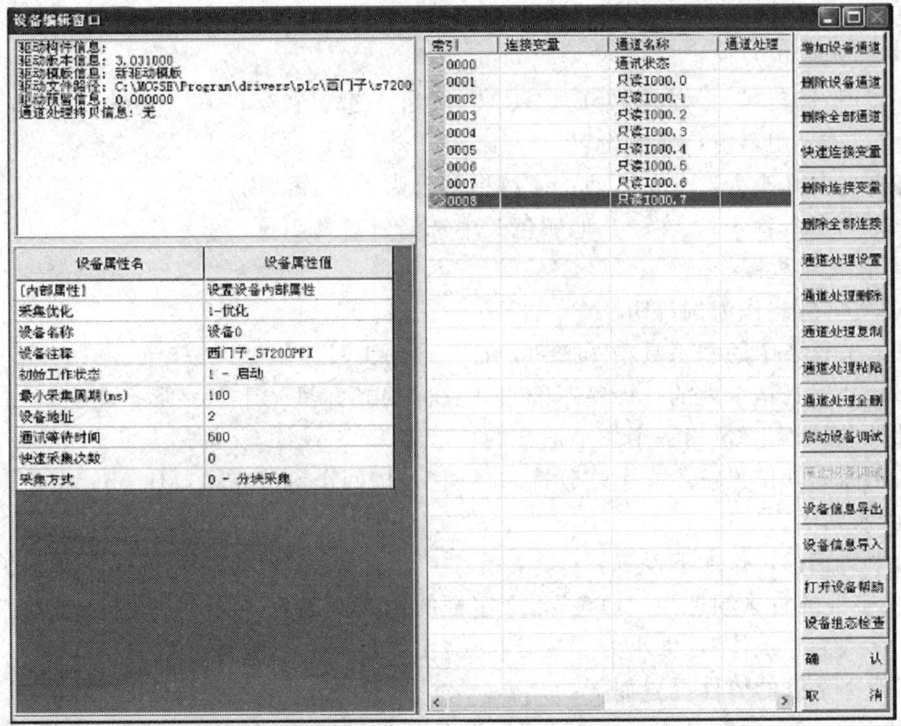

设备编辑窗口
驱动构件信息：
驱动版本信息：3.031000
驱动模版信息：新驱动模版
驱动文件路径：C:\MCGSE\Program\drivers\plc\西门子\s7200
驱动预留信息：0.000000
通道处理拷贝信息：无
设备属性名
设备属性值
[内部属性]
设置设备内部属性
采集优化
1-优化
设备名称
设备0
设备注释
西门子_ST200PPI
初始工作状态
1 - 启动
最小采集周期(ms)
100
设备地址
2
通讯等待时间
500
快速采集次数
0
采集方式
0 - 分块采集
索引
连接变量
通道名称
通道处理
0000
通讯状态
0001
只读I000.0
0002
只读I000.1
0003
只读I000.2
0004
只读I000.3
0005
只读I000.4
0006
只读I000.5
0007
只读I000.6
0008
只读I000.7
增加设备通道
删除设备通道
删除全部通道
快速连接变量
删除连接变量
删除全部连接
通道处理设置
通道处理删除
通道处理复制
通道处理粘贴
通道处理全删
启动设备调试
停止设备调试
设备信息导出
设备信息导入
打开设备帮助
设备组态检查
确　认
取　消
图 4—6—7　设备编辑窗口

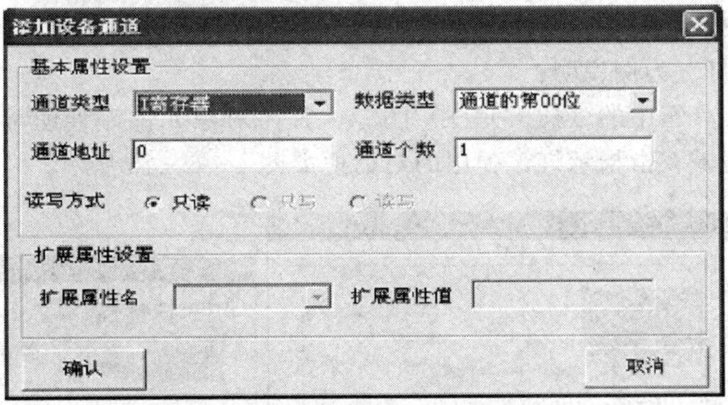

添加设备通道
基本属性设置
通道类型
I寄存器
数据类型
通道的第00位
通道地址
0
通道个数
1
读写方式
只读
只写
读写
扩展属性设置
扩展属性名
扩展属性值
确认
取消
图 4—6—8　添加设备通道窗口

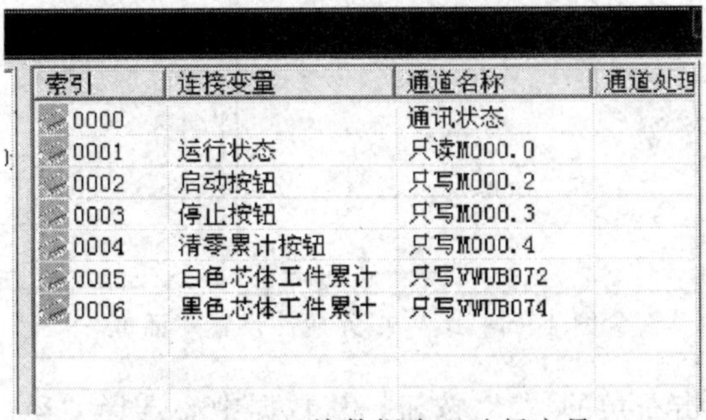

索引
连接变量
通道名称
通道处理
0000
通讯状态
0001
运行状态
只读M000.0
0002
启动按钮
只写M000.2
0003
停止按钮
只写M000.3
0004
清零累计按钮
只写M000.4
0005
白色芯体工件累计
只写VWUB072
0006
黑色芯体工件累计
只写VWUB074
图 4—6—9　从数据中心选择变量

4. 画面和元件的制作

(1) 新建画面以及属性设置

1) 在“用户窗口”中单击“新建窗口”按钮，建立“窗口 0”。选中“窗口 0”，单击“窗口属性”，进入用户窗口属性设置。

2) 将窗口名称改为：分拣画面；窗口标题改为：分拣画面。

3) 单击“窗口背景”，在“其他颜色”中选择所需的颜色。

(2) 制作文字框图

以标题文字的制作为例说明。

1) 单击工具条中的“工具箱”按钮，打开绘图工具箱。

2) 选择“工具箱”内的“标签”按钮，鼠标的光标呈“十”字形，在窗口顶端中心位置拖拽鼠标，根据需要拉出一个大小适合的矩形。

3) 在光标闪烁位置输入文字“分拣站界面”，按回车键或在窗口任意位置用鼠标点击一下，文字输入完毕。

4) 选中文字框，作如下设置：

设定文字框的背景颜色为“白色”，文字框的边线颜色为“没有边线”，文字字体为“华文细黑”，字型为“粗体”，大小为“二号”，文字颜色设为“藏青色”。

5) 其他文字框的属性设置如下：

背景颜色设置为“同画面背景颜色”，边线颜色设置为“没有边线”，文字字体设置为“华文细黑”，字型设置为“常规”，字体大小设置为“二号”。

(3) 制作状态指示灯

以“运行指示灯”为例说明：

1) 单击绘图工具箱中的（插入元件）图标，弹出对象元件库管理对话框，选择指示灯6，按“确认”按钮。双击指示灯，弹出的对话框如图 4—6—10 所示。

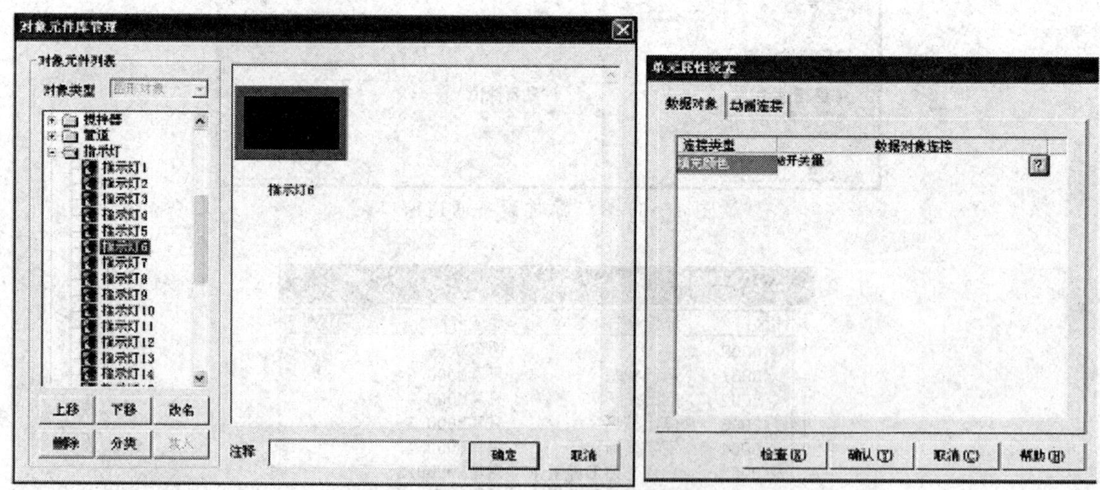

图 4—6—10 单元属性设置对话框

2) 数据对象中，单击右角的“?”按钮，从数据中心选择“运行状态”变量。

3) 动画连接中，单击“填充颜色”，右边出现“>”按钮，如图 4—6—11 所示。

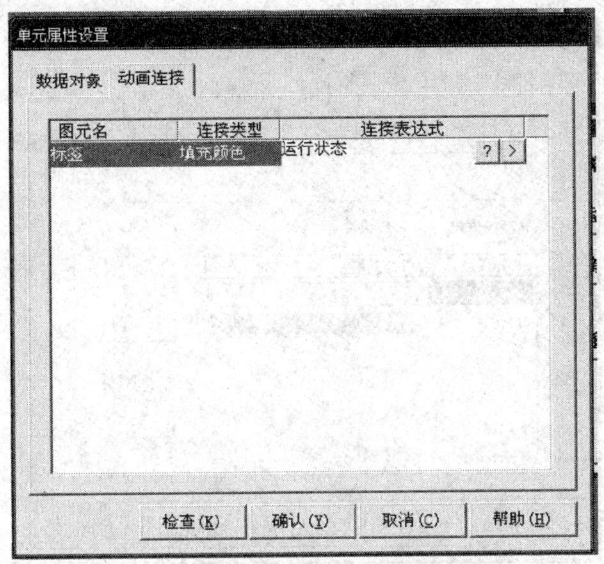

图 4—6—11　单元属性设置对话框

4）单击“>”按钮，出现如下对话框，如图 4—6—12 所示。

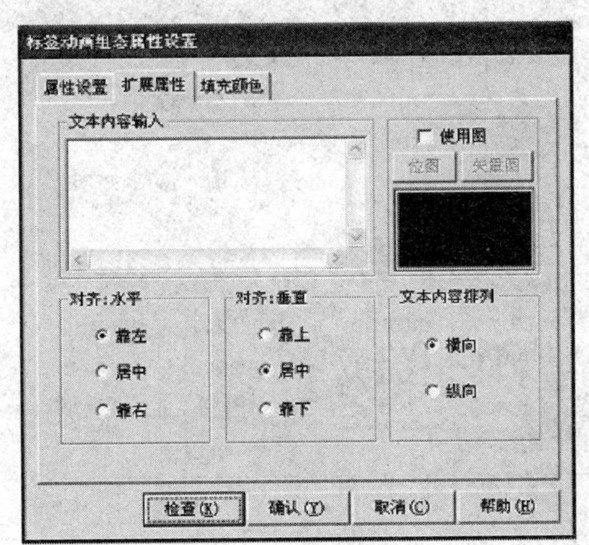

图 4—6—12　标签动画组态属性设置

5）“属性设置”页中，填充颜色设置为“白色”。

6）“填充颜色”页中，分段点 0 对应颜色：白色；分段点 1 对应颜色：浅绿色。如图 4—6—13 所示，单击“确认”按钮完成。

（4）制作按钮。以启动按钮为例，给予说明：

1）单击绘图工具箱中“ ”图标，在窗口中拖出一个大小合适的按钮，双击按钮，出现如图 4—6—14 所示窗口，属性设置如下：

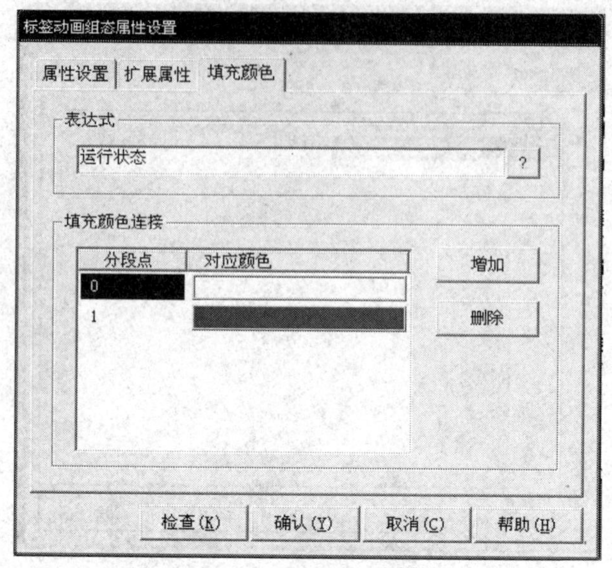

图 4—6—13　标签动画组态属性设置

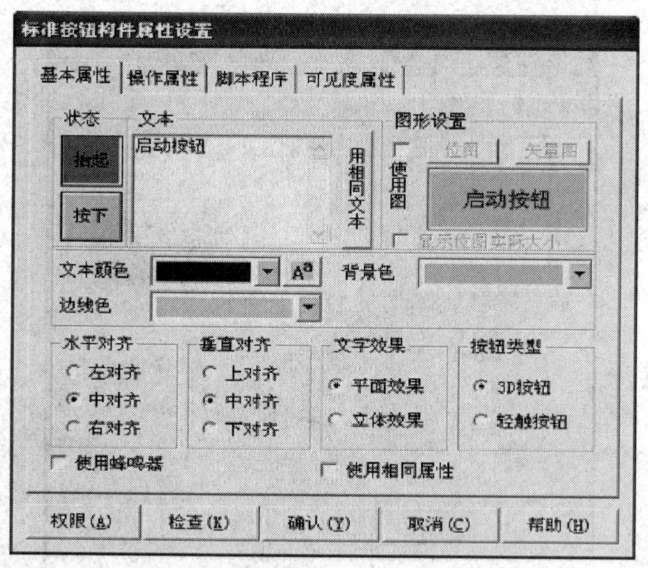

图 4—6—14　标准按钮构件属性设置

2）“基本属性”页中，无论是抬起还是按下状态，文本都设置为启动按钮；“抬起功能”属性为：字体设置“宋体”，字体大小设置为“五号”，背景颜色设置为浅绿色；“按下功能”为：字体大小设置为“小五号”，其他同抬起功能。

3）“操作属性”页中，抬起功能：数据对象操作清 0，运行状态；按下功能：数据对象操作置“1”，运行状态。

4）其他默认。单击“确认”按钮完成。

(5) 数据显示：以白色芯体工件累计数据显示为例：

1) 选中“工具箱”中的 A 图标，拖动鼠标，绘制1个显示框。

2) 双击显示框，出现对话框，在输入输出连接域中，选中“显示输出”选项卡，在组态属性设置窗口中则会出现“显示输出”标签，如图4—6—15所示。

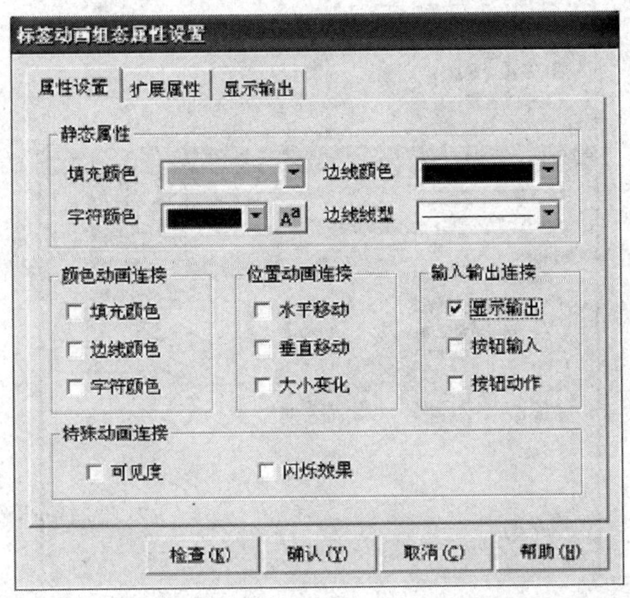

图4—6—15　标准动画组态属性设置窗口

3) 单击“显示输出”标签，设置显示输出属性。参数设置如下：

表达式：白色芯体工件累计；单位：个；输出值类型：数值量输出；输出格式：十进制；整数位数：0；小数位数：0。单击“确认”，制作完毕。

5. 工程下载

当需要在MCGS组态软件上把资料下载到HMI时，只要在下载配置里，选择“连接运行”，单击“工程下载”即可进行下载，如图4—6—16所示。如果工程项目要在电脑模拟测试，则选择“模拟运行”，然后下载工程。

三、分拣单元PLC程序的改写

在分拣单元人工界面组态工作及程序下载到触摸屏工作完成之后，接下来要对分拣单元PLC控制程序进行改写。基本改写思路为将原启动按钮信号按前表4—6—1所示改为M0.2，停止按钮信号按前表所示改为M0.3，由触摸屏按钮来作为PLC程序启动和停止信号。另外如要对系统运行状态和分拣工件数目进行显示输出，PLC程序也要相应进行必要的修改，在此不一一详述，留作课后练习。

任务评价

评分标准见表4—6—2。

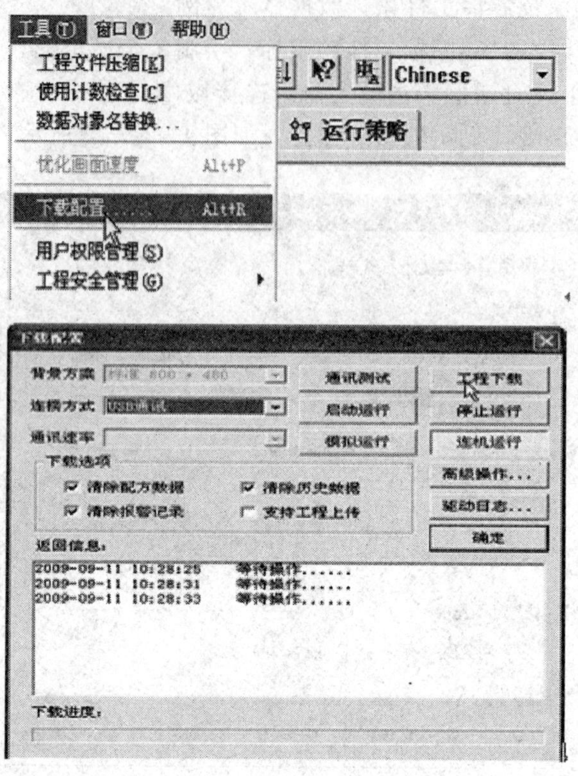

图 4—6—16　工程下载方法

表 4—6—2　　　　**评分标准**

序号	考核内容	评分标准	配分	得分
1	职业素养与安全意识	现场操作安全保护符合安全操作规程；工具摆放、包装物品等的处理符合职业岗位的要求	10	
2	团队协作与敬业精神	团队有分工、有合作，配合紧密；遵守纪律，尊重教师，爱惜设备和器材，保持工位的整洁	10	
3	触摸屏的硬件连接与程序下载	能按照硬件连接要求完成触摸屏与计算机和PLC的硬件连接；能正确设置通信参数；能正确完成程序的下载	20	
4	人机界面的组态	能够按照分拣单元人机界面的控制要求完成人机界面的组态；能够熟练掌握MCMS组态软件的使用；能够完成组态程序的调试与模拟运行	40	
5	PLC控制程序的改写	能够按照分拣单元人机界面的控制要求完成PLC程序的改写；能够正确进行组态程序与PLC程序的联机运行，完成控制要求	20	
合计总分			100	

思考与练习

1. 按照分拣单元人机界面的控制要求根据前述步骤完成人机界面的组态。程序编写好后下载到触摸屏中。

2. 根据控制要求，由触摸屏按钮来控制分拣单元 PLC 程序的启动和停止，在程序中增加运行状态指示位 M0.0，与组态界面连接来显示程序当前运动状态，继续改写程序，增加黑色工件和白色工件分拣个数统计程序段，并将统计结果在组态界面上进行显示，再增加累计清零按钮 M0.4，可以将统计结果清零。根据如上要求完成 PLC 程序的改写，并进行联机调试及运行，最终完成本任务控制要求。

输送单元的安装、调试与编程

任务1　输送单元结构与功能的认知

知识点

◎ 输送单元的结构与功能

◎ 输送单元中特殊传感器的认知

◎ 输送单元中四自由度机械手的认知

任务提出

输送单元是YL—335系统中最为重要同时也是承担任务最为繁重的工作单元。该单元主要完成驱动它的抓取机械手装置精确定位到指定单元的物料台，在物料台上抓取工件，把抓取到的工件输送到指定地点然后放下的功能。

本任务是认知YL—335自动化生产线输送单元的结构与功能。

任务分析

要完成本任务，需要学习输送单元的结构和功能以及传感器的知识。

任务实施

一、输送单元的结构和功能

1. 输送单元的基本功能

当系统通电后，输送单元先执行回原点操作，当到达原点位置后，若系统启动，供料单元物料台的检测传感器检测到有工件时，输送单元机械手整体先提升到位后手爪伸出到位并夹紧工件，手爪夹紧到位并开始回缩，机械手整体下降到位后，输送单元步进电动机开始按设定好的脉冲量将工件输送到加工单元。加工单元工件输送到位后机械手整体提升，提升到位后手爪伸出，到位后机械手整体下降，下降到位后且工件已放入加工单元物料台上，然后手爪松开，松开到位后机械手回缩，等加工单元加工完成后再将工件依次送到装配单元和分拣单元完成整个自动生产线加工过程。输送单元外观如图5—1—1所示。

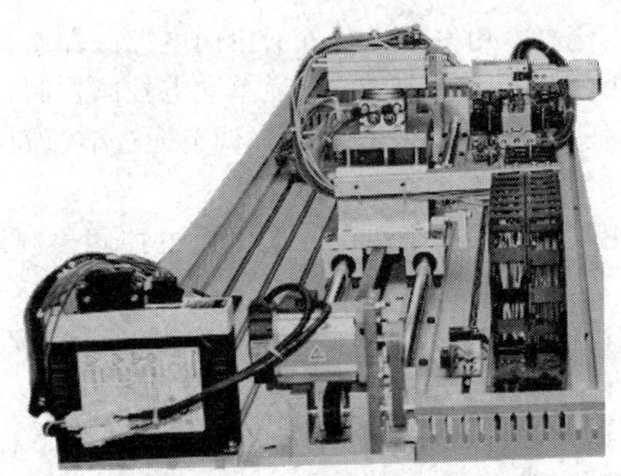

图 5—1—1　输送单元外观图

2. 输送单元的结构组成

输送单元由抓取机械手装置、直线运动传动组件、拖链装置、PLC 模块、按钮/指示灯模块和接线端子排等部件组成。

（1）抓取机械手装置

抓取机械手装置是一个能实现四自由度运动（即升降、伸缩、气动手指夹紧/松开和沿垂直轴旋转）的工作单元，该装置整体安装在步进电动机传动组件的滑动溜板上，在传动组件带动下整体作直线往复运动，定位到其他各工作单元的物料台，然后完成抓取和放下工件的功能。图 5—1—2 是该装置实物图。

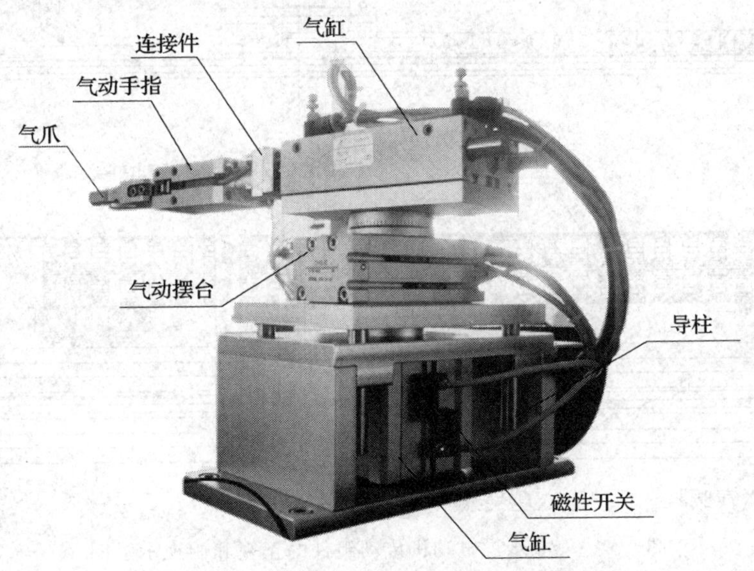

图 5—1—2　抓取机械手装置结构图

具体构成介绍如下：

1）气动手爪：双作用气缸，由一个二位五通双向电控阀控制，带状态保持功能用于各个工作站抓物搬运。双向电控阀工作原理类似双稳态触发器，即输出状态由输入状态决定，如果输出状态确认了，即使无输入状态，双向电控阀也保持被触发前的状态。

2）双杆气缸：双作用气缸，由一个二位五通单向电控阀控制，用于控制手爪伸出缩回。

3）回转气缸：双作用气缸，由一个二位五通单向电控阀控制，用于控制手臂正反向 90°旋转，气缸旋转角度可以任意调节范围 0°～180°，调节通过节流阀下方两颗固定缓冲器进行调整。

4）提升气缸：双作用气缸，由一个二位五通单向电控阀控制，用于整个机械手提升下降。

以上气缸的运行速度快慢由进气口节流阀调整进气量进行速度调节。

（2）直线运动传动组件

直线运动传动组件根据控制方式和控制电动机的不同，在 YL—335A/B 两种不同型号的自动生产线中采用了不同的控制方法，在此将一一介绍。在 YL—335A 自动生产线中采用的是步进电动机传动组件，在 YL—335B 自动生产线中采用的是伺服电动机传动组件。

步进电动机传动组件用以拖动抓取机械手装置作往复直线运动，完成精确定位的功能。图 5—1—3 是该组件的正视和俯视示意图。图中，抓取机械手装置已经安装在组件的滑动溜板上。

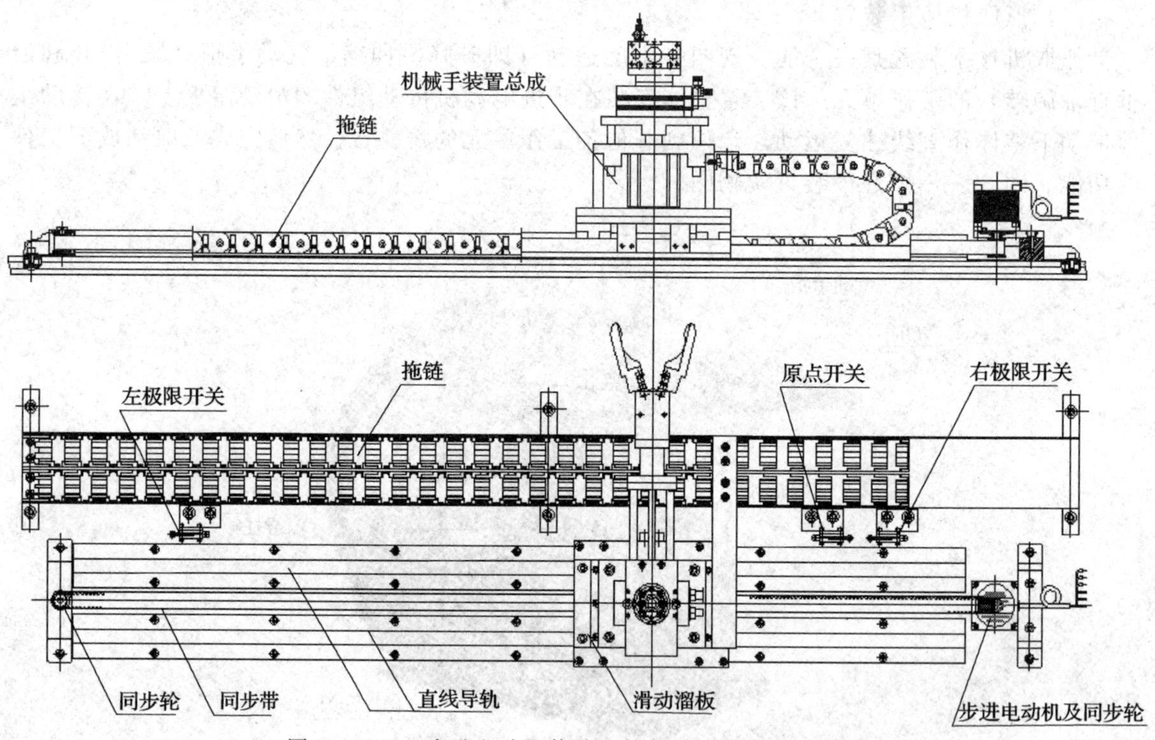

图 5—1—3　步进电动机传动组件的正视和俯视示意图

传动组件由步进电动机、同步轮、同步带、直线导轨、滑动溜板、拖链和原点开关、左、右极限开关组成。步进电动机由步进电动机驱动器驱动，通过同步轮和同步带带动滑动溜板沿直线导轨作往复直线运动。从而带动固定在滑动溜板上的抓取机械手装置作往复直线运动。抓取机械手装置上所有气管和导线沿拖链敷设，进入线槽后分别连接到电磁阀组和接线端子排组件上。已经安装好的步进电动机传动组件和抓取机械手装置如图 5—1—4 所示。

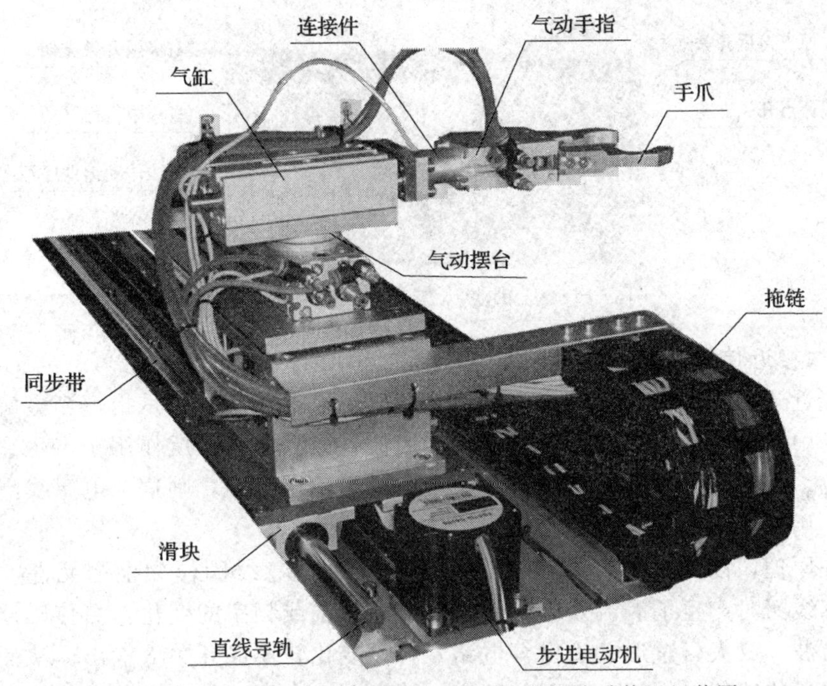

图 5—1—4　步进电动机传动组件和抓取机械手装置组装图

伺服电动机传动组件由直线导轨底板、伺服电动机及伺服放大器、同步轮、同步带、直线导轨、滑动溜板、拖链和原点接近开关、左、右极限开关组成。伺服电动机传动组件俯视图如图 5—1—5 所示。

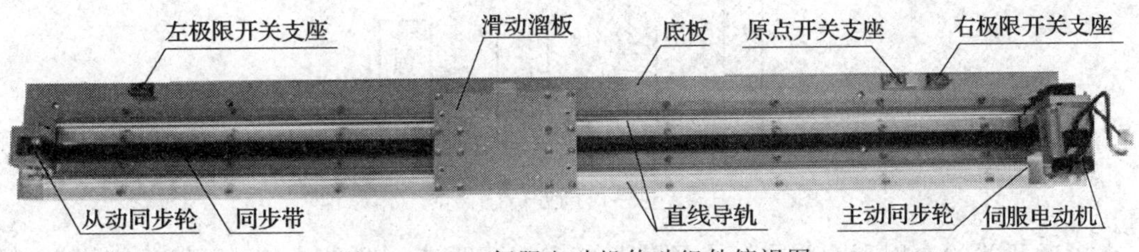

图 5—1—5　伺服电动机传动组件俯视图

伺服电动机由伺服电动机放大器驱动，通过同步轮和同步带带动滑动溜板沿直线导轨作往复直线运动，从而带动固定在滑动溜板上的抓取机械手装置作往复直线运动。

二、输送单元中的传感器

如前图 5—1—3 和图 5—1—5 所示，在输送单元右侧极限位置附近安装有原点接近开关，用来提供直线运动的起始点信号；在输送单元左右极限位置都安装有左、右极限开关，用来提供越程故障时的保护信号。原点接近开关和左、右极限开关安装在直线导轨底板上，如图 5—1—6 所示。

原点接近开关是一个无触点的电感式接近传感器，用来提供直线运动的起始点信号。左、右极限开关均是有触点的微动开关，用来提供越程故障时的保护信号：当滑动溜板在运动中越过左或右极限位置时，极限开关会动作，从而向系统发出越程故障信号。

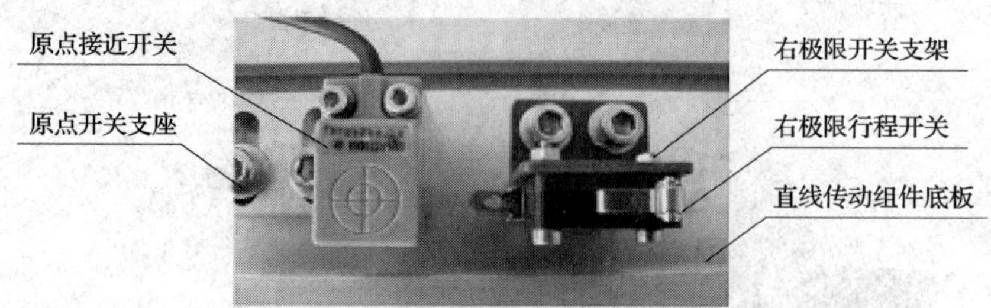

图 5—1—6　原点开关和右极限开关的安装

1．电感式接近传感器

电感式接近开关是利用电涡流效应制造的传感器。电涡流效应是指，当金属物体处于一个交变的磁场中，在金属内部会产生交变的电涡流，该涡流又会反作用于产生它的磁场这样一种物理效应。如果这个交变的磁场是由一个电感线圈产生的，则这个电感线圈中的电流就会发生变化，用于平衡涡流产生的磁场。

利用这一原理，以高频振荡器（LC 振荡器）中的电感线圈作为检测元件，当被测金属物体接近电感线圈时产生了涡流效应，引起振荡器振幅或频率的变化，由传感器的信号调理电路（包括检波、放大、整形、输出等电路）将该变化转换成开关量输出，从而达到检测目的。电感式接近传感器工作原理框图如图 5—1—7 所示。输送单元中，为了确定直线运动的零点位置，提供起始点信号，如图 5—1—6 所示，在右侧极限位置前安装了电感式接近传感器作为原点开关。

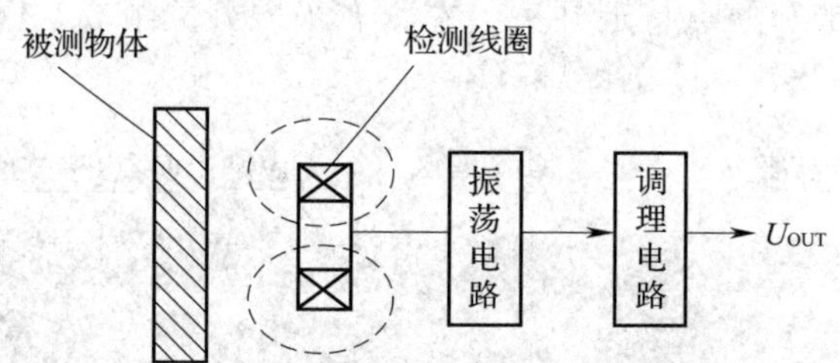

图 5—1—7　电感式接近传感器的工作原理

在接近开关的选用和安装中，必须认真考虑检测距离、设定距离，保证生产线上的传感器可靠动作。安装距离的注意说明如图 5—1—8 所示。

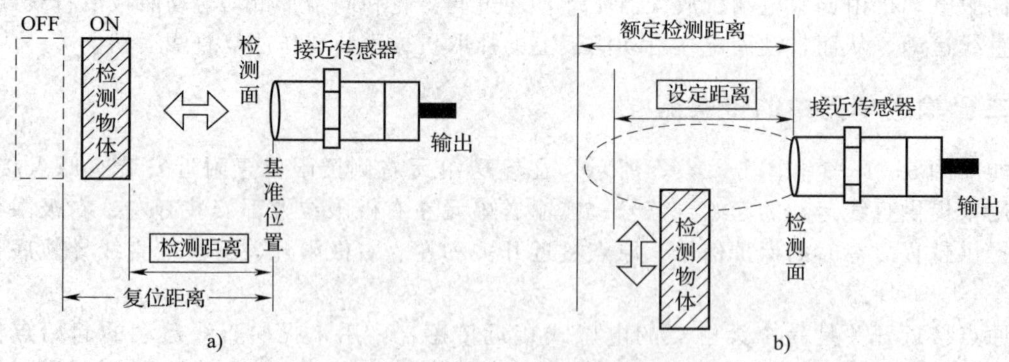

图 5—1—8　安装距离的注意说明

a）检测距离　b）设定距离

2．极限开关

极限开关，又叫行程开关，是位置开关（又称限位开关）的一种，一般安装在输送单元的极限位置，用来限制机械运动的位置或行程，使运动机械按一定位置或行程自动停止、反向运动、变速运动或自动往返运动等。

行程开关由操作头、触点系统和外壳组成。行程开关可以安装在相对静止的物体（如固定架、门框等，简称静物）上或者运动的物体（如行车、门等，简称动物）上。当动物接近静物时，开关的连杆驱动开关的接点引起闭合的接点分断或者断开的接点闭合。由开关接点开、合状态的改变去控制电路和机构的动作。行程开关结构示意图如图5—1—9所示。

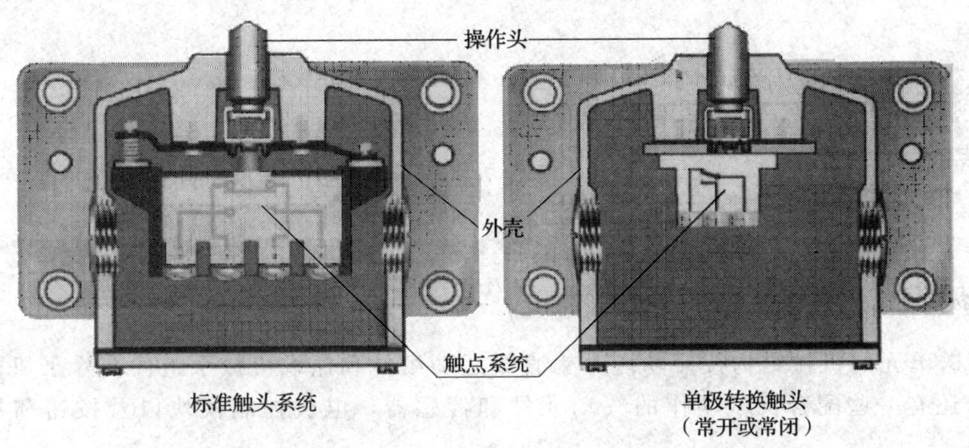

图5—1—9　行程开关结构示意图

任务评价

评分标准见表5—1—1。

表5—1—1　　**评分标准**

序号	考核内容	评分标准	配分	得分
1	输送单元结构和功能的认知	熟练掌握输送单元的基本结构，知晓各组成部分名称；理解输送单元基本功能，了解工作及控制流程；掌握输送单元中重要组件抓取机械手的结构组成；掌握直线传动组件的分类和不同组成	70	
2	输送单元中电感式接近传感器的认知	掌握电感式接近传感器的工作原理；能够指出其在输送单元中的安装位置	15	
3	输送单元中极限开关的认知	理解极限开关工作原理；能够指出其在输送单元中的安装位置	15	
合计总分			100	

思考与练习

1. 简述输送单元的工作过程。

2. 分别叙述输送单元四自由度机械手在供料单元、加工单元、装配单元和分拣单元的动作过程。

任务 2 输送单元的机械安装

技能点

◎ 机械装配和操作技能

◎ 常用装配工具、检测工具的使用

知识点

◎ 输送单元机械安装的步骤和方法

任务提出

输送单元的机械结构按照功能分为直线运动组件和抓取机械手组件。除了机械部件之外，还有一些配合机械动作的气动元件和传感器，电机控制模块以及按钮和指示灯模块等。

本任务要求在底板上完成 YL—335 自动生产线输送单元各机械机构的安装，同时要求将本单元电气控制中所使用的电机控制模块、电磁阀组、PLC、接线端子排也固定安装在底板上。

任务分析

要完成本任务，需要具备机械安装的基础知识（该内容在前期课程中已介绍），掌握具体安装步骤以及注意事项。

任务实施

一、准备工作

在进行安装之前，应在教师指导下，通过先导任务的学习，熟悉本单元功能和动作过程，熟悉本单元各组成结构，初步建立整体安装思路。

二、机械安装

1. 安装

按照“零件→组件→组装”的思路，首先将各个零件安装成组件，然后进行组装。输送单元机械装配可按如下 4 个阶段进行：

（1）直线运动传动组件的组装步骤

1）在底板上装配直线导轨。直线导轨是精密机械运动部件，其安装、调整都要遵循一定的方法和步骤，而且该单元中使用的导轨的长度较长，要快速准确地调整好两导轨的相互位置，使其运动平稳、受力均匀、运动噪音小。

2）装配大溜板、四个滑块组件。将大溜板与两直线导轨上的四个滑块的位置找准并进行固定，在拧紧固定螺栓的时候，应一边推动大溜板左右运动一边拧紧螺栓，直到滑动顺畅为止。

3）连接同步带。将连接了四个滑块的大溜板从导轨的一端取出。由于用于滚动的钢球嵌在滑块的橡胶套内，一定要避免橡胶套受到破坏或用力太大致使钢球掉落。将两个同步带固定座安装在大溜板的反面，用于固定同步带的两端。

接下来分别将调整端同步轮安装支架组件、电机侧同步轮安装支架组件上的同步轮，套入同步带的两端，在此过程中应注意电机侧同步轮安装支架组件的安装方向、两组件的相对位置，并将同步带两端分别固定在各自的同步带固定座内，同时也要注意保持连接安装好后的同步带平顺一致。完成以上安装任务后，再将滑块套在柱形导轨上，套入时，一定不能损坏滑块内的滑动滚珠以及滚珠的保持架。

4）同步轮安装支架组件装配。先将电机侧同步轮安装支架组件用螺栓固定在导轨安装底板上，再将调整端同步轮安装支架组件与底板连接，然后调整好同步带的张紧度，锁紧螺栓。

5）伺服或步进电机安装。将电机安装板固定在电机侧同步轮支架组件的相应位置，将电机与电机安装活动连接，并在主动轴、电机轴上分别套接同步轮，安装好同步带，调整电机位置，锁紧连接螺栓。最后安装左右限位以及原点传感器支架。

安装好的直线运动组件如图 5—1—5 所示。

（2）抓取机械手组件的组装步骤

1）将举升气缸固定在安装板上，组装成举升器。然后组装举升台支架。最后举升机构整体组装如图 5—2—1 所示。

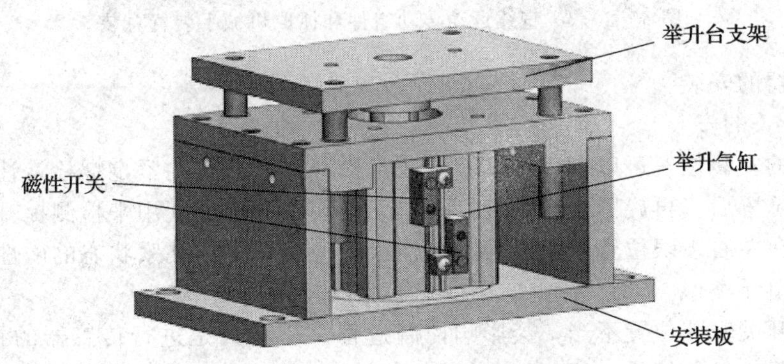

图 5—2—1　举升机构整体组装结构

2）把气动摆台固定在组装好的举升机构上，然后在气动摆台上固定导杆气缸安装板，安装时注意要先找好导杆气缸安装板与气动摆台连接的原始位置，以便有足够的回转角度。

3）连接气动手指和导杆气缸，然后把导杆气缸固定到导杆气缸安装板上。完成抓取机械手装置的装配。如图 5—2—2 所示。

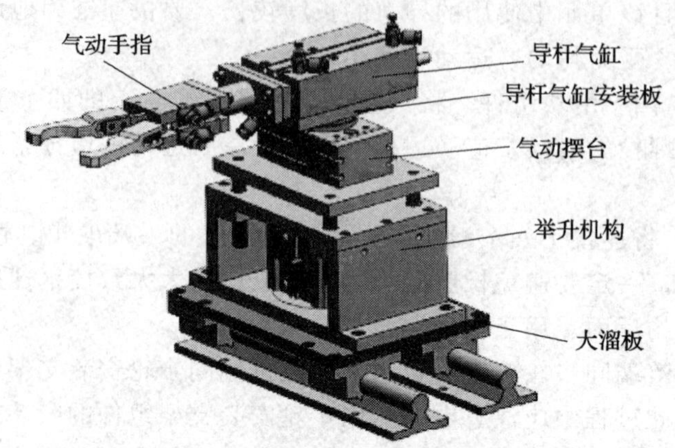

图 5—2—2　装配完成的抓取机械手装置

（3）把抓取机械手装置固定到直线运动组件的大溜板，完成总装

最后，检查摆台上的导杆气缸、气动手指组件的回转位置是否满足在其余各工作站上抓取和放下工件的要求，进行适当的调整。

图 5—2—3 给出了直线运动传动组件和抓取机械手装置组装起来的示意图。

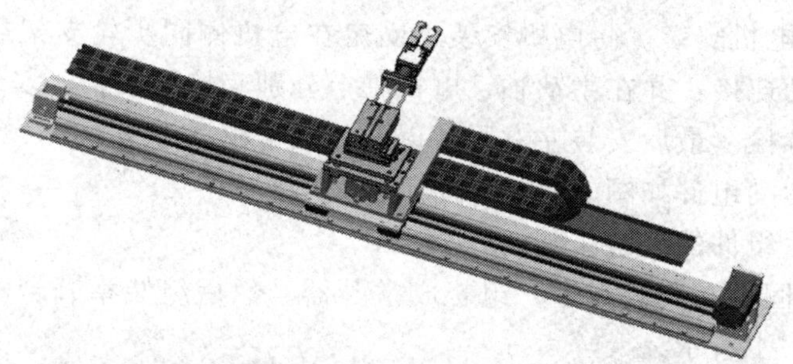

图 5—2—3　直线运动传动组件和抓取机械手装置总装

（4）传感器的安装

1）磁性开关的安装

磁性开关的安装位置可以调整，调整方法是松开磁性开关的紧定螺栓，让它顺着气缸滑动，到达指定位置后，再旋紧紧定螺栓。本单元安装了七个分别用来检测提升气缸上下极限位置、气动摆台左右极限位置、手爪伸出缩回极限位置、手爪夹紧状态的磁性开关。具体安装方法与前述单元类似。

如果磁性开关安装位置不当，会影响控制过程。目前只是进行传感器的初步位置安装，螺钉先不要拧紧，必须等待系统进行电气回路调试时再进行精确的调整。

2）左、右极限开关的安装

在输送单元直线导轨底板上的左、右行程极限位置上，分别安装了左、右行程开关，行程开关安装在传感器支架上。安装图可以参看图 5—1—6。

在实际使用时，行程开关要和对应的槽板和撞块配套使用，以达到最佳效果。

为保证开关功能，开关元件在出厂时已经调整好了。在安装或更换行程开关元件时，一定要保证撞块与开关基准面之间尺寸符合一定要求，如图 5—2—4 所示为某种型号行程开关的安装位置尺寸图，这些要求在产品的使用说明书里有详细介绍。注意在行程开关的选择时，要保证其顶杆机构在使用时要防止开关元件过载，保护顶杆不致因故障而被卡住，顶杆的形状要根据具体要求进行选择。

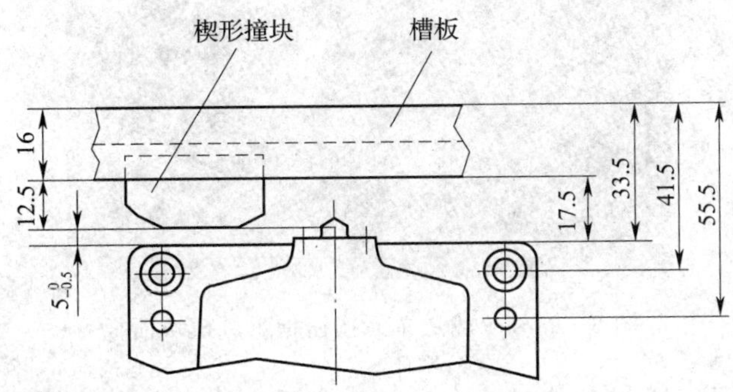

图 5—2—4 某种型号行程开关的安装位置尺寸图

3）接近传感器的安装

一般接近开关有两种安装方式：齐平安装和非齐平安装。齐平安装：接近开关头部可以和金属安装支架相平安装。非齐平安装：接近开关头部不能和金属安装支架相平安装。

一般来说，可以齐平安装的接近开关也可以非齐平安装，但非齐平安装的接近开关不能齐平安装。这是因为，可以齐平安装的接近开关头部带有屏蔽，齐平安装时，其检测不到金属安装支架，而非齐平安装的接近开关不带屏蔽，当齐平安装时，其可以检测到金属安装。正因为如此，非齐平安装的接近开关的灵敏度比齐平安装的灵敏度要大些，在实际应用中可以根据实际需要选用。

（5）按钮指示灯模块的安装

该模块放置在抽屉式模块放置架上，模块上安装的所有元器件的引出线均连接到面板上的安全插孔，面板布置如图 5—2—5 所示。按钮/指示灯模块内安装了按钮/开关，指示灯/蜂鸣器和开关稳压电源等三类元器件，具体如下：

1）按钮/开关：急停按钮 1 只，转换开关 2 只，复位按钮黄、绿、红各 1 只，自锁按钮黄、绿、红各 1 只。

2）指示灯/蜂鸣器：24 V 指示灯黄、绿、红各 2 只，蜂鸣器 1 只。

3）开关稳压电源：DC 24 V/6 A、12 V/2 A 各一组。

（6）电磁阀组、PLC、接线端子排的固定安装

最后将本单元控制所用的电磁阀组、PLC、接线端子排固定在底板上。需要注意的是本单元所用的电磁阀如前所述可以使用手控开关进行控制，从而实现对相应气路的控制，以改变各个气缸等执行机构的运动，从而达到调试目的。

2. 安装注意事项

在进行直线运动组件的组装时，在以上各构成零件中，轴承以及轴承座均为精密机械零部件，拆卸以及组装需要较熟练的技能和专用工具，因此，不可轻易对其进行拆卸或修配工作。

图 5—2—5　输送单元按钮指示灯模块面板

在进行抓取机械手装置的安装时，在安装完毕后，检查摆台上的导杆气缸、气动手指组件的回转位置是否满足在其余各工作站上抓取和放下工件的要求，进行适当的调整。

任务评价

评分标准见表 5—2—1。

表 5—2—1　　评分标准

序号	考核内容	评分标准	配分	得分
1	职业素养与安全意识	现场操作安全保护符合安全操作规程；工具摆放、包装物品等的处理符合职业岗位的要求	10	
2	团队协作与敬业精神	团队有分工、有合作，配合紧密；遵守纪律，尊重教师，爱惜设备和器材，保持工位的整洁	10	
3	直线运动传动组件的安装	按时按照位置关系完成安装工作；安装牢固无松动现象；传动皮带安装正确，运动平稳无阻滞现象；铝合金型材安装牢固无松动，定位准确	30	
4	抓取机械手组件的安装	按时按照位置关系完成安装工作；安装牢固无松动现象；各个气缸安装正确，工作正常无阻滞	30	
5	传感器的安装	按时按要求完成安装工作；安装牢固无松动现象；传感器定位基本准确，便于调整；极限开关和原点接近开关安装位置正确，符合控制要求	10	
6	电磁阀组、PLC、接线端子排的安装	按时按要求完成安装工作；安装牢固无松动现象；端子排、电磁阀组、PLC 安装位置符合要求，适合走线	10	
		合计总分	100	

思考与练习

1. 按照装配顺序完成输送单元的机械安装实训。
2. 在装配顺序中是否可以进行顺序上的调整？为什么？
3. 讨论并说明完成输送单元机械安装后要进行哪些调试工作？请详细列出具体调试步骤。

任务3 输送单元气动控制回路的连接与调试

技能点

◎ 输送单元气动控制回路的连接

◎ 输送单元气动控制回路的调试

知识点

◎ 输送单元气动控制回路的工作原理

◎ 输送单元气动控制回路的设计

◎ 双电控电磁阀的认知

任务提出

气动控制回路是本工作单元的执行机构之一。输送单元气动执行元件主要用来组成抓取机械手装置，包括用来控制机械手伸出和缩回的手爪伸出气缸、控制机械手提升和下降的提升台气缸、控制机械手在0°～90°旋转的气动摆台、控制机械手夹紧和放松的气动手指。这些气缸组合在一起完成输送单元抓取机械手装置在各个单元的抓料和放料动作。

本任务要求进行输送单元气动控制回路的连接和调试，完成输送单元的气动控制任务。

YL—335自动化生产线输送单元气动控制回路原理如图5—3—1所示。

任务分析

要完成本任务，需要熟悉输送单元抓取机械手装置在各个单元抓料和放料的动作过程，读懂气动系统回路原理图，掌握节流阀和电磁阀组的手动调试方法。

相关知识

一、输送单元的气动控制回路

输送单元的抓取机械手装置上的所有气缸连接的气管沿拖链敷设，插接到电磁阀组上，其气动控制回路如图5—3—1所示。

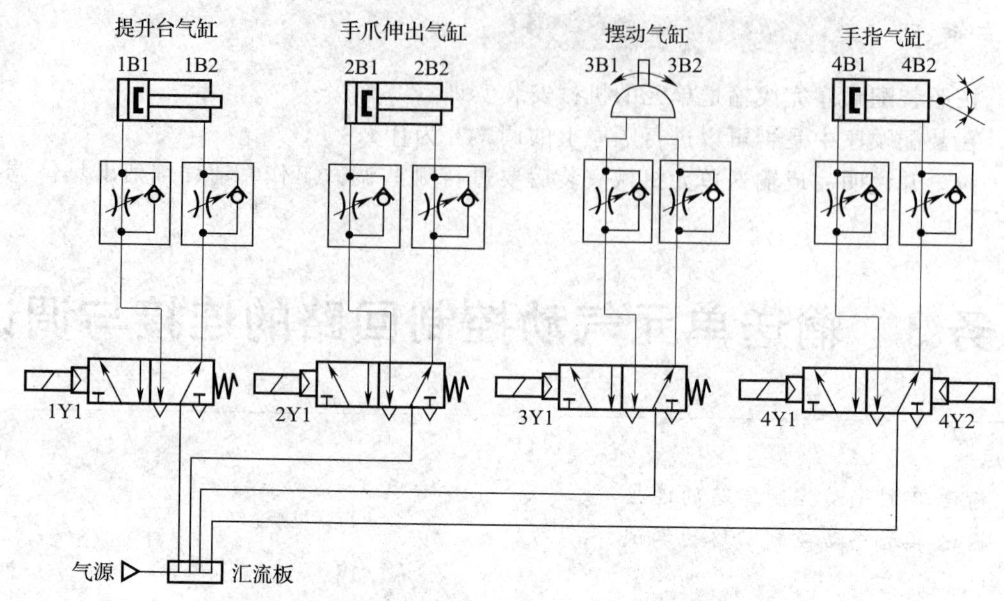

图 5—3—1　输送单元气动控制回路工作原理图

图中最上层执行元件从左到右依次分别为提升台气缸，用来控制抓取机械手的上升和下降；手爪伸出气缸，用来控制抓取机械手的伸出和缩回；摆动气缸，用来控制抓取机械手在 0°～90°范围内转动；手指气缸，用来控制抓取机械手手指的夹紧和放松。1B1 和 1B2 分别为安装在提升台气缸初始位置和上升位置的磁感应接近开关，2B1 和 2B2 分别为安装在手抓伸出气缸的缩回和伸出极限工作位置的磁感应接近开关，3B1 和 3B2 分别为安装在气动摆台 0°和 90°极限位置的磁感应接近开关，4B1 为安装在气动手指夹紧位置的磁感应接近开关。系统电气连接与 PLC 程序编写完成后，这几个磁感应接近开关的安装位置分别决定了这几个气缸进行动作的时候所能到达的极限位置。第二层控制元件为安装了带快速接头的限出型气缸节流阀，调节节流阀可以控制气缸活塞杆的伸出、缩回运动的速度。第三层控制元件为三个二位五通的带手控开关的单控电磁阀和一个驱动气动手指气缸的二位五通双电控电磁阀，四个控制阀集中安装在带有消声器的汇流板上，这四个阀分别对上述四个气缸的气路进行控制，以改变各自的动作状态。最下层为气源系统。

二、双电控电磁阀的认知

在气动控制回路中，驱动气动手指气缸的电磁阀采用的是二位五通双电控电磁阀，电磁阀外形如图 5—3—2 所示。

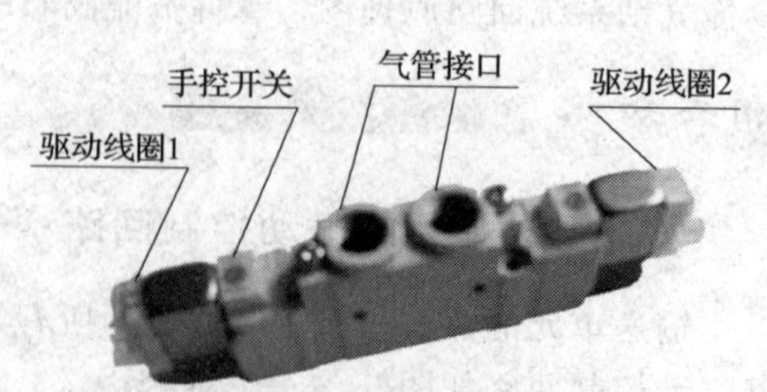

图 5—3—2　双电控电磁阀示意图

双电控电磁阀，有两个电磁线圈，一般用在二位五通电磁阀中，其动作原理为：给正动作线圈通电，则正动作气路接通（正动作出气孔有气），即使给正动作线圈断电后正动作气路仍然是接通的，将会一直维持到给反动作线圈通电为止。给反动作线圈通电，则反动作气路接通（反动作出气孔有气），即使给反动作线圈断电后反动作气路仍然是接通的，将会一直维持到给正动作线圈通电为止，这相当于“自锁”。

单电控电磁阀只有一个电磁线圈，给线圈通电，气路接通，线圈一旦断电，气路就会断开，这相当于“点动”。

双电控电磁阀与单电控电磁阀的区别在于，对于单电控电磁阀，在无电控信号时，阀芯在弹簧力的作用下会被复位，而对于双电控电磁阀，在两端都无电控信号时，阀芯的位置取决于前一个电控信号。

注意：双电控电磁阀的两个电控信号不能同时为“1”，即在控制过程中不允许两个线圈同时得电，否则，可能会造成电磁线圈烧毁，当然，在这种情况下阀芯的位置是不确定的。

任务实施

一、气动回路的连接

1. 连接

按照图5—3—1所示气动系统回路工作原理从气泵开始，将气管依次连接到汇流排，然后在汇流排上安装三个二位五通单控电磁阀和一个二位五通双控电磁阀，接着在汇流板中四个排气口末端连接消声器，消声器的作用是减少压缩空气在向大气排放时的噪声，再将两个节流阀分别安装在气缸的作用气口上，最后用气管将电磁阀工作口与气缸上的节流阀相连接，完成气动回路的连接。在此需要注意的就是各个气缸的初始位置，从图5—3—1可以看出，当气源接通时，提升台气缸和手爪伸出气缸的初始状态都是缩回位置，气动摆台处于90°位置，气动手指气缸处于松开位置。因此四个气缸在进行气路连接时要根据原理图选择不同的工作口进行连接。此点在进行气路连接时尤其需要注意。连接调试结束后扎紧气管，并固定在铝合金型材支撑架上。

2. 连接注意事项

（1）回路连接要完全满足输送单元气动控制原理图中各执行元件动作的关系。

（2）当进行回路连接时，气管一定要完全插到快速接头中，轻轻拉拔各连接位置的气管，以不出现松动为宜。

（3）连接时注意气管的选取长度适宜，太长或太短都不利于运动件的运动，用不同颜色的气管表示气体的进出。

（4）气管要在快速接头中插紧，不能有漏气现象。

（5）气管走向应按序排布，均匀美观，不能交叉、打折；外露气管必须用扎带扎紧，松紧适宜，松紧度以不使气管变形为宜，外形要整齐美观。

（6）当抓取机械手装置作往复运动时，连接到机械手装置上的气管和电气连接线也随之运动。确保这些气管和电气连接线运动顺畅，不至于在移动过程拉伤或脱落，这也是安装过程中重要的一环。

（7）连接到机械手装置上的管线首先绑扎在拖链安装支架上，然后沿拖链敷设，进入管线线槽中。绑扎管线时要注意管线引出端到绑扎处应保持足够长度，以免机构运动时被拉紧造成脱落。沿拖链敷设时注意管线间不要相互交叉。

二、气动回路的调试

在输送单元控制气路连接完成后，为了确保执行元件能满足工作需要而良好运行，需要对气动回路进行调试，具体的调试步骤如下。

1. 接通气源前，先用手轻轻拉拔各快速接头处的气管，确认各管路中不存在气管未插好的情况。同时，将调节各执行元件速度的节流阀开度调到最小，避免气源接通后各执行元件突然动作产生较大冲击，导致设备或人员伤害事故发生。

2. 打开气泵，接通气源，将过滤减压阀的压力调节手柄向上提起，顺时针或逆时针慢慢转动压力调节手柄，观察压力表，待压力表气压指在 0.5 MPa 左右时，压下压力调节手柄锁紧。切忌过度转动压力调节手柄，以防其损坏和压力突然升高。

3. 检查气动回路的气密性，观察气路中是否存在漏气，若有漏气的情况，则要根据响声判断找出漏气的位置及原因。若是气管破损或气动元件损坏导致漏气的，则需更换气管或气动元件；若是没有插好气管导致漏气的，则需重新插好气管。

4. 检查四自由度机械手的动作。

用小螺钉旋具将“手动换向、加锁钮”调到开启（PUSH）位置，然后用工具向下按，查看四个自由度（升降、伸缩、气动手指夹紧、松开和沿垂直轴旋转）的动作是否正常。检查时要注意其他部件对机械手的机械干涉，防止破坏设备。

用电磁阀上的手动换向加锁钮检验这四个气缸的初始位置和动作位置是否符合工作要求。

在进行提升台气缸和手爪伸出气缸的调试时，用小旋具把加锁钮旋到 LOCK 位置时，手控开关向下凹进去，不能进行手控操作。只有在 PUSH 位置，可用工具向下按，信号为“1”，等同于该侧的电磁信号为“1”；常态时，手控开关的信号为“0”。手动换向加锁钮初始时应处于 PUSH 位置。需要注意的是，旋动手控旋钮的力度不宜太大，否则很容易使其损坏。常态时，这两个气缸活塞杆应在缩回位置，当手控开关用工具向下按时，对应电磁阀动作时，这两个气缸活塞杆应快速均匀伸出到伸出位置。如果发现气缸运动方向不对，则要对调该气缸上节流阀或电磁阀的两快速连接气口上的气管。

在进行气动摆台的调试时，基本和上述两个气缸类似。常态时，气动摆台处于 90°位置，当手控开关用工具向下按，对应电磁阀动作时，气动摆台旋转 90°。如果发现气动摆台运动方向不对，则要对调该气缸上节流阀或电磁阀的两快速连接气口上的气管。

在气动手爪气动控制回路中，若气动手爪控制端电磁阀线圈 4Y1 得电而 4Y2 失电，则电磁阀处于左位工作，气动手爪处于张开状态，若气动手爪电磁阀控制端线圈 4Y2 得电而 4Y1 失电，则电磁阀处于右位工作，气动手爪处于夹紧状态。注意，由于这时电磁阀具有保持功能，即使此时将电磁阀线圈 4Y2 断电，电磁阀也将继续保持在右位工作，所以气动手爪仍保持夹紧，能有效防止原夹紧工件的坠落事故。

在进行气动手爪调试时，用小一字螺钉旋具将控制气动手爪夹紧的电磁阀手控旋钮旋到LOCK位置，气动手爪应夹紧，即使此时将电磁阀控制夹紧的手控旋钮再旋到PUSH位置，气动手爪依旧保持夹紧状态，因为气动手爪采用的二位五通双电控电磁阀具有记忆功能。若要将气动手爪从夹紧状态切换到松开状态，则只要将电磁阀控制夹紧的手控旋钮旋到PUSH位置，将电磁阀控制松开的手控旋钮旋到LOCK位置即可。气动手爪从松开状态切换到夹紧状态也以同样的方式调试。

在进行以上各个气缸动作的调试时，要注意调试的顺序，且在调试时不要碰撞到其他部件。

5. 调整气缸节流阀来进行气缸活塞杆的伸出和缩回、旋转、夹紧与松开运动速度的调试。轻轻转动其节流阀上的调节螺钉，逐渐打开节流阀的开度，确保输出气流能使气缸的活塞杆滑块平稳快速滑动，各个气缸的活塞杆运行无冲击、无卡滞为宜，最后再锁紧节流阀的调节螺母。

6. 可以参考前面图3—3—2来连接线路进行电磁阀的动作调试，来模拟PLC对电磁阀的控制。

任务评价

评分标准见表5—3—1。

表5—3—1 评分标准

序号	考核内容	评分标准	配分	得分
1	职业素养与安全意识	现场操作安全保护符合安全操作规程；工具摆放、包装物品等的处理符合职业岗位的要求	10	
2	团队协作与敬业精神	团队有分工、有合作，配合紧密；遵守纪律，尊重教师，爱惜设备和器材，保持工位的整洁	10	
3	气动回路的连接	回路连接要完全满足输送单元气动控制原理图中各执行元件动作的关系；回路连接符合实训要求步骤；气管与快速接头连接紧密，无漏气现象；气管选取长度适宜，颜色分明，布局合理；所有排布好的气管必须用尼龙带绑扎，松紧度以不使气管变形为宜，外形要整齐美观	40	
4	气动回路的调试	接通气源前操作正确，符合安全规范；打开气泵时符合安全操作规程，保证人员及设备安全；气动回路气密性检查准确，更换气管操作符合要求；电磁阀手动调试操作无误，气缸初始位置正确；节流阀调节气缸运动速度操作正确，活塞杆运行速度适宜；采用原理图进行电磁阀动作调试接线正确，结果准确	40	
		合计总分	100	

思考与练习

1. 输送单元气动回路中各气缸初始位置由什么决定？当初始位置不符合控制要求时，可以如何调整？

2. 输送单元气动回路的连接与调试时需要注意哪些问题？

任务 4　输送单元电气控制回路的连接与调试

技能点

◎ 输送单元输入/输出端口的分配

◎ 输送单元电气控制回路的连接

◎ 输送单元电气控制回路的调试

知识点

◎ 步进电动机及驱动器的认知

◎ 伺服电动机及伺服放大器的认知

任务提出

电气控制回路是本工作单元的控制机构，传感器、步进电动机及驱动器或者伺服电动机及伺服放大器、电磁阀、PLC、输入按钮等器件共同组成电气控制回路，根据输送单元动作要求完成对气动执行机构和传动机构的控制，从而实现本单元的工作过程。

本任务要求进行 YL—335 自动化生产线输送单元电气控制回路的连接，包括传感器、电动机及其驱动器、电磁阀、输入按钮、指示灯等与 PLC 的电气连接，并进行电气控制回路的调试，完成输送单元的电气控制任务。

采用步进电动机作为抓取机械手装置沿直线导轨作往复运动的动力源的 335A 自动生产线的电气控制回路原理如图 5—4—1 和图 5—4—2 所示。

任务分析

要完成本任务，需要熟悉输送单元各个气缸和传动机构的动作过程，读懂电气系统回路原理图，掌握电气回路连接方法和调试方法。

相关知识

输送单元中，驱动抓取机械手装置沿直线导轨作往复运动的动力源，可以是步进电动机，也可以是伺服电动机，视实训的内容而定。变更任务时，由于所选用的步进电动机和伺服电动机，它们的安装孔大小及孔距相同，更换是十分容易的。

步进电动机和伺服电动机都是机电一体化技术的关键产品，分别介绍如下。

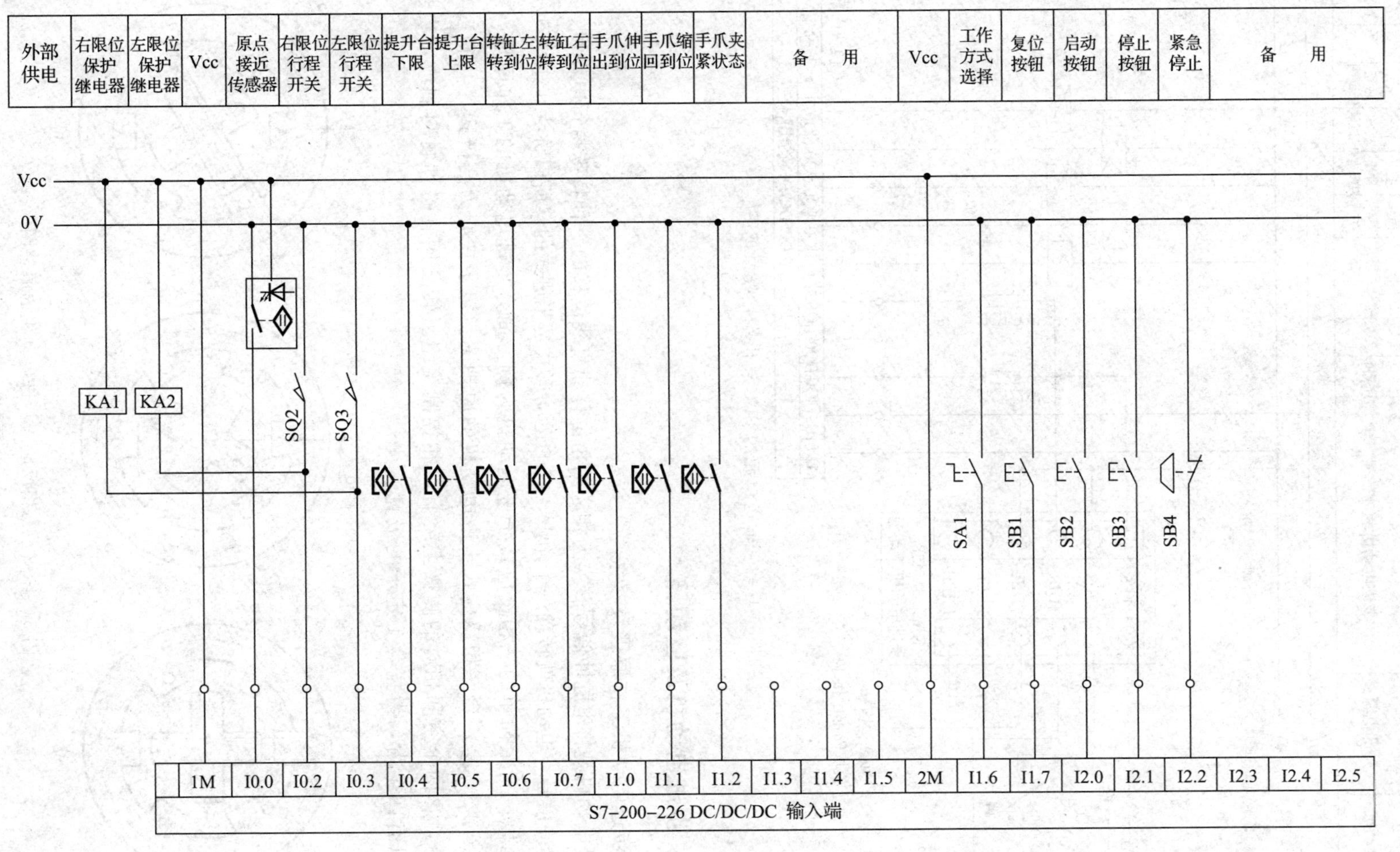

图 5—4—1　输送单元的 PLC 输入端接线原理图

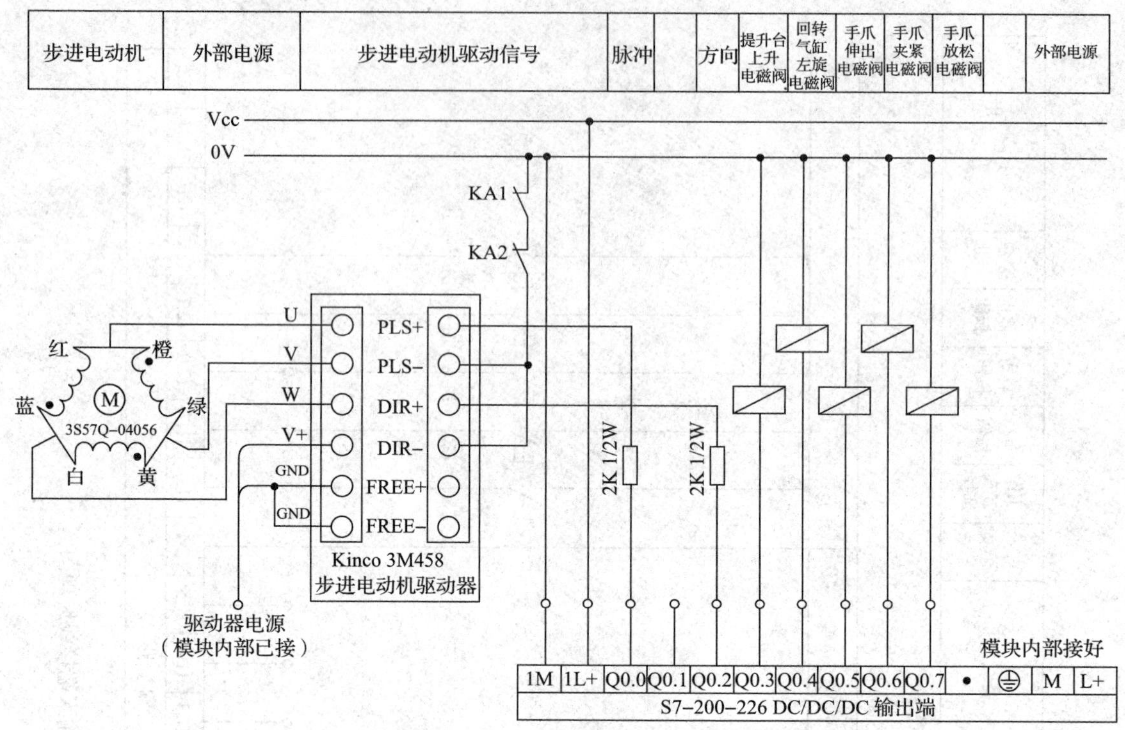

图 5—4—2 输送单元的 PLC 输出端接线原理图

一、步进电动机及驱动器

1. 步进电动机工作原理及接线

步进电动机是将电脉冲信号转换为相应的角位移或直线位移的一种特殊执行电动机。每输入一个电脉冲信号，电动机就转动一个角度，它的运动形式是步进式的，所以称为步进电动机。

下面以一台最简单的三相反应式步进电动机为例，简介步进电动机的工作原理。

图 5—4—3 是一台三相反应式步进电动机的原理图。定子铁心为凸极式，共有三对（六个）磁极，每两个空间相对的磁极上绕有一相控制绕组。转子用软磁性材料制成，也是凸极结构，只有四个齿，齿宽等于定子的极宽。

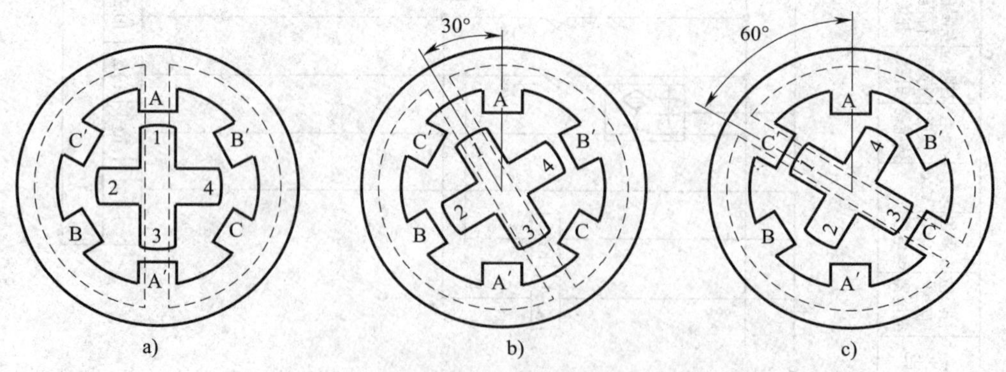

图 5—4—3 三相反应式步进电动机的原理图

a）A 相通电 b）B 相通电 c）C 相通电

当A相控制绕组通电，其余两相均不通电，电动机内建立以定子A相极为轴线的磁场。由于磁通具有走磁阻最小路径的特点，使转子齿1、3的轴线与定子A相极轴线对齐，如图5—4—3a所示。若A相控制绕组断电、B相控制绕组通电时，转子在反应转矩的作用下，逆时针转过30°，使转子齿2、4的轴线与定子B相极轴线对齐，即转子走了一步，如图5—4—3b所示。若再断开B相，使C相控制绕组通电，转子逆时针方向又转过30°，使转子齿1、3的轴线与定子C相极轴线对齐，如图5—4—3c所示。如此按A—B—C—A的顺序轮流通电，转子就会一步一步地按逆时针方向转动。其转速取决于各相控制绕组通电与断电的频率，旋转方向取决于控制绕组轮流通电的顺序。若按A—C—B—A的顺序通电，则电动机按顺时针方向转动。

上述通电方式称为三相单三拍。“三相”是指三相步进电动机；“单三拍”是指每次只有一相控制绕组通电；控制绕组每改变一次通电状态称为一拍，“三拍”是指改变三次通电状态为一个循环。把每一拍转子转过的角度称为步距角。三相单三拍运行时，步距角为30°。显然，这个角度太大，不能付诸实用。

如果把控制绕组的通电方式改为A→AB→B→BC→C→CA→A，即一相通电接着二相通电间隔地轮流进行，完成一个循环需要经过六次改变通电状态，称为三相单、双六拍通电方式。当A、B两相绕组同时通电时，转子齿的位置应同时考虑到两对定子极的作用，只有A相极和B相极对转子齿所产生的磁拉力相平衡的中间位置，才是转子的平衡位置。这样，单、双六拍通电方式下转子平衡位置比三相单三拍方式增加了一倍，步距角为15°。

进一步减少步距角的措施是采用定子磁极带有小齿，转子齿数很多的结构，分析表明，这种结构的步进电动机，其步距角可以做得很小。一般地说，实际的步进电动机产品，都采用这种方法实现步距角的细分。例如输送单元所选用的Kinco三相步进电动机3S57Q—04056，它的步距角是在整步方式下为1.8°，半步方式下为0.9°。

除了步距角外，步进电动机还有保持转矩、阻尼转矩等技术参数，这些参数的物理意义请参阅有关步进电动机的专门资料。

安装步进电动机，必须严格按照产品说明的要求进行。步进电动机是一种精密装置，安装时注意不要敲打它的轴端，更千万不要拆卸电动机。

不同的步进电动机的接线有所不同，3S57Q—04056接线如图5—4—4所示，三相绕组的六根引出线，必须按头尾相连的原则连接成三角形。改变绕组的通电顺序就能改变步进电动机的转动方向。

2. 驱动器

步进电动机需要专门的驱动装置即驱动器供电，驱动器和步进电动机是一个有机的整体，步进电动机的运行性能是电动机及其驱动器二者配合所反映的综合效果。

一般来说，每一台步进电动机大都有其对应的驱动器，例如，Kinco三相步进电动机3S57Q—04056与之配套的驱动器是Kinco 3M458三相步进电动机驱动器。图5—4—5和图5—4—6分别是它的外观图和典型接线图。图中，驱动器可采用直流24～40 V电源供电。YL—335中，该电源由输送单元专用的开关稳压电源（DC24 V 8 A）供给。输出相电流为3.0～5.8 A，控制信号输入电流为6～20 mA。

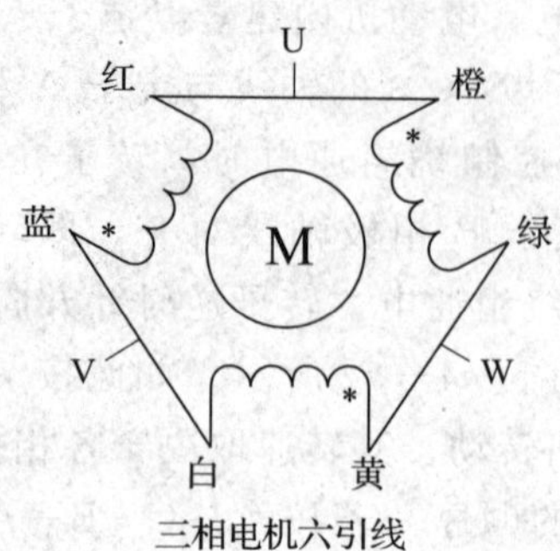

线色	电机信号
红色	U
橙色	
蓝色	V
白色	
黄色	W
绿色	

图 5—4—4　3S57Q—04056 步进电动机的接线图

图 5—4—5　Kinco 3M458 三相步进电动机驱动器的外观图

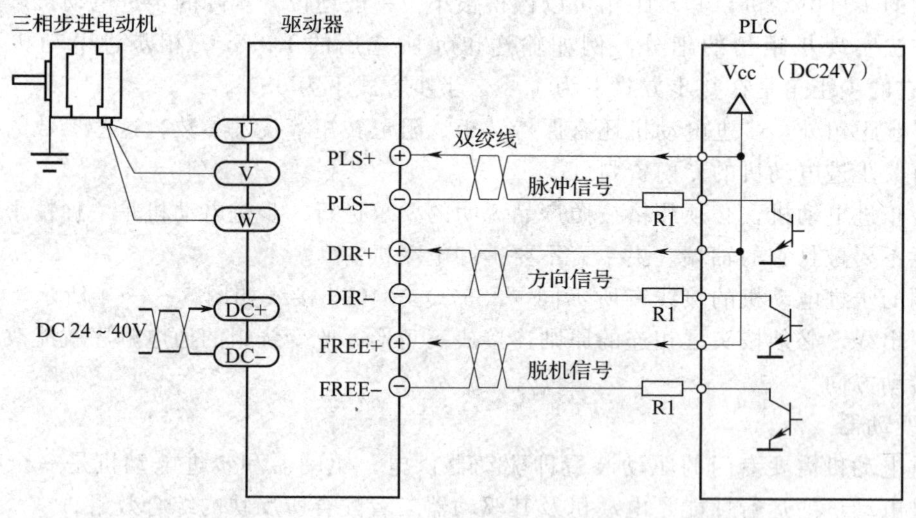

图 5—4—6　Kinco 3M458 的典型接线图

由图可见，步进电动机驱动器的功能是接收来自控制器（PLC）的一定数量和频率脉冲信号以及电动机旋转方向的信号，为步进电动机输出三相功率脉冲信号。步进电动机驱动器的组成包括脉冲分配器和脉冲放大器两部分，主要解决向步进电动机的各相绕组分配输出脉冲和功率放大两个问题。

（1）脉冲分配器

脉冲分配器是一个数字逻辑单元，它接收来自控制器的脉冲信号和转向信号，把脉冲信号按一定的逻辑关系分配到每一相脉冲放大器上，使步进电动机按选定的运行方式工作。由于步进电动机各相绕组是按一定的通电顺序并不断循环来实现步进功能的，因此脉冲分配器也称为环形分配器。实现这种分配功能的方法有多种，例如，可以由双稳态触发器和门电路组成，也可由可编程逻辑器件组成。

（2）脉冲放大器

脉冲放大器是进行脉冲功率放大。因为从脉冲分配器能够输出的电流很小（毫安级），而步进电动机工作时需要的电流较大，因此需要进行功率放大。此外，输出的脉冲波形、幅度、波形前沿陡度等因素对步进电动机运行性能有重要的影响。

3．步进电动机使用注意事项

控制步进电动机运行时，主要的注意事项是防止步进电动机运行中失步的问题。步进电动机失步包括丢步和越步。丢步时，转子前进的步数小于脉冲数，越步时，转子前进的步数多于脉冲数。丢步严重时，将使转子停留在一个位置上或围绕一个位置振动；越步严重时，设备将发生过冲。

（1）出现越步的情况

1）使机械手返回原点的操作，常常会出现越步情况。当机械手装置回到原点时，原点开关动作，使指令输入 OFF。但如果到达原点前速度过高，惯性转矩将大于步进电动机的保持转矩（保持扭矩是指电动机各相绕组通额定电流，且处于静态锁定状态时，电动机所能输出的最大转矩）而使步进电动机越步。因此回原点的操作应确保足够低速为宜。

2）当步进电动机驱动机械手装配高速运行时紧急停止，出现越步情况不可避免，因此急停复位后应采取先低速返回原点重新校准，再恢复原有操作的方法。

（2）出现丢步的情况

由于电动机绕组本身是感性负载，输入频率越高，励磁电流就越小。频率高，磁通量变化加剧，涡流损失加大。因此，输入频率增高，输出力矩降低。最高工作频率的输出力矩只能达到低频转矩的 40％～50％。进行高速定位控制时，如果指定频率过高，会出现丢步现象。

此外，如果机械部件调整不当，会使机械负载增大。步进电动机不能过负载运行，哪怕是瞬间，都会造成失步，严重时停转或不规则原地反复振动。

二、伺服电动机及伺服放大器

现代高性能的伺服系统，大多数采用永磁交流伺服系统，其中包括永磁同步交流伺服电动机和全数字交流永磁同步伺服驱动器两部分。

1．交流伺服电动机的工作原理

伺服电动机内部的转子是永磁铁，驱动器控制的 U/V/W 三相电形成电磁场，转子在此磁场的作用下转动，同时电动机自带的编码器反馈信号给驱动器，驱动器根据反馈值与目标值进行比较，调整转子转动的角度。伺服电动机的精度决定于编码器的精度（线数）。

交流永磁同步伺服驱动器主要有伺服控制单元、功率驱动单元、通信接口单元、伺服电动机及相应的反馈检测器件组成，其中伺服控制单元包括位置控制器、速度控制器、转矩和电流控制器等。结构组成如图 5—4—7 所示。

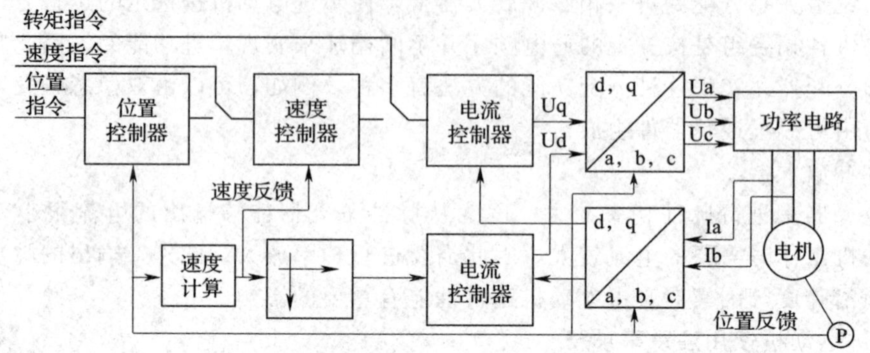

图 5—4—7　系统控制结构

伺服驱动器均采用数字信号处理器（DSP）作为控制核心，其优点是可以实现比较复杂的控制算法，实现数字化、网络化和智能化。功率器件普遍采用以智能功率模块（IPM）为核心设计的驱动电路，IPM 内部集成了驱动电路，同时具有过电压、过电流、过热、欠压等故障检测保护电路，在主回路中还加入软启动电路，以减小启动过程对驱动器的冲击。

功率驱动单元首先通过整流电路对输入的三相电或者市电进行整流，得到相应的直流电。再通过三相正弦 PWM 电压型逆变器变频来驱动三相永磁式同步交流伺服电动机。

逆变部分（DC—AC）采用功率器件集成驱动电路，保护电路和功率开关于一体的智能功率模块（IPM），主要拓扑结构是采用了三相桥式电路，原理图如图 5—4—8 所示。利用了脉宽调制技术，即 PWM（Pulse Width Modulation），通过改变功率晶体管交替导通的时间来改变逆变器输出波形的频率，改变每半周期内晶体管的通断时间比，也就是说通过改变脉冲宽度来改变逆变器输出电压幅值的大小以达到调节功率的目的。

2. 交流伺服系统的位置控制模式

如图 5—4—8 所示，对交流伺服系统的位置控制模式说明如下两点：

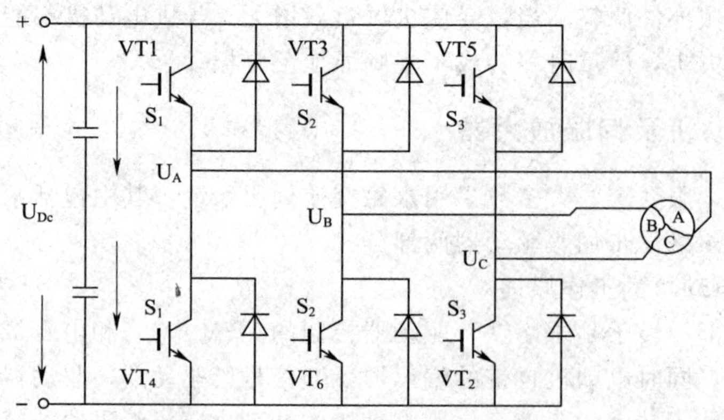

图 5—4—8　三相逆变电路原理

（1）伺服驱动器输出到伺服电动机的三相电压波形基本是正弦波（高次谐波被绕组电感滤除），而不是像步进电动机那样是三相脉冲序列，即使从位置控制器输入的是脉冲信号。

（2）伺服系统用作定位控制时，位置指令输入到位置控制器，速度控制器输入端前面的电子开关切换到位置控制器输出端，同样，电流控制器输入端前面的电子开关切换到速度控制器输出端。因此，位置控制模式下的伺服系统是一个三闭环控制系统，两个内环分别是电流环和速度环。

3．位置控制模式下电子齿轮的概念

位置控制模式下，等效的单闭环系统框图如图 5—4—9 所示。

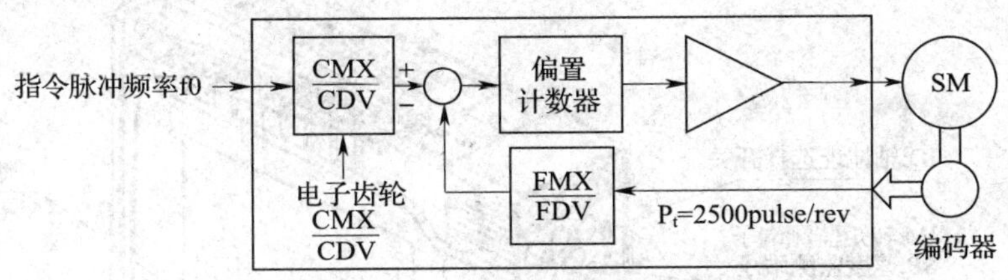

图 5—4—9　等效的单闭环位置控制系统框图

指令脉冲信号和电动机编码器反馈脉冲信号进入驱动器后，均通过电子齿轮变换才进行偏差计算。电子齿轮实际是一个分—倍频器，合理搭配它们的分—倍频值，可以灵活地设置指令脉冲的行程。

例如 YL—335B 所使用的松下 MINAS A4 系列 AC 伺服电动机及其驱动器，电动机编码器反馈脉冲为 2 500 pulse/rev。缺省情况下，驱动器反馈脉冲电子齿轮分—倍频值为 4 倍频。如果希望指令脉冲为 6 000 pulse/rev，那么就应把指令脉冲电子齿轮的分—倍频值设置为 10 000/6 000。从而实现 PLC 每输出 6 000 个脉冲，伺服电动机旋转一周，驱动机械手恰好移动 60 mm 的整数倍关系。具体设置方法将在下一节说明。

4．松下 MINAS A4 系列 AC 伺服电动机及其驱动器

在 YL—335B 的输送单元上中，采用了松下 MHMD022P1U 永磁同步交流伺服电动机，其结构框图如图 5—4—10 所示。MADDT1207003 全数字交流永磁同步伺服驱动装置作为运输机械手的运动控制装置。

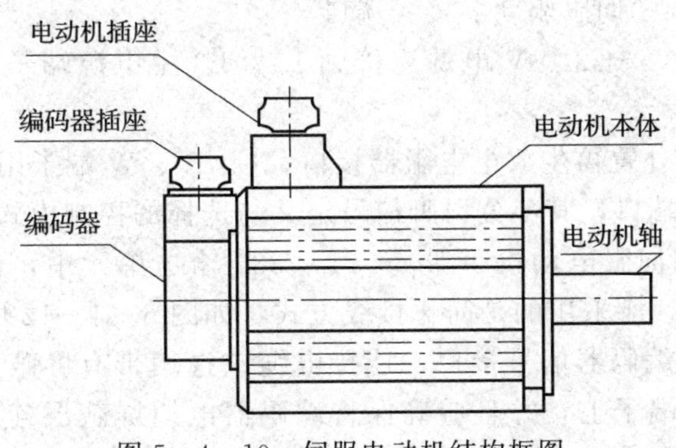

图 5—4—10　伺服电动机结构框图

（1）MHMD022P1U 的含义

MHMD 表示电动机类型为大惯量，02 表示电动机的额定功率为 200 W，2 表示电压规格为 200 V，P 表示编码器为增量式编码器，脉冲数为 2 500 p/r，分辨率 10 000，输出信号线数为 5 根线。

（2）MADDT1207003 的含义

MADDT 表示松下 A4 系列 A 型驱动器，T1 表示最大瞬时输出电流为 10 A，2 表示电源电压规格为单相 200 V，07 表示电流监测器额定电流为 7.5 A，003 表示脉冲控制专用。驱动器的外观和面板如图 5—4—11 所示。

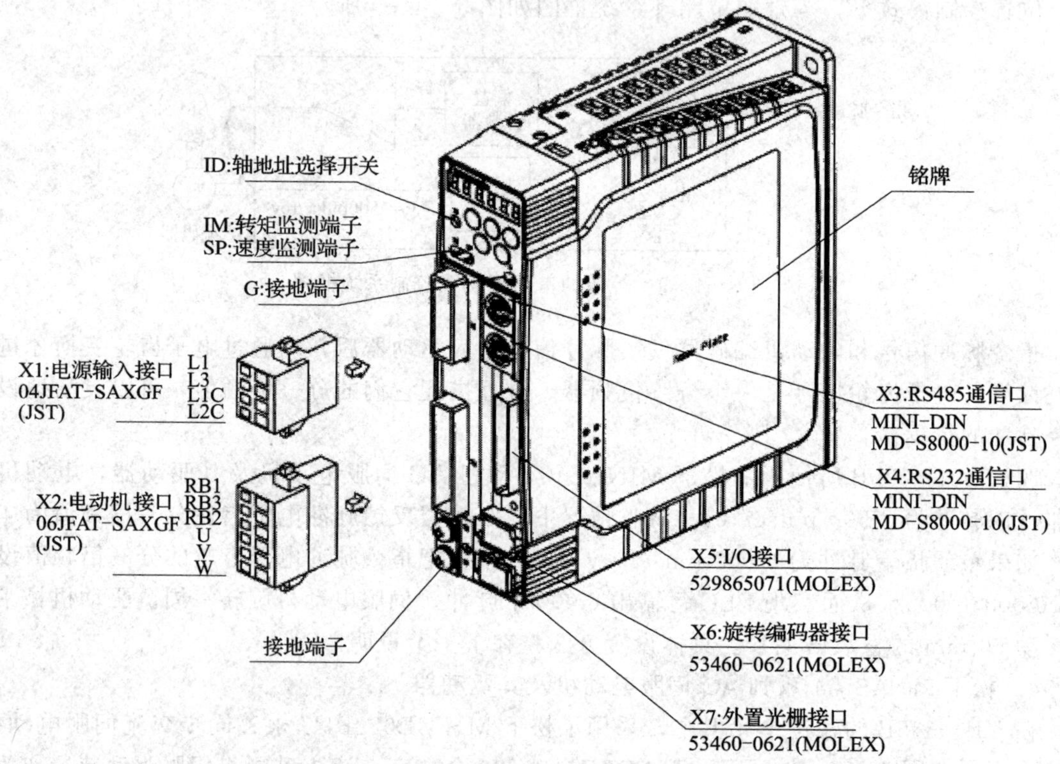

图 5—4—11　伺服驱动器的外观及面板图

（3）MADDT1207003 伺服驱动器接线端口

X1：电源输入接口，AC220 V 电源连接到 L1、L3 主电源端子，同时连接到控制电源端子 L1C、L2C 上。

X2：电动机接口和外置再生放电电阻器接口。U、V、W 端子用于连接电动机。

X5：I/O 控制信号端口，其部分引脚信号定义与选择的控制模式有关，不同模式下的接线请参考《松下 A 系列伺服电动机手册》。YL—335 输送单元中，伺服电动机用于定位控制，选用位置控制模式。所采用的是简化接线方式，如图 5—4—12 所示。

X6：连接到电动机编码器信号接口，连接电缆应选用带有屏蔽层的双绞电缆，屏蔽层应接到电动机侧的接地端子上，并且应确保将编码器电缆屏蔽层连接到插头的外壳（FG）上。

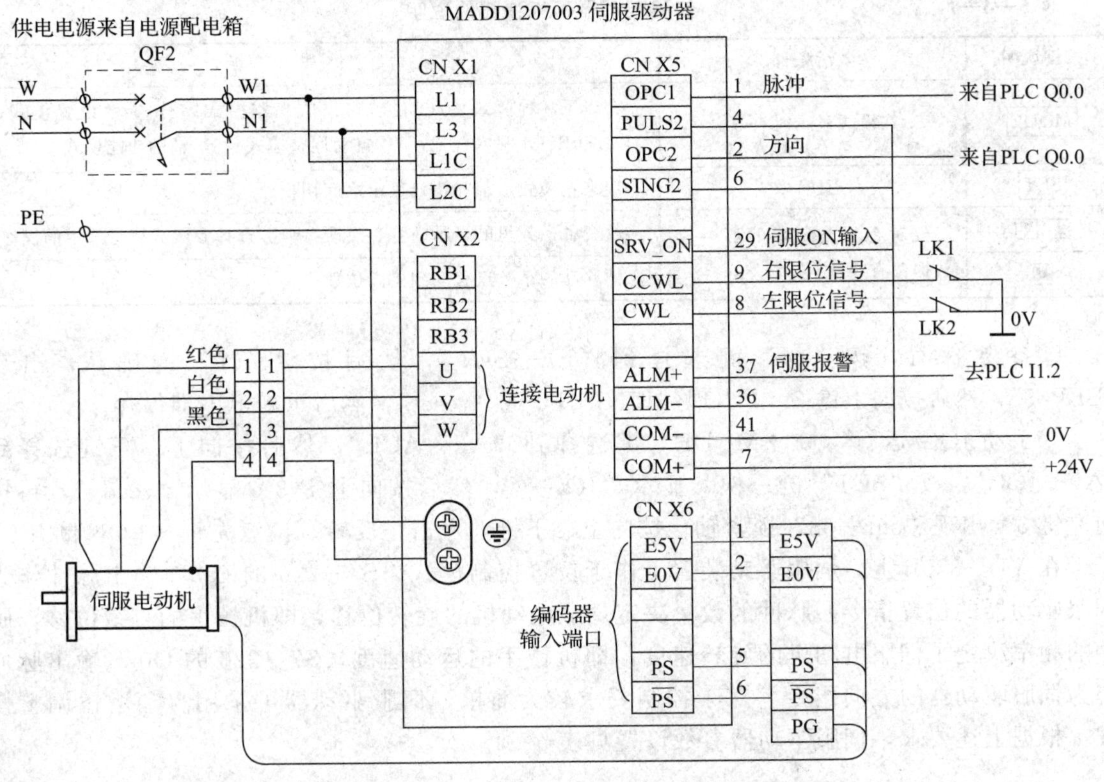

图 5—4—12　伺服驱动器电气接线图

(4) 松下伺服驱动器控制运行方式

松下伺服驱动器有七种控制运行方式，即位置控制、速度控制、转矩控制、位置/速度控制、位置/转矩控制、速度/转矩控制、全闭环控制。位置方式就是输入脉冲串来使电动机定位运行，电动机转速与脉冲串频率相关，电动机转动的角度与脉冲个数相关；速度方式有两种，一是通过输入直流－10 V 至＋10 V 指令电压调速，二是选用驱动器内设置的内部速度来调速；转矩方式是通过输入直流－10 V 至＋10 V 指令电压调节电动机的输出转矩，这种方式下运行必须要进行速度限制。

(5) MADDT1207003 伺服驱动器参数设置

MADDT1207003 伺服驱动器参数共有 128 个，Pr00—Pr7F，可以通过与 PC 连接后在专门的调试软件上进行设置，也可以在驱动器上的面板上进行设置。在 PC 上安装，通过与伺服驱动器建立起通信，就可将伺服驱动器的参数状态读出或写入，非常方便。当现场条件不允许，或修改少量参数时，也可通过驱动器上操作面板来完成。各个按钮的说明见表 5—4—1。

面板操作说明如下：

①参数设置，先按“SET”键，再按“MODE”键选择到“Pr00”后，按向上、下或向左的方向键选择通用参数的项目，按“SET”键进入。然后按向上、下或向左的方向键调整参数，调整完后，按“S”键返回。选择其他项再调整。

表 5—4—1　　　　伺服驱动器面板按钮的说明

按键说明	激活条件	功能
MODE	在模式显示时有效	在以下 5 种模式之间切换：1）监视器模式；2）参数设置模式；3）EEPROM 写入模式；4）自动调整模式；5）辅助功能模式
SET	一直有效	用来在模式显示和执行显示之间切换
▲ ▼	仅对小数点闪烁的那一位数据位有效	改变各模式里的显示内容、更改参数、选择参数或执行选中的操作
◀		把移动的小数点移动到更高位数

②参数保存，按“M”键选择到“EE—SET”，然后按“SET”键确认，出现“EEP—”，然后按向上键 3 s，出现“FINISH”或“reset”，然后重新上电即保存。

③手动 JOG 运行，按“MODE”键选择到“AF—ACL”，然后按向上、下键选择到“AF—JOG”，按“SET”键一次，显示“JOG—”，然后按向上键 3 s 显示“ready”，再按向左键 3 s 出现“sur—on”锁紧轴，按向上、下键，点击正反转。注意先将 S—ON 断开。

在 YL—335B 上，伺服驱动装置工作于位置控制模式，S7—226 的 Q0.0 输出脉冲作为伺服驱动器的位置指令，脉冲的数量决定伺服电动机的旋转位移，即机械手的直线位移，脉冲的频率决定了伺服电动机的旋转速度，即机械手的运动速度，S7—226 的 Q0.1 输出脉冲作为伺服驱动器的方向指令。对于控制要求较为简单，伺服驱动器可采用自动增益调整模式。根据上述要求，伺服驱动器参数设置见表 5—4—2。

表 5—4—2　　　　伺服参数设置表格

序号	参数		设置数值	功能和含义
	参数编号	参数名称		
1	Pr01	LED 初始状态	1	显示电动机转速
2	Pr02	控制模式	0	位置控制（相关代码 P）
3	Pr04	行程限位禁止输入无效设置	2	当左或右限位动作，则会发生 Err38 行程限位禁止输入信号出错报警。设置此参数值必须在控制电源断电重启之后才能修改、写入成功
4	Pr20	惯量比	1 678	该值自动调整得到，具体请参考 AC
5	Pr21	实时自动增益设置	1	实时自动调整为常规模式，运行时负载惯量的变化情况很小
6	Pr22	实时自动增益的机械刚性选择	1	此参数值设得越大，响应越快
7	Pr41	指令脉冲旋转方向设置	1	指令脉冲＋指令方向。设置此参数值必须在控制电源断电重启之后才能修改、写入成功
8	Pr42	指令脉冲输入方式	3	指令脉冲＋指令方向：PULS / SIGN，L低电平，H高电平

续表

序号	参数		设置数值	功能和含义
	参数编号	参数名称		
9	Pr48	指令脉冲分倍频第1分子	10 000	每转所需指令脉冲数＝编码器分辨率×$\frac{Pr4B}{Pr48\times 2^{Pr4A}}$ 现编码器分辨率为10 000（2 500 p/r×4），参数设置如表，则， 每转所需指令脉冲数＝10 000×$\frac{Pr4B}{Pr48\times 2^{Pr4A}}$＝10 000×$\frac{5\ 000}{10\ 000\times 2^{0}}$＝5 000
10	Pr49	指令脉冲分倍频第2分子	0	
11	Pr4A	指令脉冲分倍频分子倍率	0	
12	Pr4B	指令脉冲分倍频分母	6 000	

三、输送单元的输入/输出端口的分配

根据输送单元工作任务的要求分配工作单元装置的输入/输出。输送单元传感器主要包括原点接近传感器和左、右限位行程开关，再就是安装在4个气缸上的共7个磁感应接近开关。这样传感器信号共占用10个输入点，另外加上包括工作方式选择按钮、启动按钮、停止按钮、复位按钮、急停按钮共5个输入按钮，共5个输入点。输出包括控制提升台上升的电磁阀、控制回转气缸左旋的电磁阀、控制手爪伸出的电磁阀、控制手爪夹紧的电磁阀以及控制手爪放松的电磁阀，这样共5个输出点。另外还包括控制步进电动机或者伺服电动机的脉冲信号和方向信号共2个输出点，一共有7个输出点。此外尚须考虑在需要时输出信号到按钮/指示灯模块的指示灯，以显示本单元或系统的工作状态。由于需要输出驱动步进电动机或伺服电动机的高速脉冲，PLC应采用晶体管输出型。

基于上述考虑，选用西门子S7—226DC/DC/DC型PLC，共24点输入，16点晶体管输出。PLC安装在模块盒中。PLC的引出线都连接到面板上的安全插孔处。面板上每一输入插孔旁都设有一个钮子开关，该开关的2根引出线分别连接到PLC输入端的公共参考点和相应的输入点，开关板到接通位置时，使该输入点ON，可以用于程序调试。须注意的是，在调试后要把开关扳回OFF位置，以免影响正常程序的运行。

YL—335允许各工作单元作为独立设备运行，采用本地控制方式各工作单元在进行连接调试时可以单独运行。下面对采用步进电动机作为传动机构动力源，采用本地控制进行输送单元的连接和调试时PLC的I/O分配进行说明，见表5—4—3。

表5—4—3　输送单元的I/O地址分配表

输入信号				
序号	地址	设备符号	设备名称	设备功能
1	I0.0	SQ1	原点接近开关	原点到位检测
2	I0.1	SQ2	右极限开关	右行限位保护
3	I0.2	SQ3	左极限开关	左行限位保护
4	I0.4	1B1	提升台下限	提升气缸下限检测
5	I0.5	1B2	提升台上限	提升气缸上限检测

续表

输入信号				
序号	地址	设备符号	设备名称	设备功能
6	I0.6	2B1	转缸左转到位	气动摆台左转到位检测
7	I0.7	2B2	转缸右转到位	气动摆台右转到位检测
8	I1.0	3B1	手爪伸出到位	伸出气缸伸出到位检测
9	I1.1	3B2	手爪缩回到位	伸出气缸缩回到位检测
10	I1.2	4B	手爪夹紧状态	手爪夹紧状态检测
11	I1.6	SA1	工作方式选择	单模块或系统运行切换
12	I1.7	SB1	复位按钮	输送单元复位
13	I2.0	SB2	启动按钮	输送单元启动
14	I2.1	SB3	停止按钮	输送单元停止
15	I2.2	SB4	紧急停止按钮	输送单元急停
输出信号				
序号	地址	设备符号	设备名称	设备功能
1	Q0.0		步进电动机脉冲信号	步进电动机脉冲控制
2	Q0.1		步进电动机方向信号	步进电动机方向控制
3	Q0.3	1Y	提升台上升电磁阀	提升台上升下降控制
4	Q0.4	2Y	摆台左转电磁阀	提升台左转右转控制
5	Q0.5	3Y	气爪伸出电磁阀	气爪伸出缩回控制
6	Q0.6	4Y1	气爪夹紧电磁阀	气爪夹紧控制
7	Q0.7	4Y2	气爪放松电磁阀	气爪松开控制

四、PLC控制原理图的识读

根据控制要求，PLC的I/O信号分配以及传感器、电动机、按钮、电磁阀等器件的电气符号，绘制输送单元PLC的输入端和输出端接线原理图分别如图5—4—1和图5—4—2所示。在接线图中输入端连接了一些开关和按钮，输出端连接了一些指示灯和蜂鸣器（此仅作为例子，实际接线时应按工作任务的需要加以考虑）。

由图5—4—1可见，PLC输入点I0.2和I0.3分别与右、左极限开关SQ2和SQ3相连接，并且还与两个中间继电器KA1和KA2相连。当发生右越程故障时，右极限开关SQ2动作，其常开触点接通，I0.2为0 V电平，越程故障信号输入到PLC，与此同时，继电器KA1动作，它的常闭触点将断开步进电动机驱动器的脉冲输入回路，强制停止发出脉冲（见图5—4—2输送单元PLC的输出端接线原理图）。同样，KA2也是在发生左越程故障时起强制停发脉冲的作用。可见，继电器KA1和KA2的作用是硬联锁保护。目的是防范由于程序错误引起脉冲极限故障而造成设备损坏。

输送单元的控制基本上是顺序控制：步进电动机驱动抓取机械手装置从某一起始点出发，到达某一个目标点，然后抓取机械手按一定的顺序操作，完成抓取或放下工件的任务。因此输送单元程序控制的关键点是步进电动机的定位控制。

如果传动机构采用的是伺服电动机，那么输送单元的PLC输入输出接线图与采用步进电动机基本类似，如图5—4—13所示。

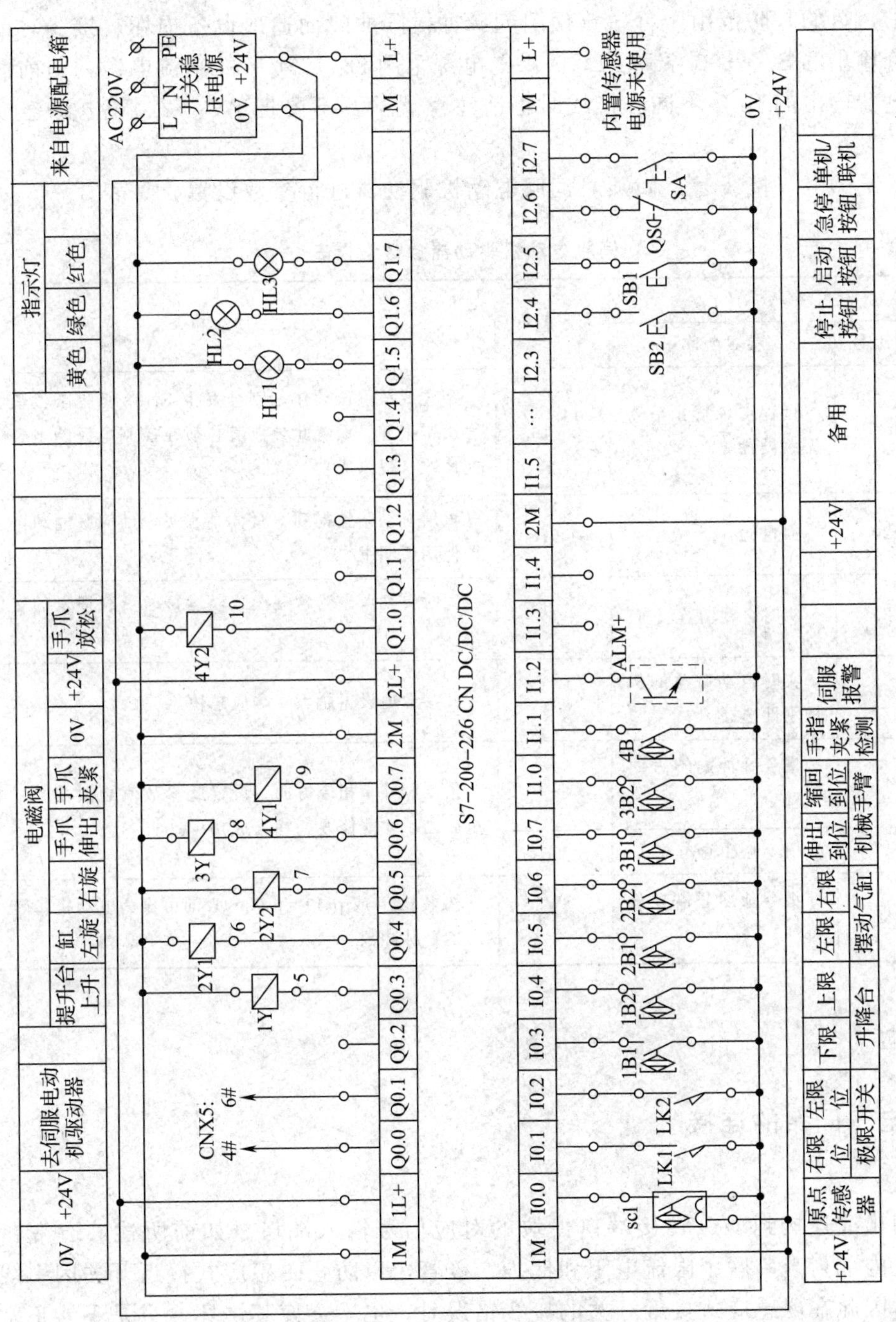

图 5—4—13　采用伺服电动机的输送单元 PLC 输入输出接线原理图

图中，左右两极限开关 LK2 和 LK1 的动合触点分别连接到 PLC 输入点 I0.2 和 I0.1。必须注意的是，LK2、LK1 均提供一对转换触点，它们的静触点应连接到公共点 COM，而动断触点必须连接到伺服驱动器的控制端口 CNX5 的 CCWL（9 脚）和 CWL（8 脚）作为硬联锁保护，目的是防范由于程序错误引起脉冲极限故障而造成设备损坏。接线时请注意。

晶体管输出的 S7—200 系列 PLC，供电电源采用 DC 24 V 的直流电源，与前面各工作单元的继电器输出的 PLC 不同。接线时也请注意，千万不要把 AC 220V 电源连接到其电源输入端。

完成系统的电气接线后，尚须对伺服电动机驱动器进行参数设置，见表 5—4—4。

表 5—4—4　伺服电动机驱动器参数设置表

序号	参数		设置值	功能和含义
	参数编号	参数名称		
1	Pr4	行程限位禁止输入无效设置	2	当左或右限位动作，则会发生 Err38 行程限位禁止输入信号出错报警。设置此参数值必须在控制电源断电重启之后才能修改、写入成功
2	Pr20	惯量比	1 678	该值自动调整得到，具体请参见 AC 伺服电动机及其驱动器使用说明书
3	Pr21	实时自动增益设置	1	实时自动调整为常规模式，运行时负载惯量的变化情况很小
4	Pr22	实时自动增益的机械刚性选择	1	此参数值设得越大，响应越快
5	Pr41	指令脉冲旋转方向设置	1	指令脉冲＋指令方向。设置此参数值必须在控制电源断电重启之后才能修改、写入成功
6	Pr42	指令脉冲输入方式	3	
7	Pr4B	指令脉冲分倍频分母	6 000	如果 pr48 或 pr49＝0，pr4B 即可设为电动机每转一圈所需的指令脉冲数

任务实施

一、电气回路的连接

1．连接

信号引出线连接到 I/O 转接端口模块的对应信号输入端口。如前所述，通常在磁感应式接近开关内部封装串联了限流电阻和保护二极管，以防止磁感应式接近开关因引线极性接反而烧毁。因此在磁感应式接近开关的接线错误时，也不会使其烧坏，只是不能正常工作而已。为了保证线路连接的方便，采用“工作单元装置—接线端子排—PLC”的接线思路，首先将工作单元装置的导线集中接到接线端子排，再从接线端子排引出相应的导线到 PLC。装置侧的接线，包括各传感器、电磁阀、电源端子等引线到接线端子排端口之间的接线。

PLC 侧的接线，包括电源接线，接线端子排端口和 PLC 接线端口之间的连线，PLC 的 I/O 点与按钮模块端子之间的连线。

当进行磁感应式接近开关接线时，将棕色的 24 V 电源线连接到 I/O 转接端口模块的输入端 24 V 电源公共端口。

当进行电感式接近开关的接线时，本单元选用的电感式接近开关为三线制的传感器，分别为棕色的电源线、蓝色的接地线和黑色的信号线。如图 5—4—13 所示，将棕色线接到 I/O 转接端口模块输入端的 24 V 电源接口上，蓝色线接到 I/O 转接端口模块输入端 OV 接口上，黑色线接到 I/O 转接端口模块输入端对应的信号接口上，在图中即为 I0.0。需要注意的是，接线时不能将 3 根线的极性接错，不能将黑色信号线直接连接到＋24 V 上，否则会使电感式接近开关烧毁。

当进行行程开关的接线时，由图 5—4—1 可见，PLC 输入点 I0.2 和 I0.3 分别与右、左极限开关 SQ2 和 SQ3 相连接，并且还与两个中间继电器 KA1 和 KA2 相连。继电器 KA1 和 KA2 的作用是硬联锁保护。目的是防范由于程序错误引起脉冲极限故障而造成设备损坏。

步进电动机 3S57Q—04056 的接线如图 5—4—2 所示，三相绕组的六根引出线，必须按头尾相连的原则连接成三角形。改变绕组的通电顺序就能改变步进电动机的转动方向。步进驱动器的连接方法参阅前述内容。

伺服电动机及伺服放大器的接线方法也参阅前述内容，在此不一一重复。

当进行电磁阀连接时，将红色电源控制信号线连接到 I/O 转接端口模块的输出端上层对应的信号输出接口上，黑色接地线连接到 I/O 转接端口模块输出端底层的接地公共端口上，电磁阀控制连接线的另一端插头直接插到电磁阀的插座上即可。

输送单元的电气接线与其他单元不同，PLC 与按钮/指示灯/直流电源模块、步进电动机驱动器模块间的接线是通过安全导线插接的，而 PLC 与该单元的传感器、气动电磁阀等的接线则是用安全导线插接到接线端子排上的安全插孔上，再由接线端子排引出的。同样，步进电动机驱动器输出电源线、分拣单元变频器的输出线和控制端子引出线也是经接线端子排引出，此外，其他各工作单元的直流工作电源，也是由按钮/指示灯/直流电源模块提供，经接线端子排引到各单元上。

2．连接注意事项

装置侧接线端口中，输入信号端子的上层端子（＋24 V）只能作为传感器的正电源端，切勿用于电磁阀等执行元件的负载。电磁阀等执行元件的正电源端和 0 V 端应连接到输出信号端子的下层端子的相应端子上。装置侧接线完成后，应用扎带绑扎，力求整齐美观。

PLC 侧的接线注意各种颜色导线的区分，以方便线路检查。电气接线工艺应符合国家职业标准的规定。例如，导线连接到端子时，采用压紧端子压接方法；连接线必须有符合规定的标号；每一端子连接的导线不超过两根等。

3．接线端子排

I/O 转接端口模块采用双层接线端子排，用于集中连接本工作单元所有电磁阀、传感器等器件的电气连接线、PLC 的 I/O 端口及直流电源。上层端子用作连接公共电源正、负极（U_{cc}和 0 V），连接片的作用是将各分散端子片进行电气短接，下层端子用作信号线的连接，固定端板是将各分散的组成部分进行横向固定，熔座内插装有 2 A 的熔管。接线端口上的每一个端子旁边都有数字标号，以说明端子的位地址。接线端口通过导轨固定在底板上。

二、电气回路的检查与调试

在输送单元电气控制回路连接完成后，首先要在不通电的情况下进行短路和开路的检查。要严禁出现短路；检查开路，可以按照PLC接线原理图，用万用表检查每条线路的导通情况，如果有不能导通的情况应及时排除。以上检查无误之后通电，按照PLC接线原理图，用万用表检查其功能是否与设计要求一致。

1. 磁感应式接近开关的调试

磁感应式接近开关要与气缸配合使用，若安装不合理，则会出现气缸动作不正确的现象。在气缸上安装完磁感应式接近开关后，需根据气缸的运动进行位置调整，调整的方法是松开磁感应式接近开关的紧锁螺栓，让其沿着气缸滑动，到达定位位置后，LED灯亮，同时PLC对应输入指示灯点亮，再将螺栓锁紧即可。如果发现磁感应式接近开关在气缸上调整位置后，LED灯依旧不亮，就应检查其接线是否正确；若其接线无误，则该磁感应式接近开关损坏，应更换。如磁感应开关上LED指示灯点亮，而PLC对应输入指示灯未能点亮，则在排除PLC故障的前提下，重点检查蓝色信号引出线到接口端子排再到PLC对应输入端的线路连接情况。

2. 电感式接近开关的调试

断开步进电动机电源，手动移动输送单元向右侧零点靠近，当输送单元运动到零点位置时，电感式接近开关检测到抓取机械手金属底座，接近开关后部的LED状态指示灯亮，输出信号为“1”，这说明电感式接近开关安装的位置合适。若电感式接近开关LED状态指示灯不亮，则可能是抓取机械手的金属底座不在接近开关的检测范围之内，此时应松开接近开关的安装固定螺母，调整并缩小电感式接近开关与抓取机械手的金属底座的间距，直到其LED状态指示灯稳定显示，再锁紧螺母。若两者之间的距离已缩小到很小，仍然没有检测信号输出，则可能是电感式接近开关的接线松脱或错误导致其无法检测工作，需要重新检查接线，并接好或更正即可。

在安装调试电感式接近开关时，特别要注意的是，电感式接近开关的检测头不能超出进入输送单元的运行区域，以防止抓取机械手工作时将其冲击损坏。当调整以上距离时，在检测到稳定有效信号之后，要保证距离不能太小。同时，调整距离时千万不能通过调整阻尼器来实现，阻尼器只用于输送单元的缓冲和限位作用。虽然调整阻尼器能最终得到稳定的电感式接近开关的检测信号，但是此时输送单元的运行行程已被改变，可能已不能满足设备的位置要求，这一点在组成一条自动化生产线协调工作时特别重要。

3. 行程开关的调试

断开步进电动机电源，手动移动输送单元分别向左、右两侧极限位置靠近，当安装在抓取机械手底座上的挡块撞到行程开关时，对应PLC应有输入信号。如果行程开关没有信号输出，则可能是行程开关的接线松脱或错误导致其无法检测工作，需要重新检查接线，并接好或更正即可。

4. 电磁阀的调试

当进行电磁阀调试时，可将待调试的电磁阀线圈红色电源控制信号线改接到I/O转接端口模块的 24 V 电源端口上，再接通电源，观察电磁阀线圈 LED 指示灯是否亮，若电磁阀线圈指示灯亮，则输出信号为“1”，控制气缸执行对应动作，该电磁阀线圈可正常工作。在测试完成后，需重新将红色电源控制信号线改接回到对应的信号输出接口上。若电磁阀线圈指示灯不亮，则可能是电磁阀线圈电源线插头松脱或接线出错，只要重新插紧或连接正确即可；也有可能因为电磁阀线圈已经烧毁，需更换。值得注意的是，有双线圈的电磁阀不能让它的两个线圈同时得电，否则可能会烧坏电磁阀线圈，此时阀芯的位置也是不确定的。步进电动机及其驱动器或伺服电动机及伺服放大器的调试较为复杂，除按前述例图进行好电动机的接线及参数设置后，要配合 PLC 程序来进行调试，这一部分内容放在下个项目进行详细讨论，待 PLC 程序编写好后再来进行调试和运行。

任务评价

评分标准见表 5—4—5。

表 5—4—5　　评分标准

序号	考核内容	评分标准	配分	得分
1	职业素养与安全意识	现场操作安全保护符合安全操作规程；工具摆放、包装物品等的处理符合职业岗位的要求	10	
2	团队协作与敬业精神	团队有分工、有合作，配合紧密；遵守纪律，尊重教师，爱惜设备和器材，保持工位的整洁	10	
3	电气回路的连接	回路连接要完全满足输送单元电气控制原理图；回路连接符合实训要求；电气回路连接符合国家行业标准的规定：端子连接、插针压接牢固无松动；每一端子连接的导线不超过 2 根；端子连接处有线号；连接线有符合规定的标号；电路接线绑扎且整齐美观；各传感器、电磁阀、PLC、步进电动机或伺服电动机等电路连接正确；步进电动机驱动器或伺服放大器参数设置正确	40	
4	电气回路的调试	接通电源前电路检查操作正确，符合安全规范；电路接通后能正确进行磁性开关、行程开关、电感式接近传感器、启停按钮等输入设备的调试，各元件均能正确运行，且能排除线路故障；能正确进行输出端电磁阀的模拟调试，电磁阀能正确控制气动执行机构完成本单元整体控制要求	40	
合计总分			100	

思考与练习

1. 说明使用万用表对输送单元供电电源系统进行线路排查的过程和方法。
2. 输送单元电气回路的连接与调试时需要注意哪些问题？

任务5 输送单元PLC程序的编写与调试

技能点

◎ 输送单元PLC程序的编写

◎ 输送单元PLC程序的调试

知识点

◎ 西门子位控程序的编写方法

◎ 输送单元控制程序的编写方法

任务提出

输送单元控制功能的实现是靠PLC中的控制程序结合传感器、电磁阀、电动机驱动器等输入输出设备一起实现的。输送单元即可作为独立设备单独运行，采用本地控制方式，也可与其余单元一起作为一条生产线整体运行，采用网络控制方式。

输送单元是YL—335系统中最为重要同时也是承担任务最为繁重的工作单元，所需完成的工作任务有网络控制、抓取机械手装置控制、步进电动机或伺服电动机定位控制。

本任务为完成输送单元作为独立设备单独运行的本地控制程序的编写与调试。主要讨论输送单元的后两个工作任务，即抓取机械手装置控制和电动机定位控制。至于网络控制将在下一模块系统的整体控制中进行介绍。在本任务中以采用步进电动机作为传动机构动力源的YL—335A系统为例来介绍输送单元的功能及其程序的实现。

控制及测试要求：输送单元单站运行的目标是测试设备传送工件的功能。要求其他各工作单元已经就位，并且在供料单元的出料台上放置了工件。测试要求如下：

一、测试前的复位

输送单元在通电后，按下复位按钮SB1，执行复位操作，使抓取机械手装置回到原点位置。在复位过程中，“正常工作”指示灯HL1以1 Hz的频率闪烁。

当抓取机械手装置回到原点位置，且输送单元各个气缸满足初始位置的要求，则复位完成，“正常工作”指示灯HL1常亮。按下启动按钮SB2，设备启动，“设备运行”指示灯HL2也常亮，开始功能测试过程。

二、正常功能测试

1. 抓取机械手装置从供料单元出料台抓取工件，抓取的顺序是：手臂伸出→手爪夹紧抓取工件→提升台上升→手臂缩回。

2. 抓取动作完成后，步进电动机驱动机械手装置向加工单元移动，移动速度不小于300 mm/s。

3. 机械手装置移动到加工单元物料台的正前方后，即把工件放到加工站物料台上。抓取机械手装置在加工单元放下工件的顺序是：手臂伸出→提升台下降→手爪松开放下工件→手臂缩回。

4. 放下工件动作完成 2 s 后，抓取机械手装置执行抓取加工单元工件的操作。抓取的顺序与供料单元抓取工件的顺序相同。

5. 抓取动作完成后，步进电动机驱动机械手装置移动到装配单元物料台的正前方。然后把工件放到装配单元物料台上。其动作顺序与加工单元放下工件的顺序相同。

6. 放下工件动作完成 2 s 后，抓取机械手装置执行抓取装配单元工件的操作。抓取的顺序与供料单元抓取工件的顺序相同。

7. 机械手手臂缩回后，摆台逆时针旋转 90°，步进电动机驱动机械手装置从装配单元向分拣单元运送工件，到达分拣单元传送带上方入料口后把工件放下，动作顺序与加工单元放下工件的顺序相同。

8. 放下工件动作完成后，机械手手臂缩回，然后执行返回原点的操作。步进电动机驱动机械手装置以 400 mm/s 的速度返回，返回 900 mm 后，摆台顺时针旋转 90°，然后以 100 mm/s 的速度低速返回原点停止。当抓取机械手装置返回原点后，一个测试周期结束。当供料单元的出料台上放置了新的工件时，再按一次启动按钮 SB2，开始新一轮的测试。

三、非正常运行的功能测试

若在工作过程中按下急停按钮 SB4，则系统立即停止运行。在急停复位后，应从急停前的断点开始继续运行。但是若急停按钮按下时，输送站机械手装置正在向某一目标点移动，则急停复位后输送站机械手装置应首先返回原点位置，然后再向原目标点运动。

在急停状态，绿色指示灯 HL2 以 1 Hz 的频率闪烁，直到急停复位后恢复正常运行时，HL2 恢复常亮。

任务分析

要完成本任务，需要具备西门子 PLC 编程的基础知识以及使用西门子 200 系列 PLC 专用编程软件 STEP 7—Micro/WIN 完成 PLC 程序的编写、下传、监控、调试等基本操作技能，同时尤其需要掌握西门子 200 系列 PLC 位控程序的编写技能。本任务要求根据控制要求，完成控制程序的编写，并进行监控与调试，以实现输送单元的抓取机械手控制和步进电动机定位控制这两项功能。

任务实施

一、S7—200 系列 PLC 位控程序的编写

输送单元的控制基本上是顺序控制：步进电动机驱动抓取机械手装置从某一起始点出发，到达某一个目标点，然后抓取机械手按一定的顺序操作，完成抓取或放下工件的任务。因此输送单元程序控制的关键点是步进电动机的定位控制。

S7—200 有两个内置 PTO/PWM 发生器，用以建立高速脉冲串（PTO）或脉宽调节（PWM）信号波形。一个发生器指定给数字输出点 Q0.0，另一个发生器指定给数字输出点

Q0.1。

当组态一个输出为 PTO 操作时，生成一个 50％占空比脉冲串用于步进电动机或伺服电动机的速度和位置的开环控制。内置 PTO 功能提供了脉冲串输出，脉冲周期和数量可由用户控制。但应用程序必须通过 PLC 内置 I/O 提供方向和限位控制。

为了简化用户应用程序中位控功能的使用，STEP 7—Micro/WIN 提供的位控向导可以帮助用户在几分钟内全部完成 PWM，PTO 或位控模块的组态。向导可以生成位置指令，用户可以用这些指令在其应用程序中为速度和位置提供动态控制。

1. 开环位控用于步进电动机或伺服电动机的基本信息

（1）最大速度（MAX _ SPEED）和启动/停止速度（SS _ SPEED）

图 5—5—1 是这 2 个概念的示意图。

MAX _ SPEED 是允许的操作速度的最大值，它应在电动机力矩能力的范围内。驱动负载所需的力矩由摩擦力、惯性以及加速/减速时间决定。

SS _ SPEED：该数值应满足电动机在低速时驱动负载的能力，如果 SS _ SPEED 的数值过低，电动机和负载在运动的开始和结束时可能会摇摆或颤动。如果 SS _ SPEED 的数值过高，电动机会在启动时丢失脉冲，并且负载在试图停止时会使电动机超速。通常，SS _ SPEED 值是 MAX _ SPEED 值的 5％～15％。

（2）加速和减速时间

加速时间 ACCEL _ TIME：电动机从 SS _ SPEED 速度加速到 MAX _ SPEED 速度所需的时间。

减速时间 DECEL _ TIME：电动机从 MAX _ SPEED 速度减速到 SS _ SPEED 速度所需要的时间，如图 5—5—2 所示。

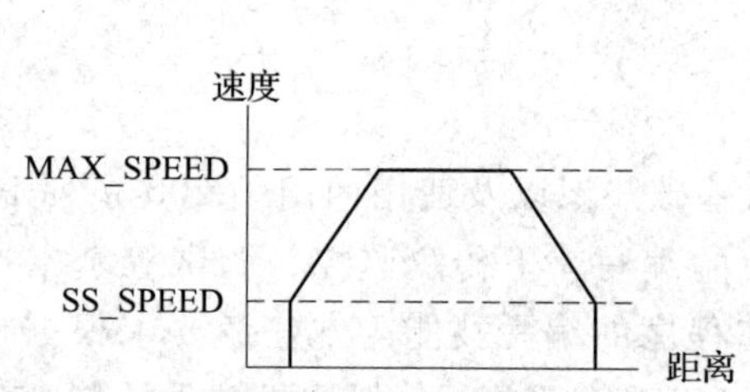

图 5—5—1　最大速度和启动/停止速度示意图

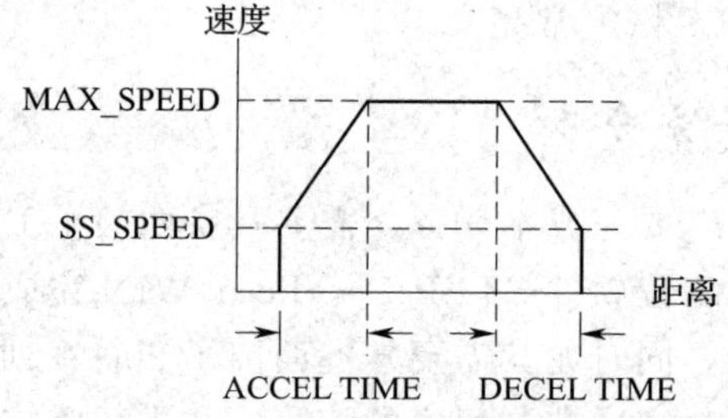

图 5—5—2　加速和减速时间示意图

加速时间和减速时间的缺省设置都是 1 000 ms。通常，电动机可在小于 1 000 ms 的时间内工作。这 2 个值设定时要以毫秒（ms）为单位。

注意：电动机的加速和失速时间要经过测试来确定。开始时，应输入一个较大的值。逐渐减少这个时间值直至电动机开始失速，从而优化应用中的这些设置。

（3）移动包络

一个包络是一个预先定义的移动描述，它包括一个或多个速度，影响着从起点到终点的移动。一个包络由多段组成，每段包含一个达到目标速度的加速/减速过程和以目标速度匀速运行的一串固定数量的脉冲。

位控向导提供移动包络定义界面，应用程序所需的每一个移动包络均可在这里定义。

PTO 支持最大 100 个包络。

定义一个包络，包括如下几点：选择操作模式；为包络的各步定义指标；为包络定义一个符号名。

1）选择包络的操作模式：PTO 支持相对位置和单一速度的连续转动，如图 5—5—3 所示，相对位置模式指的是运动的终点位置是从起点侧开始计算的脉冲数量。单速连续转动则不需要提供终点位置，PTO 一直持续输出脉冲，直至有其他命令发出，例如到达原点要求停发脉冲。

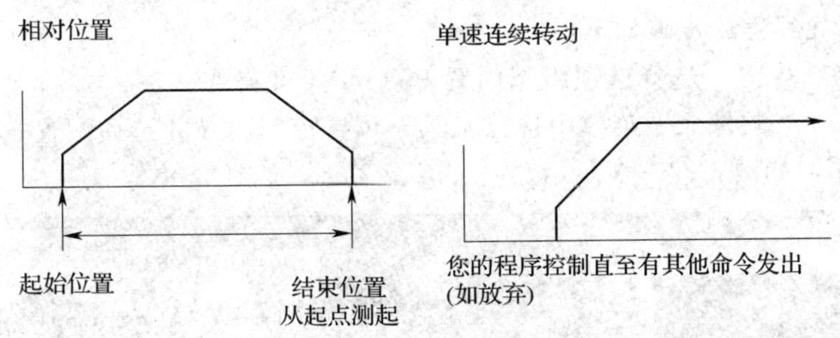

图 5—5—3　包络的两种操作模式

2）包络中的步：一个步是工件运动的一个固定距离，包括加速和减速时间内的距离。PTO 每一包络最大允许 29 个步。

每一步包括目标速度和结束位置或脉冲数目等几个指标。图 5—5—4 所示为一步、两步、三步和四步包络。注意一步包络只有一个常速段，两步包络有两个常速段，依次类推。步的数目与包络中常速段的数目一致。

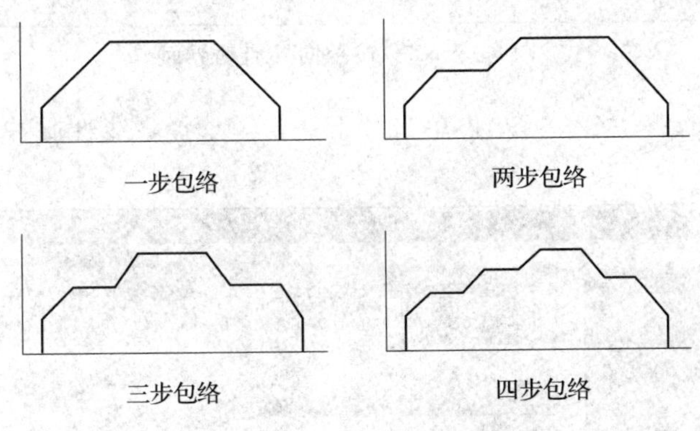

图 5—5—4　包络的步数示意图

3）为包络定义一个符号名：这一步较为简单，直接定义即可。

2. 使用位控向导编程步骤

STEP7 V4.0 软件的位控向导能自动处理 PTO 脉冲的单段管线和多段管线、脉宽调制、SM 位置配置和创建包络表。

本节将给出一个在 YL—335 上实现的简单工作任务例子，阐述使用位控向导编程的方法和步骤。表 5—5—1 是 YL—335 上实现步进电动机运行所需的运动包络。

表 5—5—1　　步进电动机运行的运动包络

运动包络	站点		脉冲量	移动方向
1	供料站→加工站	470 mm	85 600	
2	加工站→装配站	286 mm	52 000	
3	装配站→分解站	235 mm	42 700	
4	分拣站→高速回零前	925 mm	168 000	DIR
5	低速回零		单速返回	DIR

使用位控向导编程的步骤如下：

(1) 为 S7—200 PLC 选择选项组态内置 PTO/PWM 操作。

在 STEP7 V4.0 软件命令菜单中选择工具→位置控制向导并选择配置 S7—200PLC 内置 PTO/PWM 操作，如图 5—5—5 所示。

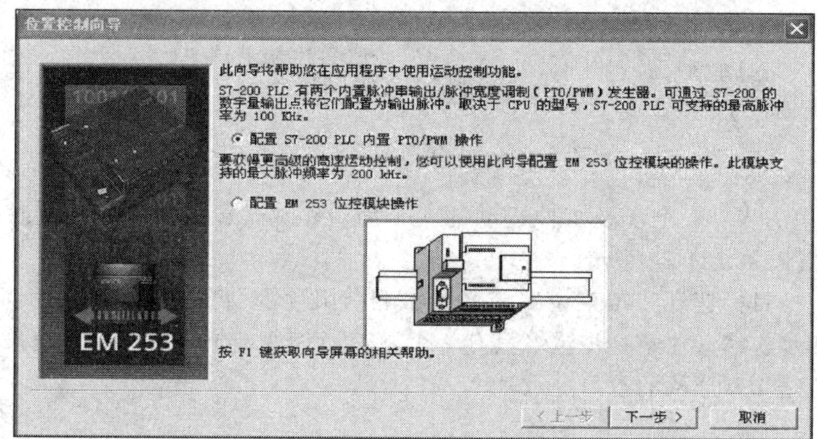

图 5—5—5　位控向导启动界面

单击“下一步”选择“Q0.0”，再单击“下一步”选择“线性脉冲输出（PTO）”。如图 5—5—6 所示。

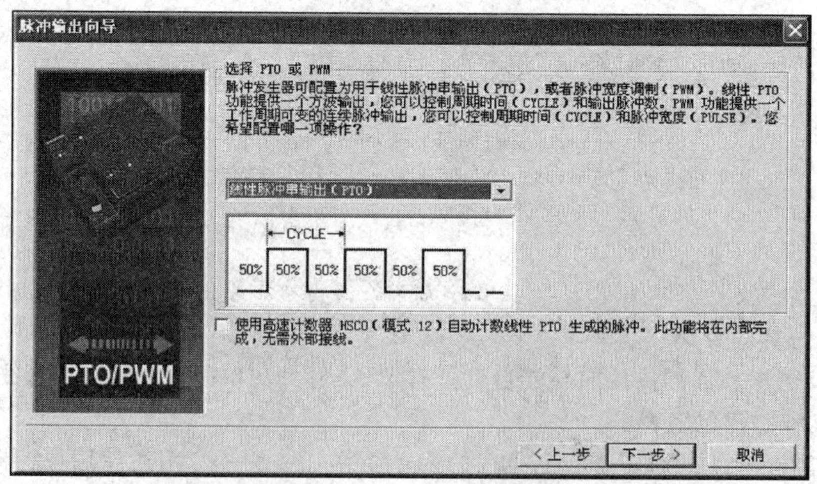

图 5—5—6　选择 PTO 或 PWM 界面

点选使用高速计数器 HSC0（模式 12）对 PTO 生成的脉冲自动计数的功能。单击“下一步”就开始了组态内置 PTO 操作。

（2）单击“下一步”后，在对应的编辑框中输入 MAX _ SPEED 和 SS _ SPEED 速度值。输入最高电动机速度“90000”，把电动机启动/停止速度设定为“600”。这时，如果单击 MIN _ SPEED 值对应的灰色框，可以发现，MIN _ SPEED 值改为 600，注意：MIN _ SPEED 值由计算得出。用户不能在此域中输入其他数值，如图 5—5—7 所示。

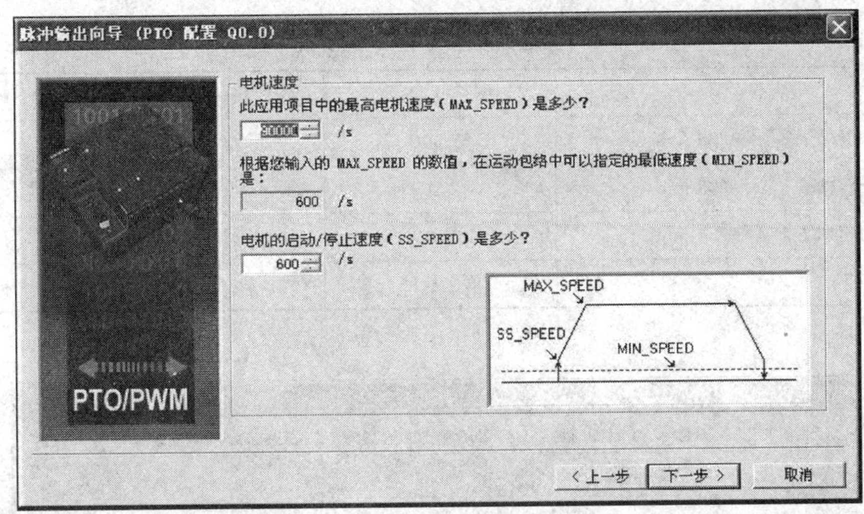

图 5—5—7　设定电动机速度参数

单击“下一步”填写电动机加速时间“1500”和电动机减速时间“200”，如图 5—5—8 所示。

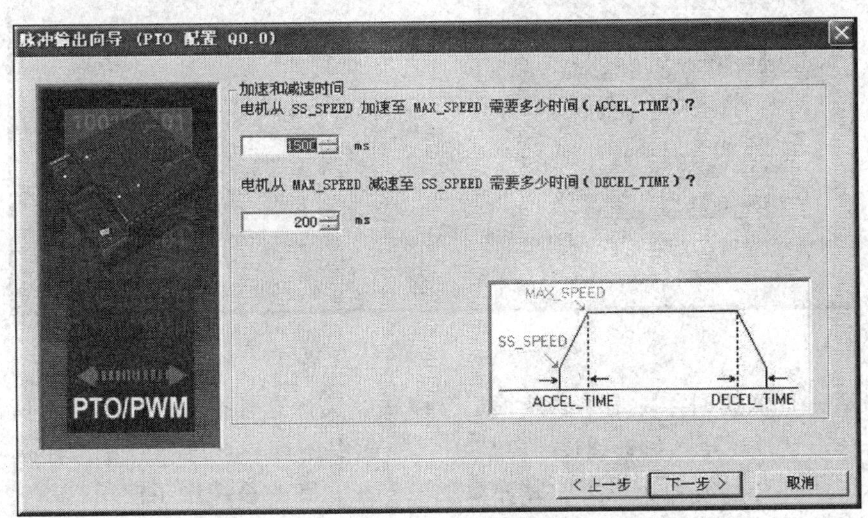

图 5—5—8　设定加速和减速时间

（3）接下来一步是配置运动包络界面。

该界面要求设定操作模式、1 个步的目标速度、结束位置等步的指标，以及定义这一包络的符号名。（从第 0 个包络第 0 步开始）

在操作模式选项中选择相对位置控制，填写包络“0”中数据目标速度“60000”，结束位置“85600”，点击“绘制包络”，如图5—5—7所示，注意，这个包络只有1步。包络的符号名按默认定义（Profile0_0）。这样，第0个包络的设置，即从供料单元→加工单元的运动包络设置就完成了。

现在可以设置下一个包络，点击“新包络”，按上述方法将表5—5—2中后3个位置数据输入到包络中去。

表5—5—2　　步进电动机运行位置数据

站点		位移脉冲量	目标速度	移动方向
加工站→装配站	286 mm	52 000	60 000	
装配站→分解站	235 mm	42 700	60 000	
分拣站→高速回零前	925 mm	168 000	57 000	DIR
低速回零		单速返回	20 000	DIR

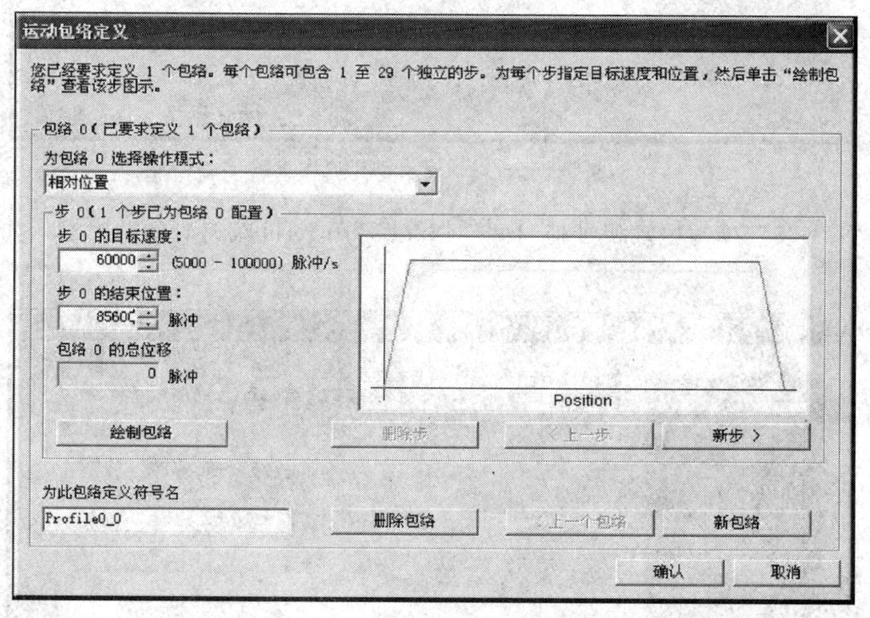

图5—5—9　设置第0个包络

表中最后一行低速回零，是单速连续运行模式，选择这种操作模式后，在所出现的界面中（见图5—5—10），写入目标速度“20000”。界面中还有一个包络停止操作选项，是当停止信号输入时再向运动方向按设定的脉冲数走完停止，在本系统中不使用。

（4）运动包络编写完成单击“确认”，向导会要求为运动包络指定V存储区地址（建议地址为VB75～VB300），可默认这一建议，也可自行键入一个合适的地址。图5—5—11是指定V存储区首地址为VB400时的界面，向导会自动计算地址的范围。

（5）单击“下一步”出现图5—5—12，单击“完成”。

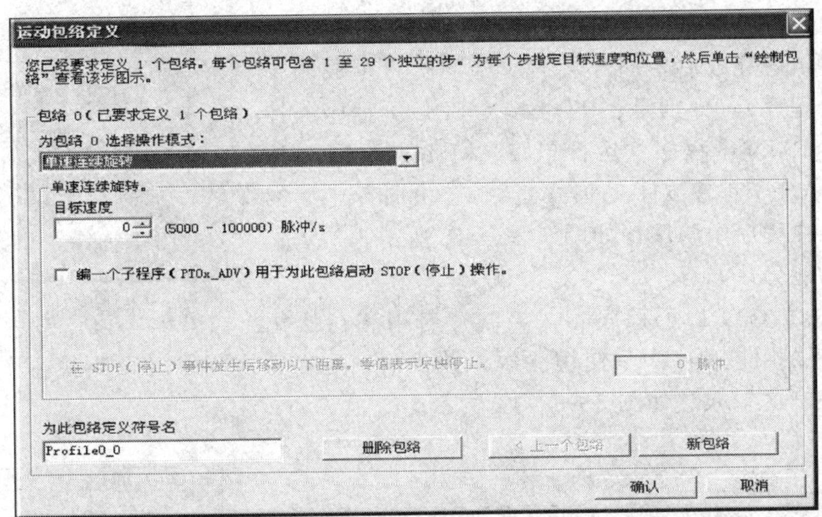

图 5—5—10 设置第 4 个包络

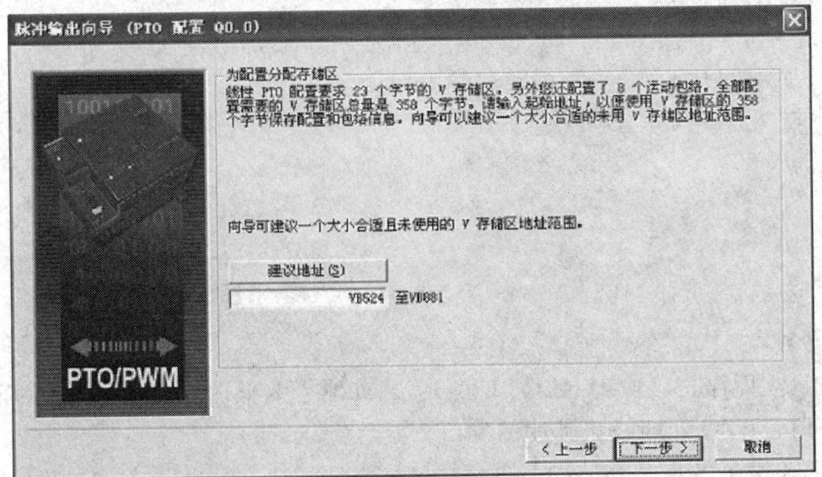

图 5—5—11 为运动包络指定 V 存储区地址

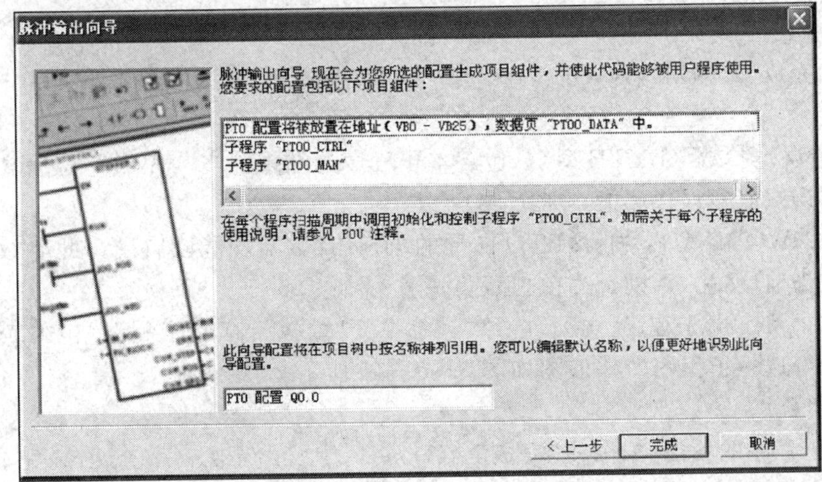

图 5—5—12 生产项目组件提示

3. 使用位控向导生成的项目组件

运动包络组态完成后，向导会为所选的配置生成四个项目组件（子程序），分别是：PTOx _ CTRL 子程序（控制）、PTOx _ RUN 子程序（运行包络）、PTOx _ LDPOS 和 PTOx _ MAN 子程序（手动模式）。一个由向导产生的子程序就可以在程序中调用，如图 5—5—13 所示。

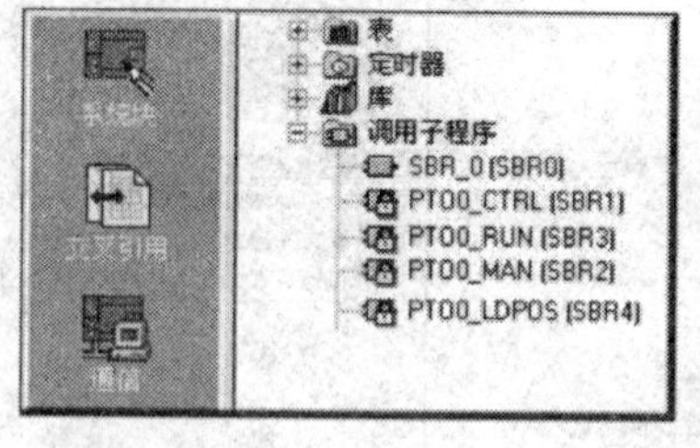

图 5—5—13 四个项目组件

它们的功能分述如下：

(1) PTOx _ CTRL 子程序：（控制）启用和初始化 PTO 输出。请在用户程序中只使用一次，并且请确定在每次扫描时得到执行。即始终使用 SM0.0 作为 EN 的输入，如图 5—5—14 所示。

SM0.0
立即停止信号
减速停止信号
PTO0_CTRL
EN
I_STOP
D_STOP
Done - M2.0
Error - VB500
C Pos - VD512

图 5—5—14 运行 PTOx _ CTRL 子程序

1）输入参数

I _ STOP（立即停止）输入（BOOL 型）：当此输入为低时，PTO 功能会正常工作。当此输入变为高时，PTO 立即终止脉冲的发出。

D _ STOP（减速停止）输入（BOOL 型）：当此输入为低时，PTO 功能会正常工作。当此输入变为高时，PTO 会产生将电动机减速至停止的脉冲串。

2）输出参数

Done（“完成”）输出（BOOL 型）：当“完成”位被设置为高时，它表明上一个指令也已执行。

Error（错误）参数（BYTE 型）：包含本子程序的结果。当“完成”位为高时，错误字节会报告无错误或有错误代码的正常完成。

C _ Pos（DWORD 型）：如果 PTO 向导的 HSC 计数器功能已启用，此参数包含以脉冲数表示的模块当前位置。否则，当前位置将一直为 0。

(2) PTOx _ RUN 子程序（运行包络）：命令 PLC 执行存储于配置/包络表的指定包络运动操作。运行这一子程序的梯形图如图 5—5—15 所示。

1）输入参数

EN 位：子程序的使能位。在“完成”（Done）位发出子程序执行已经完成的信号前，应使 EN 位保持开启。

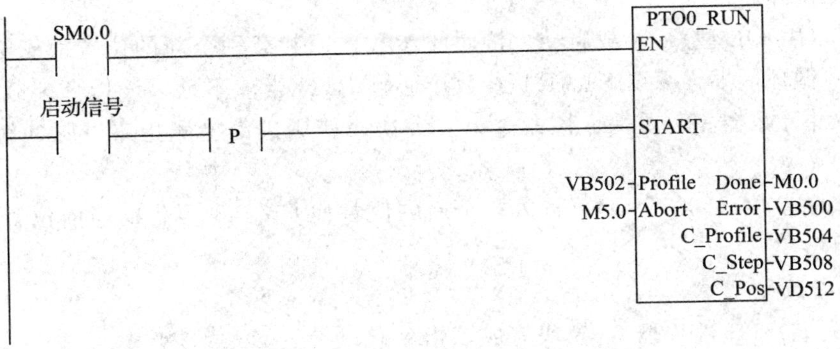

SM0.0
启动信号
P
PTO0_RUN
EN
START
VB502 Profile
M5.0 Abort
Done M0.0
Error VB500
C_Profile VB504
C_Step VB508
C_Pos VD512

图 5—5—15　运行 PTOx _ RUN 子程序

START 参数（BOOL 型）：包络执行的启动信号。对于在 START 参数已开启，且 PTO 当前不活动时的每次扫描，此子程序会激活 PTO。为了确保仅发送一个命令，一般用上升沿以脉冲方式开启 START 参数。

Abort（终止）命令（BOOL 型）：命令为 ON 时位控模块停止当前包络，并减速至电动机停止。

Profile（包络）（BYTE 型）：输入为此运动包络指定的编号或符号名。

2）输出参数

Done（完成）（BOOL 型）：本子程序执行完成时输出 ON。

Error（错误）（BYTE 型）：输出本子程序执行的结果的错误信息。无错误时输出 0。

C _ Profile（BYTE 型）：输出位控模块当前执行的包络。

C _ Step（BYTE 型）：输出目前正在执行的包络步骤。

C _ Pos（DINT 型）：如果 PTO 向导的 HSC 计数器功能已启用，则此参数包含以脉冲数作为模块的当前位置。否则，当前位置将一直为 0。

（3）PTOx _ LDPOS 指令（装载位置）：改变 PTO 脉冲计数器的当前位置值为一个新值。可用该指令为任何一个运动命令建立一个新的零位置。图 5—5—16 是一个使用 PTO0 _ LDPOS 指令实现返回原点完成后清零功能的梯形图。

图 5—5—16　用 PTO0 _ LDPOS 指令实现返回原点后清零

1）输入参数

EN 位：子程序的使能位。在“完成”（Done）位发出子程序执行已经完成的信号前，应使 EN 位保持开启。

START（BOOL 型）：装载启动。接通此参数，以装载一个新的位置值到 PTO 脉冲计数器。在每一循环周期，只要 START 参数接通且 PTO 当前不忙，该指令装载一个新的位置给 PTO 脉冲计数器。若要保证该命令只发一次，使用边沿检测指令以脉冲触发 START 参数接通。

New _ Pos 参数（DINT 型）：输入一个新的值替代 C _ Pos 报告的当前位置值。位置值用脉冲数表示。

2）输出参数

Done（完成）（BOOL 型）：模块完成该指令时，参数 Done ON。

Error（错误）（BYTE 型）：输出本子程序执行的结果的错误信息。无错误时输出 0。

C _ Pos（DINT 型）：此参数包含以脉冲数作为模块的当前位置。

（4）PTOx _ MAN 子程序（手动模式）：将 PTO 输出置于手动模式。执行这一子程序允许电动机启动、停止和按不同的速度运行。但当 PTOx _ MAN 子程序已启用时，除 PTOx _ CTRL 外任何其他 PTO 子程序都无法执行。运行这一子程序的梯形图如图 5—5—17 所示。

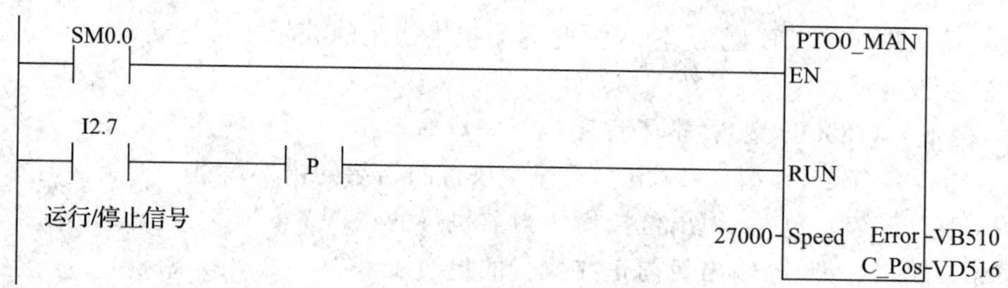

图 5—5—17　运行 PTOx _ MAN 子程序

1）输入参数

RUN（运行/停止）参数：命令 PTO 加速至指定速度 Speed（速度）参数。从而允许在电动机运行中更改 Speed 参数的数值。停用 RUN 参数命令 PTO 减速至电动机停止。

当 RUN 已启用时，Speed 参数确定着速度。速度是一个用每秒脉冲数计算的 DINT（双整数）值。可以在电动机运行中更改此参数。

2）输出参数

Error（错误）参数：输出本子程序的执行结果的错误信息，有错误时输出 0。

如果 PTO 向导的 HSC 计数器功能已启用，C _ Pos 参数包含用脉冲数目表示的模块；否则此数值始终为零。

由上述四个子程序的梯形图可以看出，为了调用这些子程序，编程时应预置一个数据存储区，用于存储子程序执行时间参数，存储区所存储的信息，可根据程序的需要调用。

二、主程序的编写

从前面所述的传送工件功能测试任务可以看出，整个功能测试过程应包括上电后复位、传送功能测试、紧急停止处理和状态指示等部分，传送功能测试是一个步进顺序控制过程。

在子程序中可采用步进指令驱动实现。

紧急停止处理过程也要编写一个子程序单独处理。这是因为，当抓取机械手装置正在向某一目标点移动时按下急停按钮，PTOx _ CTRL 子程序的 D _ STOP 输入端变成高位，停止启用 PTO，PTOx _ RUN 子程序使能位 OFF 而终止，使抓取机械手装置停止运动。急停复位后，原来运行的包络已经终止，为了使机械手继续往目标点移动。可让它首先返回原点，然后运行从原点到原目标点的包络。这样当急停复位后，程序不能马上回到原来的顺控过程，而是要经过使机械手装置返回原点的一个过渡过程。

输送单元程序控制的关键点是步进电动机或伺服电动机的定位控制，在编写程序时，应预先规划好各段的包络，然后借助位置控制向导组态 PTO 输出。步进电动机运行的运动包络数据见下表，数据是根据按工作任务的要求和各工作单元的位置确定的。表 5—5—3 中包络 5 和包络 6 用于急停复位，经急停处理返回原点后重新运行的运动包络。

表 5—5—3　　步进电动机运行的完整运动包络数据

运动包络	站点		脉冲量	移动方向
0	低速回零		单速返回	DIR
1	供料站→加工站	430 mm	43 000	
2	加工站→装配站	350 mm	35 000	
3	装配站→分拣站	260 mm	26 000	
4	分拣站→高速回零前	900 mm	90 000	DIR
5	供料站→装配站	780 mm	78 000	
6	供料站→分拣站	1 040 mm	104 000	

前面已经指出，当运动包络编写完成后，位置控制向导会要求为运动包络指定 V 存储区地址，为了与后面项目“YL—335 的整体控制”的工作任务相适应，V 存储区地址的起始地址指定为 VB524。

综上所述，主程序应包括上电初始化、复位过程（子程序）、准备就绪后投入运行等阶段。主程序清单如图 5—5—18 所示。

三、初态检查复位子程序和回原点子程序的编写

系统上电且按下复位按钮后，就调用初态检查复位子程序，进入初始状态检查和复位操作阶段，目标是确定系统是否准备就绪，若未准备就绪，则系统不能启动进入运行状态。

该子程序的内容是检查各气动执行元件是否处在初始位置，抓取机械手装置是否在原点位置，否则进行相应的复位操作，直至准备就绪。子程序中，除调用回原点子程序外，主要是完成简单的逻辑运算，这里就不再详述了。

抓取机械手装置返回原点的操作，在输送单元的整个工作过程中，都会频繁地进行。因此编写一个子程序供需要时调用是必要的。回原点子程序是一个带形式参数的子程序，在其局部变量表中定义了一个 BOOL 输入参数 START，当使能输入（EN）和 START 输入为 ON 时，启动子程序调用，如图 5—5—19a 所示。子程序的梯形图则如图 5—5—19b 所示，

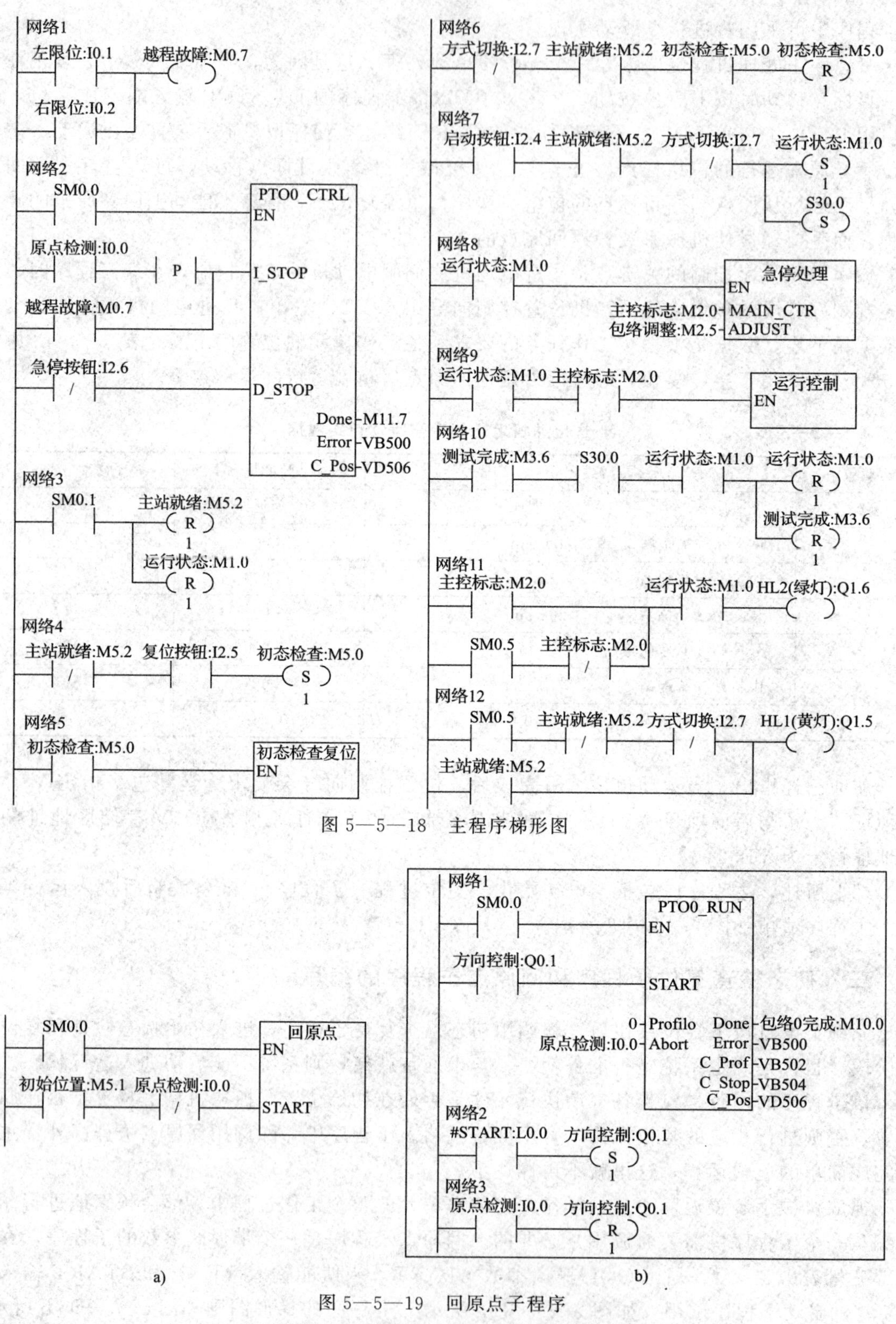

图 5—5—18　主程序梯形图

图 5—5—19　回原点子程序

a）回原点子程序的调用　b）回原点子程序梯形图

当START（即局部变量L0.0）ON时，置位PLC的方向控制输出Q0.1，并且这一操作放在PTO0 _ RUN指令之后，这就确保了方向控制输出的下一个扫描周期才开始脉冲输出。

带形式参数的子程序是西门子系列PLC的优异功能之一，输送单元程序中好几个子程序均使用了这种编程方法。关于带参数调用子程序的详细介绍，请参阅S7—200可编程控制器系统手册。

四、急停处理子程序的编写

当系统进入运行状态后，在每一扫描周期都调用急停处理子程序。该子程序也带形式参数，在其局部变量表中定义了两个BOOL型的输入/输出参数ADJUST和MAIN _ CTR，参数MAIN _ CTR传递给全局变量主控标志M2.0，并由M2.0维持当前状态，此变量的状态决定了系统在运行状态下能否执行正常的传送功能测试过程。参数ADJUST传递给全局变量包络调整标志M2.5，并由M2.5维持当前状态，此变量的状态决定了系统在移动机械手的工序中，是否需要调整运动包络号。

急停处理子程序梯形图如图5—5—20所示，说明如下：

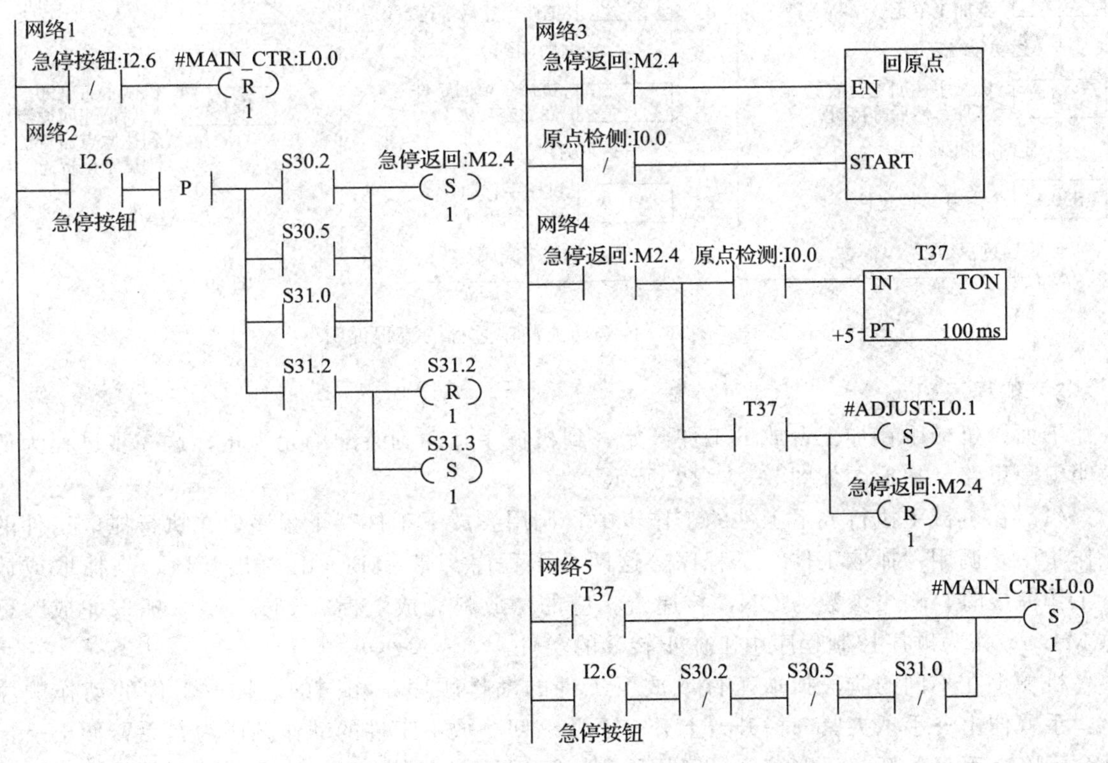

图5—5—20　急停处理子程序

1. 当急停按钮被按下时，MAIN _ CTR置“0”，M2.0置“0”，传送功能测试过程停止。

2. 若急停前抓取机械手正在前进中，（从供料往加工，或从加工往装配，或从装配往分拣），则当急停复位的上升沿到来时，需要启动使机械手低速回原点过程。到达原点后，置位 ADJUST 输出，传递给包络调整标志 M2.5，以便在传送功能测试过程重新运行后，给处于前进工步的过程调整包络用，例如，对于从加工到装配的过程，急停复位重新运行后，将执行从原点（供料单元处）到装配的包络。

3. 若急停前抓取机械手正在高速返回中，则当急停复位的上升沿到来时，使高速返回步复位，转到下一步即摆台右转和低速返回。

五、传送功能测试子程序编程思路

1. 步进过程的流程

传送功能测试过程是一个单序列的步进顺序控制。在运行状态下，若主控标志 M2.0 为 ON，则调用该子程序。步进过程的流程说明如图 5—5—21 所示。

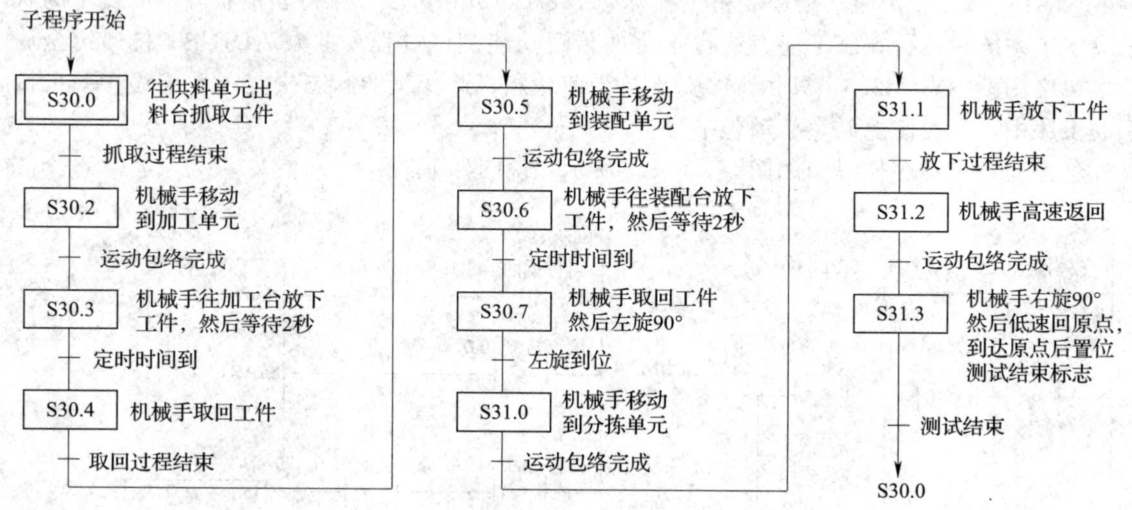

图 5—5—21　传送功能测试过程的流程说明

2. 编程思路

下面以机械手在加工台放下工件开始，到机械手移动到装配单元为止，这 3 步过程为例说明编程思路。梯形图如图 5—5—22 所示。

（1）在机械手执行放下工件的工作步中，调用“放下工件”子程序，在执行抓取工件的工作步中，调用“抓取工件”子程序。这两个子程序都带有 BOOL 输出参数，当抓取或放下工作完成时，输出参数为 ON，传递给相应的“放料完成”标志 M4.1 或“抓取完成”标志 M4.0，作为顺序控制程序中工作步转移的条件。

机械手在不同的阶段抓取工件或放下工件的动作顺序是相同的。抓取工件的动作顺序为：手臂伸出→手爪夹紧→提升台上升→手臂缩回。放下工件的动作顺序为：手臂伸出→提升台下降→手爪松开→手臂缩回。采用子程序调用的方法来实现抓取和放下工件的动作控制使程序编写得以简化。

（2）在 S30.5 步，执行机械手装置从加工单元往装配单元运动的操作，运行的包络有两种情况，正常情况下使用包络 2，急停复位回原点后再运行的情况则使用包络 5，选择依据是“调整包络标志”M2.5 的状态，包络完成后请记住使 M2.5 复位。这一操作过程，同样

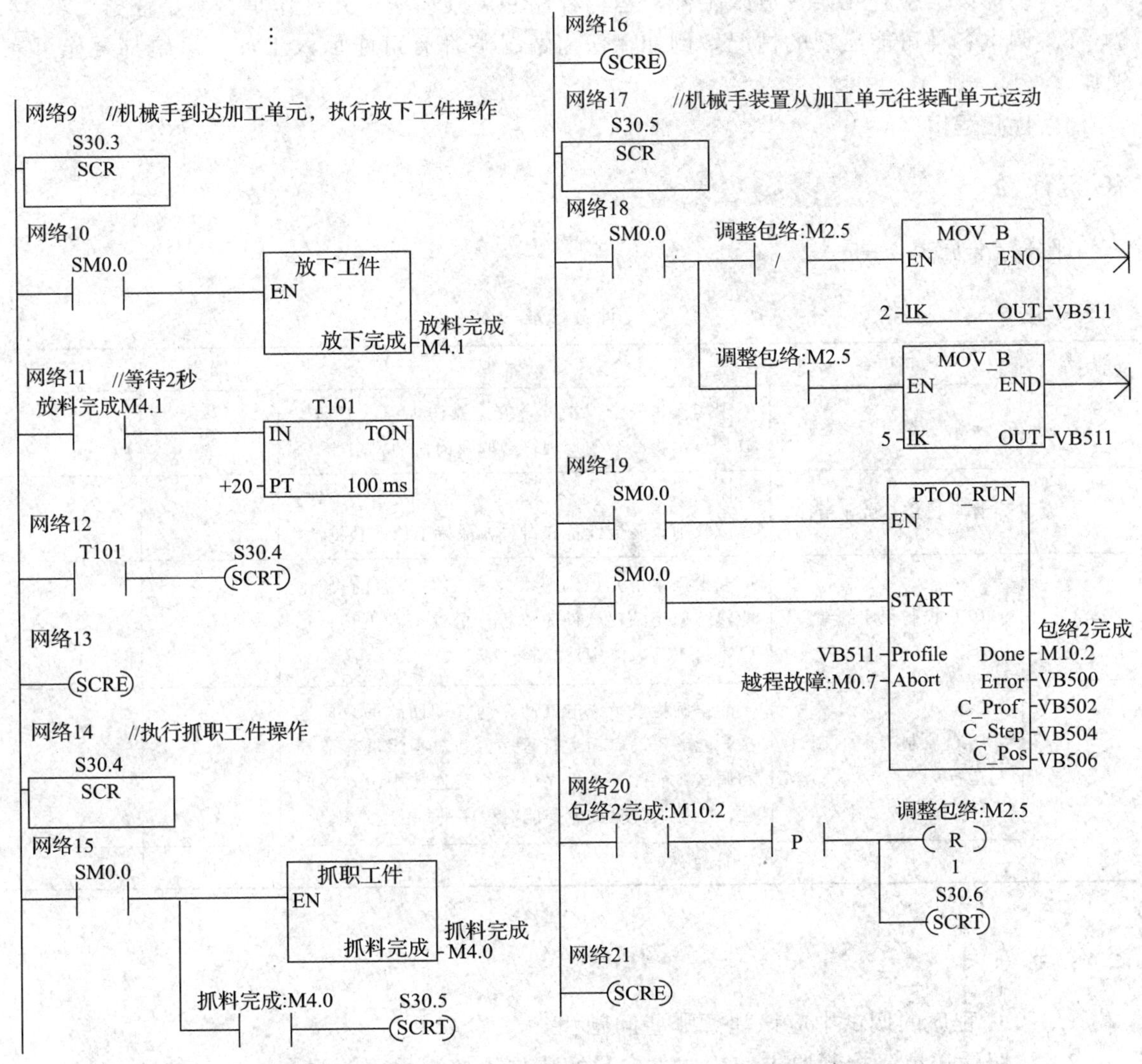

图 5—5—22　输送单元从加工单元到装配单元的梯形图

适用于机械手装置从供料单元往加工单元或装配单元往分拣单元运动的情况，只是从供料单元往加工单元时不需要调整包络，但包络过程完成后必须使 M2.5 复位。

事实上，其他各工步编程中运用的思路和方法，基本上与上述三步类似。按此，不难编制出传送功能测试过程的整个程序。

“抓取工件”和“放下工件”子程序较为简单，此处不再详述。输送单元单站运行的全部程序清单请参考下一模块。

六、PLC 控制程序的调试和运行

1. 再次调整气动部分，检查气路是否正确，气压是否合理，气缸的动作速度是否合理；磁感应接近开关的安装位置是否到位，磁感应接近开关工作是否正常；I/O 接线是否正确；光电式接近开关安装是否合理，灵敏度是否合适，可靠性是否良好。

2. 确保以上检查无误，放入工件，运行程序并观察输送单元动作是否满足任务要求。

3. 调试各种可能出现的情况，例如在任何情况下都有可能加入工件，系统都要能可靠工作。

4. 优化程序。

任务评价

评分标准见表 5—5—4。

表 5—5—4　　评分标准

序号	考核内容	评分标准	配分	得分
1	职业素养与安全意识	现场操作安全保护符合安全操作规程；工具摆放、包装物品等的处理符合职业岗位的要求	10	
2	团队协作与敬业精神	团队有分工、有合作，配合紧密；遵守纪律，尊重教师，爱惜设备和器材，保持工位的整洁	10	
3	PLC 控制程序的编写	能根据本单元控制要求完成 PLC 程序的设计；能熟练使用编程软件完成程序的编写和下传；程序逻辑正确，能实现控制功能	40	
4	PLC 控制程序的调试和运行	能正确检查系统电气回路与气动回路的总体连接；能够正确启动运行程序，并对程序进行监控和调试；能够排查程序中或线路连接中出现的问题，能尽快排除故障；能对程序进行优化	40	
合计总分			100	

思考与练习

1. PLC 程序的调试中应该注意哪些问题？

2. 按照输送单元控制要求使用软件向导完成位置控制程序的编写。

3. 根据图 5—5—21 和图 5—5—22 完整编写输送单元作为单独单元运行的传送功能测试子程序并进行测试运行。

自动化生产线系统整体控制

任务1　系统整体控制的认知

知识点

◎ YL－335系统工作任务的认知

◎ 西门子PPI通信的认知及实现PPI通信的步骤

任务提出

在前面的模块中，重点介绍了YL—335系统的各个组成单元在作为独立设备工作时用PLC实现控制的基本思路。

本任务为认知通过PLC实现由几个相对独立的单元组成的一个群体设备（生产线）的控制功能。

任务分析

要完成本任务，需要掌握系统运行模式以及工作站PLC通信方式。

任务实施

YL—335系统的控制方式采用每一工作单元由一台PLC承担其控制任务，各PLC之间通过RS485串行通信实现互连的分布式控制方式。组建成网络后，系统中每一个工作单元也称作工作站。

PLC网络的具体通信模式，取决于所选厂家的PLC类型。YL—335系统的标准配置为：若PLC选用S7—200系列，通信方式则采用PPI协议通信。

一、YL—335系统运行模式

YL—335自动生产线的工作目标是：将供料单元料仓内的工件送往加工单元的物料台，加工完成后，把加工好的工件送往装配单元的装配台，然后把装配单元料仓内的白色和黑色两种不同颜色的小圆柱零件嵌入到装配台上的工件中，完成装配后的成品送往分拣单元分拣输出。已完成加工和装配工作的工件如图6—1—1所示。

YL—335 系统的工作模式分为单站工作和全线运行模式。

1. 单站运行模式

单站运行模式下，各单元工作的主令信号和工作状态显示信号来自其 PLC 旁边的按钮/指示灯模块。并且，按钮/指示灯模块上的工作方式选择开关 SA 应置于“单站方式”位置。各站的具体控制要求为：

塑料（白）　塑料（黑）

图 6—1—1　已完成加工和装配工作的工件

（1）供料单元单站运行工作要求

1）设备上电和气源接通后，若工作单元的两个气缸满足初始位置要求，且料仓内有足够的待加工工件，则“正常工作”指示灯 HL1 常亮，表示设备准备好。否则，该指示灯以 1 Hz 频率闪烁。

2）若设备准备好，按下启动按钮，工作单元启动，“设备运行”指示灯 HL2 常亮。启动后，若出料台上没有工件，则应把工件推到出料台上。出料台上的工件被人工取出后，若没有停止信号，则进行下一次推出工件操作。

3）若在运行中按下停止按钮，则在完成本工作周期任务后，各工作单元停止工作，HL2 指示灯熄灭。

4）若在运行中料仓内工件不足，则工作单元继续工作，但“正常工作”指示灯 HL1 以 1 Hz 的频率闪烁，“设备运行”指示灯 HL2 保持常亮。若料仓内没有工件，则 HL1 指示灯和 HL2 指示灯均以 2 Hz 频率闪烁。工作单元在完成本周期任务后停止。除非向料仓补充足够的工件，工作单元不能再启动。

（2）加工单元单站运行工作要求

1）上电和气源接通后，若各气缸满足初始位置要求，则“正常工作”指示灯 HL1 常亮，表示设备准备好。否则，该指示灯以 1 Hz 频率闪烁。

2）若设备准备好，按下启动按钮，设备启动，“设备运行”指示灯 HL2 常亮。当待加工工件送到加工台上并被检出后，设备执行将工件夹紧，送往加工区域冲压，完成冲压动作后返回待料位置的工件加工工序。如果没有停止信号输入，当再有待加工工件送到加工台上时，加工单元又开始下一周期工作。

3）在工作过程中，若按下停止按钮，加工单元在完成本周期的动作后停止工作。HL2 指示灯熄灭。

4）当待加工工件被检出而加工过程开始后，如果按下急停按钮，本单元所有机构应立即停止运行，HL2 指示灯以 1 Hz 频率闪烁。急停按钮复位后，设备从急停前的断点开始继续运行。

（3）装配单元单站运行工作要求

1）设备上电和气源接通后，若各气缸满足初始位置要求，料仓上已经有足够的小圆柱零件；工件装配台上没有待装配工件。则“正常工作”指示灯 HL1 常亮，表示设备准备好。否则，该指示灯以 1 Hz 频率闪烁。

2）若设备准备好，按下启动按钮，装配单元启动，“设备运行”指示灯 HL2 常亮。如果回转台上的左料盘内没有小圆柱零件，就执行下料操作；如果左料盘内有零件，而右料盘内没有零件，执行回转台回转操作。

3）如果回转台上的右料盘内有小圆柱零件且装配台上有待装配工件，执行装配机械手抓取小圆柱零件，放入待装配工件中的控制。

4）完成装配任务后，装配机械手应返回初始位置，等待下一次装配。

5）若在运行过程中按下停止按钮，则供料机构应立即停止供料，在装配条件满足的情况下，装配单元在完成本次装配后停止工作。

6）在运行中发生“零件不足”报警时，指示灯 HL3 以 1 Hz 的频率闪烁，HL1 和 HL2 灯常亮；在运行中发生“零件没有”报警时，指示灯 HL3 以亮 1 s、灭 0.5 s 的方式闪烁，HL2 熄灭，HL1 常亮。

（4）分拣单元单站运行工作要求

1）初始状态：设备上电和气源接通后，若工作单元的两个气缸满足初始位置要求，则“正常工作”指示灯 HL1 常亮，表示设备准备好。否则，该指示灯以 1 Hz 频率闪烁。

2）若设备准备好，按下启动按钮，系统启动，“设备运行”指示灯 HL2 常亮。当传送带入料口人工放下已装配的工件时，变频器即启动，驱动传动电动机以频率为 30 Hz 的速度，把工件带往分拣区。

3）如果塑料工件上的小圆柱工件为白色，则该工件对到达 1 号滑槽中间，传送带停止，工件对被推到 1 号槽中；如果工件上的小圆柱工件为黑色，则该工件对到达 2 号滑槽中间，传送带停止，工件对被推到 2 号槽中。工件被推出滑槽后，该工作单元的一个工作周期结束。仅当工件被推出滑槽后，才能再次向传送带下料。

如果在运行期间按下停止按钮，该工作单元在本工作周期结束后停止运行。

（5）输送单元单站运行工作要求

单站运行的目标是测试设备传送工件的功能。要求其他各工作单元已经就位，并且在供料单元的出料台上放置了工件。具体测试过程要求如下：

1）输送单元在通电后，按下复位按钮 SB1，执行复位操作，使抓取机械手装置回到原点位置。在复位过程中，“正常工作”指示灯 HL1 以 1 Hz 的频率闪烁。

当抓取机械手装置回到原点位置，且输送单元各个气缸满足初始位置的要求，则复位完成，“正常工作”指示灯 HL1 常亮。按下启动按钮 SB2，设备启动，“设备运行”指示灯 HL2 也常亮，开始功能测试过程。

2）抓取机械手装置从供料单元出料台抓取工件，抓取的顺序是：手臂伸出→手爪夹紧抓取工件→提升台上升→手臂缩回。

3）抓取动作完成后，电动机驱动机械手装置向加工单元移动，移动速度不小于 300 mm/s。

4）机械手装置移动到加工单元物料台的正前方后，即把工件放到加工单元物料台上。抓取机械手装置在加工单元放下工件的顺序是：手臂伸出→提升台下降→手爪松开放下工件→手臂缩回。

5）放下工件动作完成 2 s 后，抓取机械手装置执行抓取加工单元工件的操作。抓取的顺序与供料单元抓取工件的顺序相同。

6）抓取动作完成后，电动机驱动机械手装置移动到装配单元物料台的正前方。然后把工件放到装配单元物料台上。其动作顺序与加工单元放下工件的顺序相同。

7）放下工件动作完成 2 s 后，抓取机械手装置执行抓取装配单元工件的操作。抓取的顺序与供料单元抓取工件的顺序相同。

8）机械手手臂缩回后，摆台逆时针旋转 90°，电动机驱动机械手装置从装配单元向分拣单元运送工件，到达分拣单元传送带上方入料口后把工件放下，动作顺序与加工单元放下工件的顺序相同。

9）放下工件动作完成后，机械手手臂缩回，然后执行返回原点的操作。电动机驱动机械手装置以 400 mm/s 的速度返回，返回 900 mm 后，摆台顺时针旋转 90°，然后以 100 mm/s 的速度低速返回原点停止。

当抓取机械手装置返回原点后，一个测试周期结束。当供料单元的出料台上放置了工件时，再按一次启动按钮 SB2，开始新一轮的测试。

2. 全线运行模式

从单站工作模式切换到全线运行方式的条件是：各工作站均处于停止状态，各站的按钮/指示灯模块上的工作方式选择开关置于全线模式，此时系统进入全线运行状态。

全线运行模式下各工作单元部件的工作顺序以及对输送单元机械手装置运行速度的要求，与单站运行模式一致。全线运行步骤如下：

（1）系统的控制方式应采用 PPI 网络控制。其中，输送站指定为主站，其余各工作站为从站。系统主令工作信号由连接到输送站的按钮/指示灯模块提供，安装在装配单元的警示灯应能显示整个系统的主要工作状态，包括上电复位、启动、停止、报警等。

（2）系统在上电后，首先执行复位操作，使输送站机械手装置回到原点位置。这时，绿色警示灯以 1 Hz 的频率闪烁。输送站机械手装置回到原点位置后，复位完成，绿色警示灯常亮，表示允许启动系统。

复位过程包括：使输送站机械手装置回到原点位置和检查各工作站是否处于初始状态。

各工作站初始状态是指：

1）各工作单元气动执行元件均处于初始位置。

2）供料单元料仓内有足够的待加工工件。

3）装配单元料仓内有足够的小圆柱零件。

4）输送站的紧急停止按钮未按下。

（3）按下启动按钮，系统启动，绿色和黄色警示灯均常亮。

（4）系统启动后，供料单元把待加工工件推到物料台上，向系统发出供料操作完成信号，并且推料气缸缩回，准备下一次推料。若供料单元的料仓和料槽内没有工件或工件不足，则向系统发出报警或预警信号。物料台上的工件被输送单元机械手取出后，若系统启动信号仍然为 ON，则进行下一次推出工件操作。

（5）在工件推到供料单元物料台后，输送单元抓取机械手装置应移动到供料单元物料台的正前方，然后执行抓取供料单元工件的操作。

（6）抓取动作完成后机械手手臂应缩回。电动机驱动机械手装置移动到加工单元物料台的正前方。然后按机械手手臂伸出→手臂下降→手爪松开→手臂缩回的动作顺序把工件放到加工单元物料台上。

(7) 加工单元物料台的物料检测传感器检测到工件后，执行把待加工工件从物料台移送到加工区域冲压气缸的正下方；完成对工件的冲压加工，然后把加工好的工件重新送回物料台的工件加工工序，并向系统发出加工完成信号。

(8) 系统接收到加工完成信号后，输送单元机械手按手臂伸出→手爪夹紧→手臂提升→手臂缩回的动作顺序取出加工好的工件。

(9) 电动机驱动夹着工件的机械手装置移动到装配单元物料台的正前方。然后按机械手手臂伸出→手臂下降→手爪松开→手臂缩回的动作顺序把工件放到装配单元物料台上。

(10) 装配单元物料台的传感器检测到工件到来后，挡料气缸缩回，使料槽中最底层的小圆柱工件落到回转供料台上，然后旋转供料机构顺时针旋转 180°（右旋），到位后装配机械手按下降气动手爪→抓取小圆柱→手爪提升→手臂伸出→手爪下降→手爪松开的动作顺序，把小圆柱工件装入大工件中，装入动作完成后，向系统发出装配完成信号。机械手装配单元复位的同时，回转送料机构逆时针旋转 180°（左旋）回到原位；如果装配单元的料仓或料槽内没有小圆柱工件或工件不足，则向系统发出报警或预警信号。

(11) 输送单元机械手伸出并抓取该工件后，逆时针旋转 90°，电动机驱动机械手装置从装配单元向分拣单元运送工件，然后按机械手臂伸出→机械手臂下降→手爪松开放下工件→手臂缩回→返回原点的顺序返回到原点→顺时针旋转 90°。

(12) 当输送单元送来工件放到传送带上并为入料口光电传感器检测到时，即启动变频器，驱动传动电动机工作，运行频率为 10 Hz。传送带把工件带入分拣区，如果工件为白色，则该工件应被推到 1 号槽里，如果工件为黑色，则该工件应被推到 2 号槽中。当分拣气缸活塞杆推出工件并返回到位后，应向系统发出分拣完成信号。

(13) 仅当分拣单元分拣工作完成，并且输送单元机械手装置回到原点，系统的一个工作周期才认为结束。如果在工作周期没有按下过停止按钮，系统在延时 1 s 后开始下一周期工作。如果在工作周期曾经按下过停止按钮，系统工作结束，警示灯中黄色灯熄灭，绿色灯仍保持常亮。

3. 异常工作状态的处理

(1) 工件供给状态的信号警示

如果发生来自供料单元或装配单元的“工件不足够”的预报警信号或“工件没有”的报警信号，则系统动作如下：

1) 如果发生“工件不足够”的预报警信号警示灯中红色灯以 1 Hz 的频率闪烁，绿色和黄色灯保持常亮。系统继续工作。

2) 如果发生“工件没有”的报警信号，警示灯中红色灯以亮 1 s、灭 0.5 s 的方式闪烁；黄色灯熄灭，绿色灯保持常亮。

若“工件没有”的报警信号来自供料单元，且供料单元物料台上已推出工件，系统继续运行，直至完成该工作周期尚未完成的工作。当该工作周期结束，系统将停止工作，除非“工件没有”的报警信号消失，系统不能再启动。

若“工件没有”的报警信号来自装配单元，且装配单元回转台上已落下小圆柱工件，系统继续运行，直至完成该工作周期尚未完成的工作。当该工作周期工作结束，系统将停止工作，除非“工件没有”的报警信号消失，系统不能再启动。

（2）急停与复位

系统工作过程中按下输送单元的急停按钮，则输送单元立即停车。在急停复位后，应从急停前的断点开始继续运行。但若急停按钮按下时，机械手装置正在向某一目标点移动，则急停复位后输送站机械手装置应首先返回原点位置，然后再向原目标点运动。

二、YL—335 工作站 PLC 通信方式

PPI 协议是 YL—335 工作站 PLC 最基本的通信方式，通过原来自身的端口（PORT0 或 PORT1）就可以实现通信。PPI 协议是一种主—从协议通信，主—从站在同一个令牌环网中，主站发送要求到从站器件，从站器件响应；从站器件不发信息，只是等待主站的要求并对要求作出响应。如果在用户程序中使用 PPI 主站模式，就可以在主站程序中使用网络读写指令来读写从站信息。YL—335 各工作站 PLC 实现 PPI 通信的步骤如下：

1. 对网络上每一台 PLC，设置其系统块中的通信端口参数，对用作 PPI 通信的端口（PORT0 或 PORT1），指定其地址（站号）和波特率。设置后把系统块下载到该 PLC。

具体操作：运行个人电脑上的 STEP7 V4.0 程序，打开设置端口界面，如图 6—1—2 所示。利用 PPI/RS485 编程电缆单独地把输送单元 CPU 系统块里设置端口 0 为 1 号站，波特率为 19.2 千波特，如图 6—1—3 所示。同样方法设置供料单元 CPU 端口 0 为 2 号站，波特率为 19.2 千波特；加工单元 CPU 端口 0 为 3 号站，波特率为 19.2 千波特；装配单元 CPU 端口 0 为 4 号站，波特率为 19.2 千波特；最后设置分拣单元 CPU 端口 0 为 5 号站，波特率为 19.2 千波特。分别把系统块下载到相应的 CPU 中。

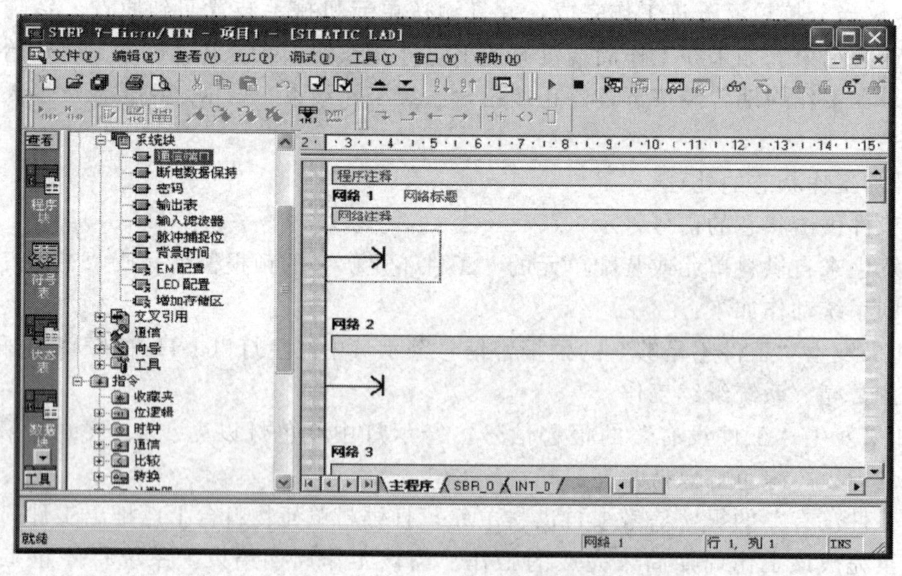

图 6—1—2　打开设置端口画面

2. 利用网络接头和网络线把各台 PLC 中用作 PPI 通信的端口 0 连接，所使用的网络接头中，2＃～5＃站用的是标准网络连接器，1＃站用的是带编程接口的连接器。该编程口通

过 RS—232/PPI 多主站电缆与个人计算机连接。然后利用 STEP7 V4.0 软件和 PPI/RS485 编程电缆搜索出 PPI 网络的 5 个站。如图 6—1—4 所示。

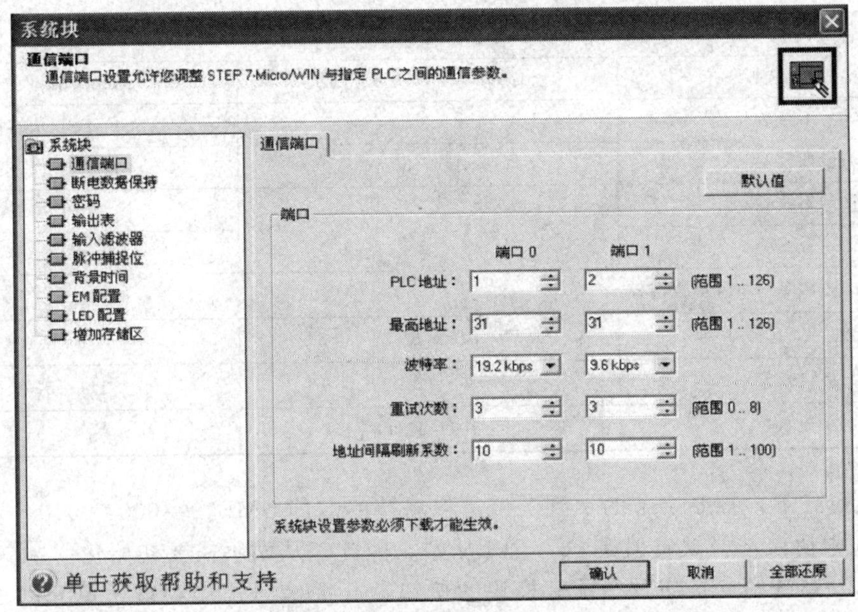

图 6—1—3　设置输送单元 PLC 端口 0 参数

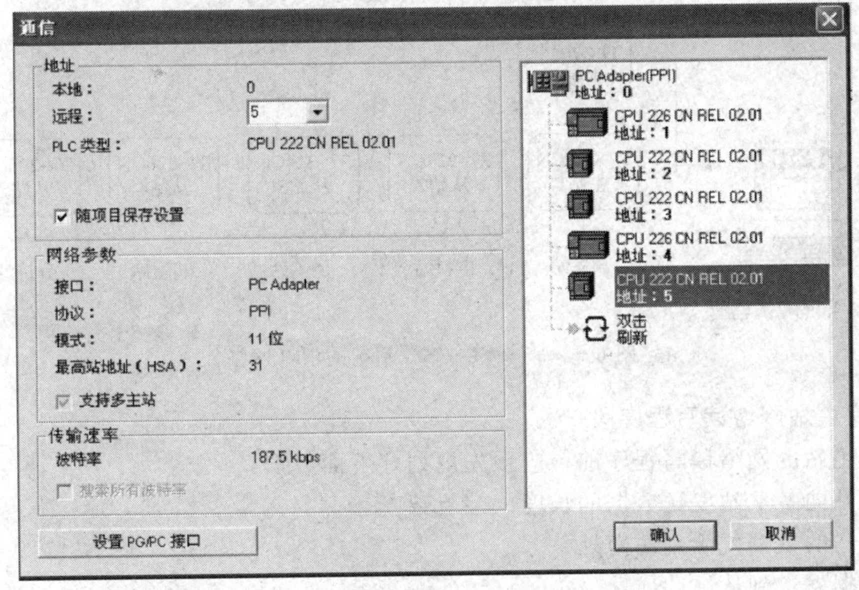

图 6—1—4　PPI 网络上的 5 个站

图 6—1—4 表明，5 个站已经完成 PPI 网络连接。

3. PPI 网络中主站（输送单元）PLC 程序中，必须在上电第 1 个扫描周期，用特殊存储器 SMB30 指定其主站属性，从而使能主站 PLC 处于主站模式。SMB30 是 S7—200 PLC PORT—0 自由通信口的控制字节，各位表达的意义见表 6—1—1。

表 6—1—1　　　　**SMB30 各位表达的意义**

<table>
<tr><td>bit7</td><td>bit6</td><td>bit5</td><td>bit4</td><td>bit3</td><td>bit2</td><td>bit1</td><td>bit0</td></tr>
<tr><td>p</td><td>p</td><td>d</td><td>b</td><td>b</td><td>b</td><td>m</td><td>m</td></tr>
<tr><td colspan="3">pp：校验选择</td><td colspan="3">d：每个字符的数据位</td><td colspan="2">mm：协议选择</td></tr>
<tr><td colspan="3">00＝不校验</td><td colspan="3">0＝8 位</td><td colspan="2">00＝PPI/从站模式</td></tr>
<tr><td colspan="3">01＝偶校验</td><td colspan="3">1＝7 位</td><td colspan="2">01＝自由口模式</td></tr>
<tr><td colspan="3">10＝不校验</td><td colspan="3"></td><td colspan="2">10＝PPI/主战模式</td></tr>
<tr><td colspan="3">11＝奇校验</td><td colspan="3"></td><td colspan="2">11＝保留（未用）</td></tr>
<tr><td colspan="8">bbb：自由口波特率（单位：波特）</td></tr>
<tr><td colspan="3">000＝38400</td><td colspan="3">011＝4800</td><td colspan="2">110＝115.2 k</td></tr>
<tr><td colspan="3">001＝19200</td><td colspan="3">100＝2400</td><td colspan="2">111＝57.6 k</td></tr>
<tr><td colspan="3">010＝9600</td><td colspan="3">101＝1200</td><td colspan="2"></td></tr>
</table>

在 PPI 模式下，控制字节的 2 到 7 位是忽略掉的。即 SMB30＝0000 0010，定义 PPI 主站。SMB30 中协议选择缺省值是 00＝PPI 从站，因此，从站不需要初始化。

YL—335 系统中，按钮及指示灯模块的按钮、开关信号连接到输送单元的 PLC（S7—226 CN）输入口，以提供系统的主令信号。因此在网络中输送站是指定为主站的，其余各站均指定为从站。图 6—1—5 所示为 YL—335 系统的 PPI 网络。

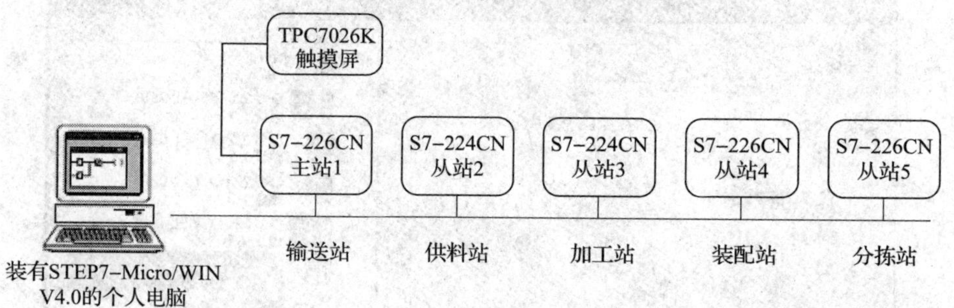

图 6—1—5　YL—335 系统的 PPI 网络

4. 编写主站网络读写程序段

在编写主站的网络读写程序前，应预先规划好下面数据：

（1）主站向各从站发送数据的长度（字节数）。

（2）发送的数据位于主站何处。

（3）数据发送到从站的何处。

（4）主站从各从站接收数据的长度（字节数）。

（5）主站从从站的何处读取数据。

（6）接收到的数据放在主站何处。

以上数据，应根据系统工作要求，信息交换量等统一筹划。考虑 YL—335 系统中，各工作站 PLC 所需交换的信息量不大，主站向各从站发送的数据只是主令信号，从从站读取的也只是各从站状态信息，发送和接收的数据均 1 个字（2 个字节）已经足够。作为例子，所规划的数据见表 6—1—2。

表 6—1—2　　网络读写数据规划实例

输送站 1#站（主站）	供料站 2#站（从站）	加工站 3#站（从站）	装配站 4#站（从站）	分拣站 5#站（从站）
发送数据的长度	2 字节	2 字节	2 字节	2 字节
从主站何处发送	VB1000	VB1000	VB1000	VB1000
发往从站何处	VB1000	VB1000	VB1000	VB1000
接收数据的长度	2 字节	2 字节	2 字节	2 字节
数据来自从站何处	VB1010	VB1010	VB1010	VB1010
数据存到主站何处	VB1200	VB1204	VB1208	VB1212

网络读写指令可以向远程站发送或接收 16 个字节的信息，在 CPU 内同一时间最多可以有 8 条指令被激活。YL—335 系统有 4 个从站，因此考虑同时激活 4 条网络读指令和 4 条网络写指令。根据上述数据，即可编制主站的网络读写程序。但更简便的方法是借助网络读写向导程序。这一向导程序可以快速简单地配置复杂的网络读写指令操作，为所需的功能提供一系列选项。一旦完成，向导将为所选配置生成程序代码。并初始化指定的 PLC 为 PPI 主站模式，同时使能其网络读写操作。

要启动网络读写向导程序，在 STEP7 V4.0 软件命令菜单中选择“工具”→“指令向导”，并且在指令向导窗口中选择 NETR/NETW（网络读写），单击“下一步”后，就会出现 NETR/NETW 指令向导界面，如图 6—1—6 所示。

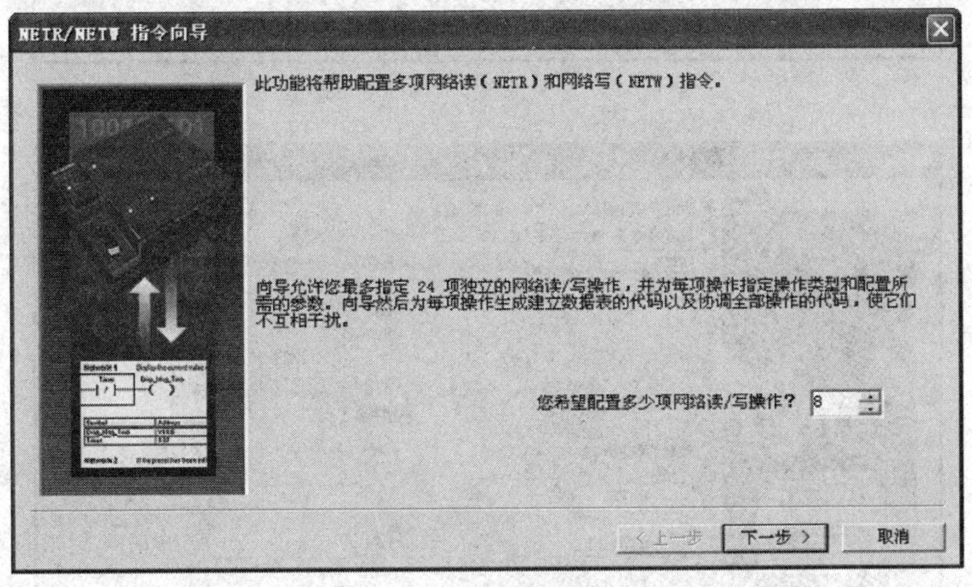

图 6—1—6　NETR/NETW 指令向导界面

本界面和紧接着的下一个界面，将要求用户提供希望配置的网络读写操作总数、指定进行读写操作的通信端口、指定配置完成后生成的子程序名字，完成这些设置后，将进入对具体每一条网络读或写指令的参数进行配置的界面。

在本例中，8 项网络读写操作如下安排：第 1～4 项为网络写操作，主站向各从站发送数据。第 5～8 项为网络读操作，主站读取各从站数据。图 6—1—7 为第 1 项操作配置界面，选择 NETW 操作，按表 6—1—7，主站（输送站）向各从站发送的数据都位于主站 PLC 的 VB1000～VB1001 处，所有从站都在其 PLC 的 VB1000～VB1001 处接收数据。所以前 4 项填写都是相同的，仅站号不一样。

完成前 4 项数据填写后，再单击“下一项操作”，进入第 5 项配置，5～8 项都是选择网络读操作，按表 6—1—7 中各站规划逐项填写数据，直至 8 项操作配置完成。图 6—1—8 是对 2＃从站（供料单元）的网络读操作配置。

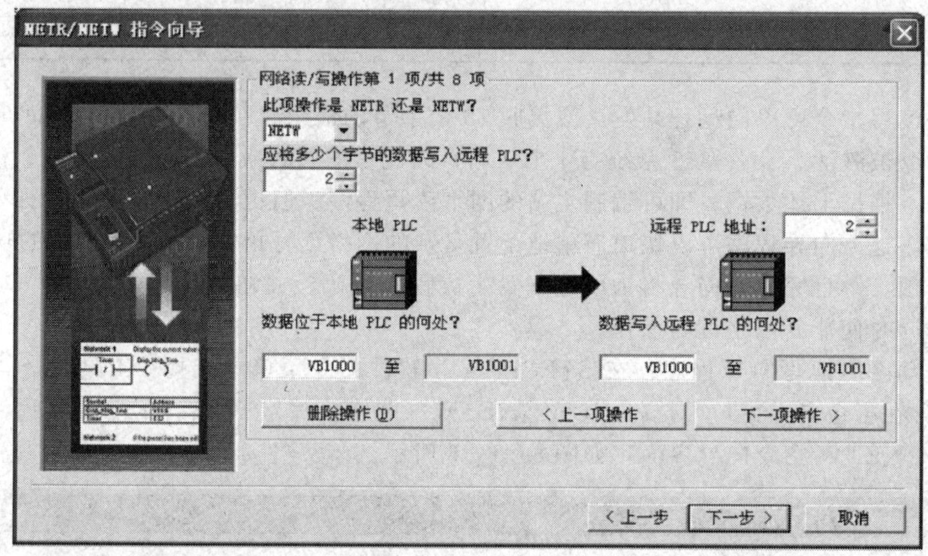

图 6—1—7　对供料单元的网络写操作

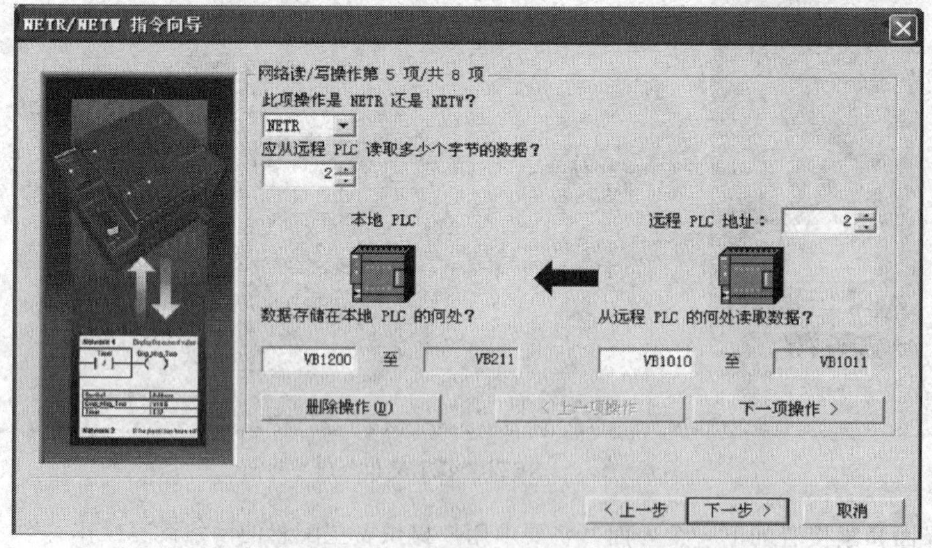

图 6—1—8　对供料单元的网络读操作

8 项配置完成后，单击“下一步”，向导程序将要求指定一个 V 存储区的起始地址，以便将此配置放入 V 存储区。这时若在选择框中填入一个 VB 值（例如，VB1000），单击“建议地址”，程序自动建议一个大小合适且未使用的 V 存储区地址范围。如图 6—1—9 所示。

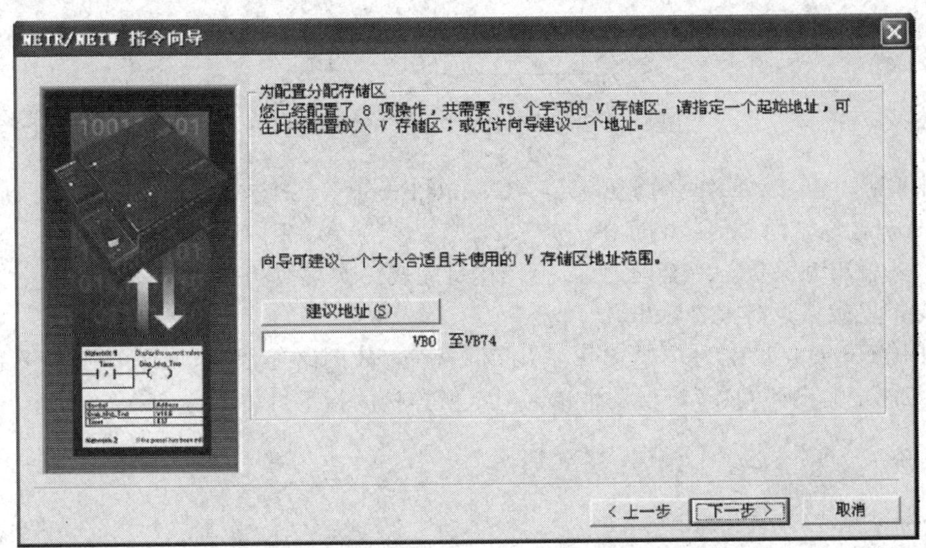

图 6—1—9　为配置分配存储区

单击“下一步”，全部配置完成，向导将为所选的配置生成项目组件，如图 6—1—10 所示。修改或确认图中各栏目后，点击“完成”，借助网络读写向导程序配置网络读写操作的工作结束。这时，指令向导界面将消失，程序编辑器窗口将增加 NET _ EXE 子程序标记。

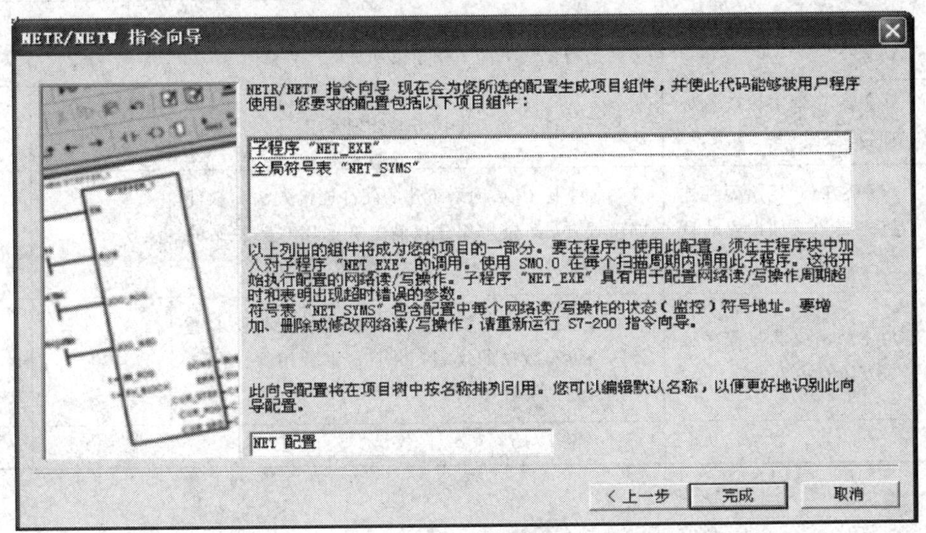

图 6—1—10　生成项目组件

要在程序中使用上面所完成的配置，须在主程序块中加入对子程序“NET _ EXE”的调用。使用 SM0.0 在每个扫描周期内调用此子程序，这将开始执行配置的网络读/写操作。梯形图如图 6—1—11 所示。

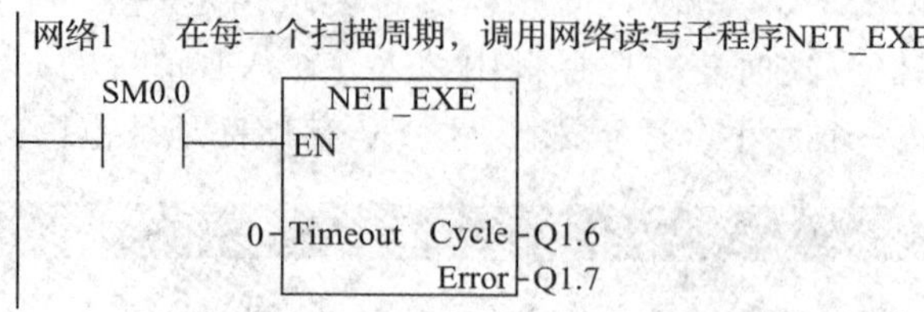

图 6—1—11　子程序 NET _ EXE 的调用

由图可见，NET _ EXE 有 Timeout、Cycle、Error 等几个参数，它们的含义如下：

Timeout：设定的通信超时时限，1～32 767 s，若=0，则不计时。

Cycle：输出开关量，所有网络读/写操作每完成一次切换状态。

Error：发生错误时报警输出。

本例中 Timeout 设定为 0，Cycle 输出到 Q1. 6，故网络通信时，Q1. 6 所连接的指示灯将闪烁。Error 输出到 Q1. 7，当发生错误时，所连接的指示灯将亮。

任务评价

评分标准见表 6—1—3。

表 6—1—3　　**评分标准**

序号	考核内容	评分标准	配分	得分
1	系统单站运行模式的认知	理解系统单站运行模式定义；掌握 5 个工作单元在单站运行模式下的各自的工作要求	10	
2	系统全线运行模式的认知	理解系统全线运行模式定义；掌握系统在全线单站运行模式下的工作要求和具体流程	20	
3	系统异常工作状态处理的认知	掌握系统异常工作状态的处理要求	10	
4	系统 PLC 网络硬件连接方法和软件设置的认知	熟练掌握 PLC 网络组建的硬件连接方法和软件的设置方法，能够组建以输送单元 PLC 为主站的 PLC 网络	30	
5	主站网络读写程序编写方法的认知	熟练掌握根据系统全线运行模式的控制要求进行网络读写数据的规划，并且能够使用软件向导进行网络读写程序的编写	30	
		合计总分	100	

思考与练习

1. 详述 YL—335 系统整体控制时的工作任务过程。

2. 完成西门子 PPI 网络的硬件连接和软件设置，组建 PLC 网络。使用网络向导生成 YL—335 系统网络读写程序。

任务 2　系统整体控制

技能点

◎ YL—335 系统的整体安装

◎ YL—335 系统的整体编程

知识点

◎ YL—335 系统的网络控制方案

◎ YL—335 系统的网络控制的 PLC 编程

任务提出

输送单元是 YL—335 自动生产线中的核心单元，其控制 PLC 在整个 PLC 网络中作为主站出现。系统的整体控制任务是通过西门子 PLC 网络来实现的，这其中作为主站的输送单元 PLC 起到了主要的控制作用。

本任务为认知 YL—335 自动化生产线输送单元在整个自动生产线中的控制过程。

任务分析

要完成本任务，需要了解整体系统安装和 PLC 控制程序的编写。

任务实施

一、整体系统安装

YL—335 系统各工作单元的机械安装、气路连接及调整、电气接线等，其工作步骤和注意事项在前面各分项目中已经叙述过，这里不再重复。

1. 确定安装基点

系统整体安装时，必须确定各工作单元的安装定位，为此首先要确定安装的基准点，即从铝合金桌面右侧边缘算起。图 6—2—1 指出了基准点到原点距离（*X* 方向）为 310 mm，这一点应首先确定。然后根据以下几点确定各工作单元在 *X* 方向的位置：原点位置与供料单元出料台中心沿 *X* 方向重合；供料单元出料台中心至加工单元加工台中心距离 430 mm；加工单元加工台中心至装配单元装配台中心距离 350 mm；装配单元装配台中心至分拣单元进料口中心距离 560 mm。

由于工作台的安装特点，原点位置一旦确定后，输送单元的安装位置即确定。

2. 安装步骤

(1) 完成输送单元装置侧的安装。包括直线运动组件、抓取机械手装置、拖链装置、电磁阀组件、装置侧电气接口等安装；以及抓取机械手装置上各传感器引出线、连接到各气缸的气管沿拖链的敷设和绑扎；连接到装置侧电气接口的接线；单元气路的连接等。

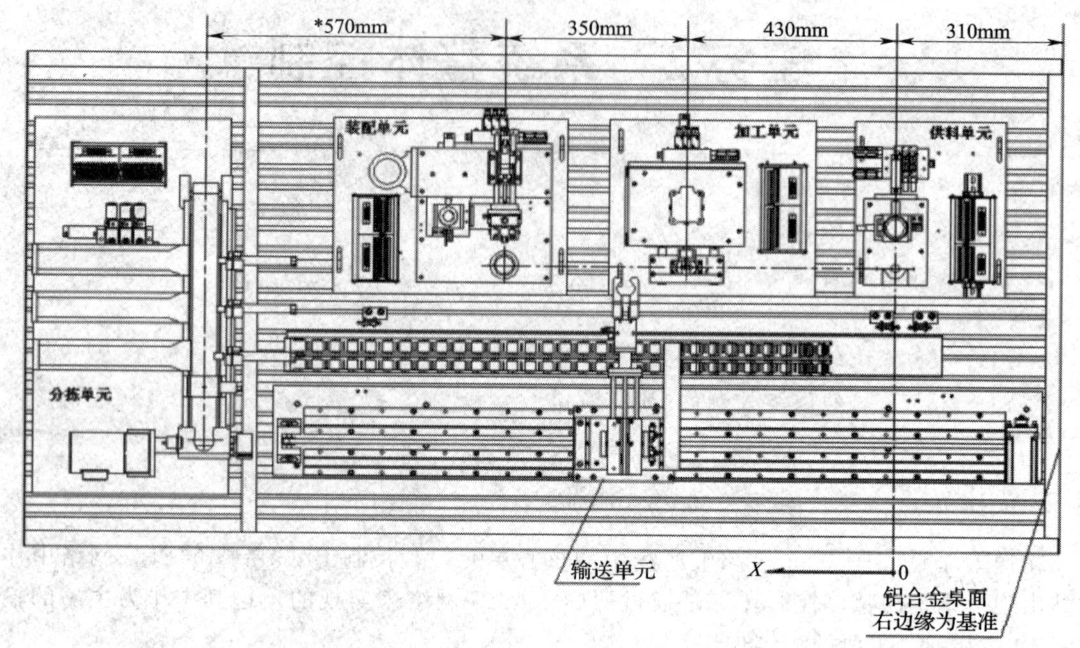

图 6—2—1 YL—335 自动生产线设备俯视图

(2) 供料、加工和装配等工作单元在完成其装置侧的装配后，在工作台上定位安装。沿 Y 方向的定位，以输送单元机械手在伸出状态时，能顺利在它们的物料台上抓取和放下工件为准。这三个单元在 X 方向的定位通过输送单元的定位来实现。

(3) 分拣单元在完成其装置侧的装配后，在工作台上定位安装。沿 Y 方向的定位，应使传送带上进料口中心点与输送单元直线导轨中心线重合，沿 X 方向的定位，应确保输送单元机械手运送工件到分拣单元时，能准确地把工件放到进料口中心上。

需要指出的是，在安装工作完成后，必须进行必要的检查、局部试验的工作，确保及时发现问题。在投入全线运行前，应清理工作台上残留线头、管线、工具等，养成良好的职业素养。

二、有关参数的设置和测试

本任务作为整个系统的综合连接调试，在电气接线完成后，应该进行整个生产线中所用变频器、步进驱动器或伺服驱动器等设备有关参数的设定，并现场测试旋转编码器的脉冲当量。上述工作，已在前面各分项目作了详细的介绍，这里不再重复。

三、PLC 控制程序的编写

YL—335 系统是一个分布式控制的自动生产线，在编写整体控制程序时，应首先从系统性着手，规划通信数据，使系统组织起来。然后根据各工作单元的工艺任务，分别编制各工作站的控制程序。

1. 规划通信数据

根据前述项目及控制要求，确定通信数据见表 6—2—1 至表 6—2—3。

表 6—2—1　　输送站（1＃站）发送缓冲区数据位定义

位地址	数据意义	位地址	数据意义
V1000.0	启动	V1001.0	加工站限制加工
V1000.1	停止	V1001.1	装配站限制装配
V1000.2	急停		
V1000.3	到达加工站		
V1000.4	到达装配站		
V1000.5	警示灯绿		
V1000.6	警示灯红		
V1000.7	警示灯橙		

表 6—2—2　　输送站（2＃站）接收缓冲区数据位定义（数据来自供料站）

输送站位地址	供料站位地址	数据意义
V1200.0	V1010.0	供料站物料不够
V1200.1	V1010.1	供料站物料有无
V1200.2	V1010.2	供料站物料台有无物料

表 6—2—3　　输送站（3＃站）接收缓冲区数据位定义（数据来自加工站）

输送站位地址	加工站位地址	数据意义
V1204.0	V1010.0	加工站物料台有无物料
V1204.1	V1010.1	加工站加工完成

2. 从站单元控制程序的编写

YL—335 系统各工作单元在单站运行时的编程思路，在前面各项目中均作了介绍。在联机运行情况下，由工作任务书规定的各从站工艺过程是基本固定的，原单站程序中工艺控制子程序基本变动不大。在单站程序的基础上修改、编制联机运行程序，实现上并不太困难。只要将单站运行方式下的启动停止子程序中的启停按钮信号改为网络信号来进行控制即可。下面首先以各个从站单元的联机编程为例说明编程思路。

联机运行情况下的主要变动，一是在运行条件上有所不同，主令信号来自系统通过网络下传的信号；二是各工作站之间通过网络不断交换信号，由此确定各站的程序流向和运行条件。

在程序中处理工作单元之间通过网络交换信息的方法有两种，一是直接使用网络下传来的信号，同时在需要上传信息时立即在程序的相应位置插入上传信息，例如直接使用系统发来的全线运行指令（V1000.0）作为联机运行的主令信号（见图 6—2—2）。

而在需要上传信息时，例如在供料单元启动停止子程序中，将需要上传给主站输送单元的 V1010.0、V1010.1、V1010.2 等信息直接在程序中进行处理，然后由主站所配置的网络读写程序来进行读取。

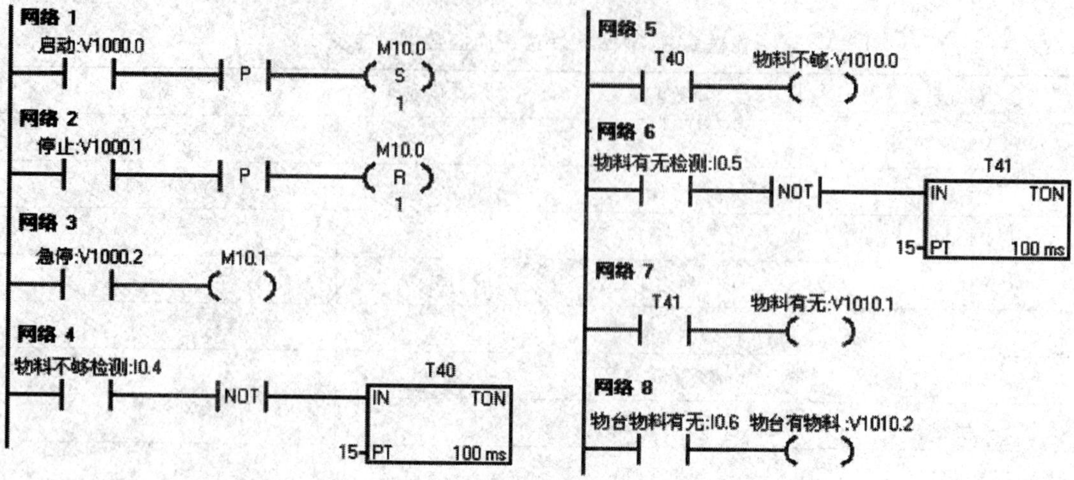

网络 1
启动:V1000.0
P
M10.0
S
1
网络 2
停止:V1000.1
P
M10.0
R
1
网络 3
急停:V1000.2
M10.1
网络 4
物料不够检测:I0.4
NOT
T40
IN
TON
15-PT
100 ms
网络 5
T40
物料不够:V1010.0
网络 6
物料有无检测:I0.5
NOT
T41
IN
TON
15-PT
100 ms
网络 7
T41
物料有无:V1010.1
网络 8
物台物料有无:I0.6
物台有物料:V1010.2

图 6—2—2 供料单元网络控制方式下启动停止子程序

同理，加工单元启动停止子程序也更改如图 6—2—3 所示。

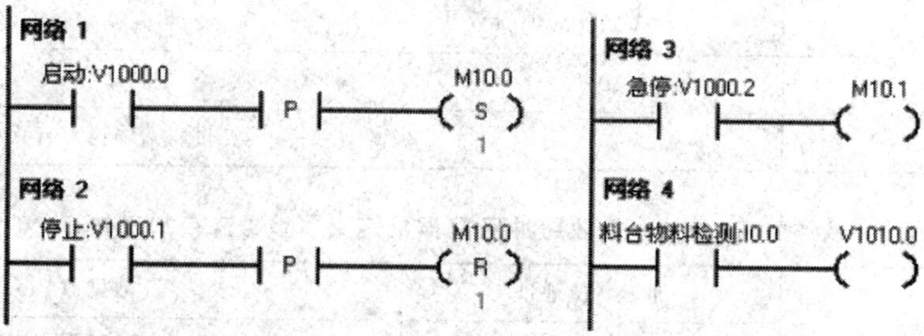

网络 1
启动:V1000.0
P
M10.0
S
1
网络 2
停止:V1000.1
P
M10.0
R
1
网络 3
急停:V1000.2
M10.1
网络 4
料台物料检测:I0.0
V1010.0

图 6—2—3 加工单元网络控制方式下启动停止子程序

在加工控制子程序最后工步，当一次加工完成，冲压气缸缩回到位时，物料台伸出到位后，夹紧气缸松开后，即向系统发出持续 1 s 的加工完成信号，然后返回初始步。系统在接收到加工完成信号后，即指令输送单元机械手前来抓取工件。从而实现了网络信息交换。加工控制子程序最后工步的梯形图如图 6—2—4 所示。

网络 13
S0.4
SCR
网络 14 加工完成信号回馈，并延时1秒
SM0.0
V1010.1
T37
IN
TON
+10-PT
100 ms
网络 15 返回加工第一个流程
T37
S0.1
SCRT
网络 16
SCRE

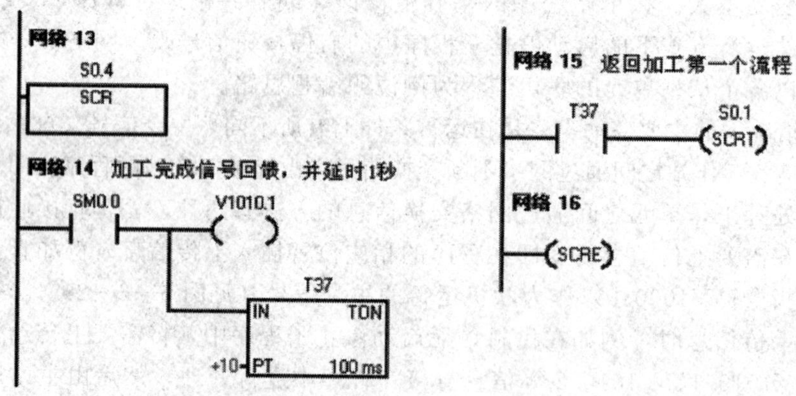

图 6—2—4 加工单元一次加工完成

装配单元启动停止子程序也更改为如图 6—2—5 所示。

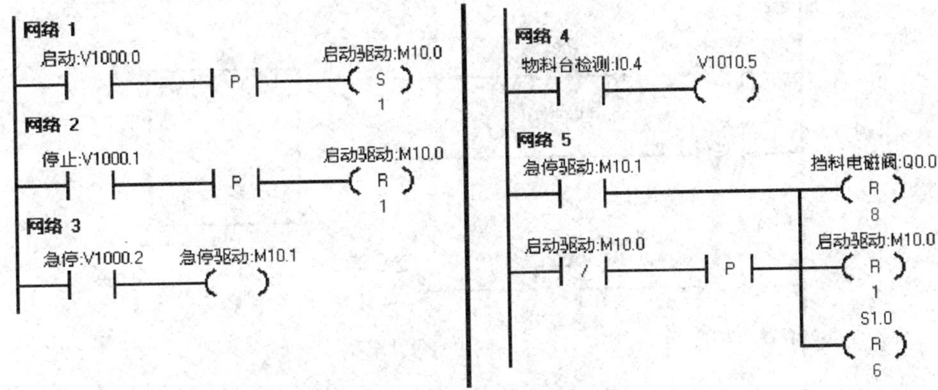

图 6—2—5　装配单元网络控制方式下启动停止子程序

同样，在装配单元抓料控制子程序最后装配完成时，也向系统发出持续 1 s 的装配完成信号，然后返回初始步。系统在接收到装配完成信号后，即指令输送单元机械手前来抓取工件，从而实现了网络信息交换。装配单元抓料控制子程序最后工步的梯形图如图 6—2—6 所示。

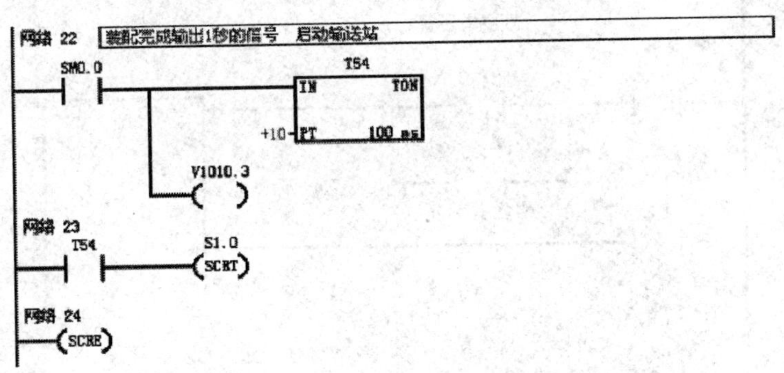

图 6—2—6　装配单元一次装配完成

在装配单元上还安装了红、黄、绿三色警示灯，是作为整个系统警示用的，它的动作取决于输送单元发送到网络上的系统状态信号，但具体动作方式则由本单元 PLC 程序控制，图 6—2—7 为装配单元指示灯控制程序，其主要控制信号来源于输送单元发送到网络上的系统状态信号。

最后，分拣单元启动停止子程序也更改为如图 6—2—8 所示。

对于网络信息交换量不大的系统，上述方法是可行的。如果网络信息交换量很大，则可采用另一方法，即专门编写一个通信子程序，主程序在每一扫描周期调用。这种方法使程序更清晰，更具有可移植性。

3. 主站单元控制程序的编写

输送单元的控制程序，应包括如下功能：

(1) 处理来自按钮/指示灯模块的主令信号和各从站的状态反馈信号，产生系统的控制信号，通过网络读写指令，向各从站发出控制命令。

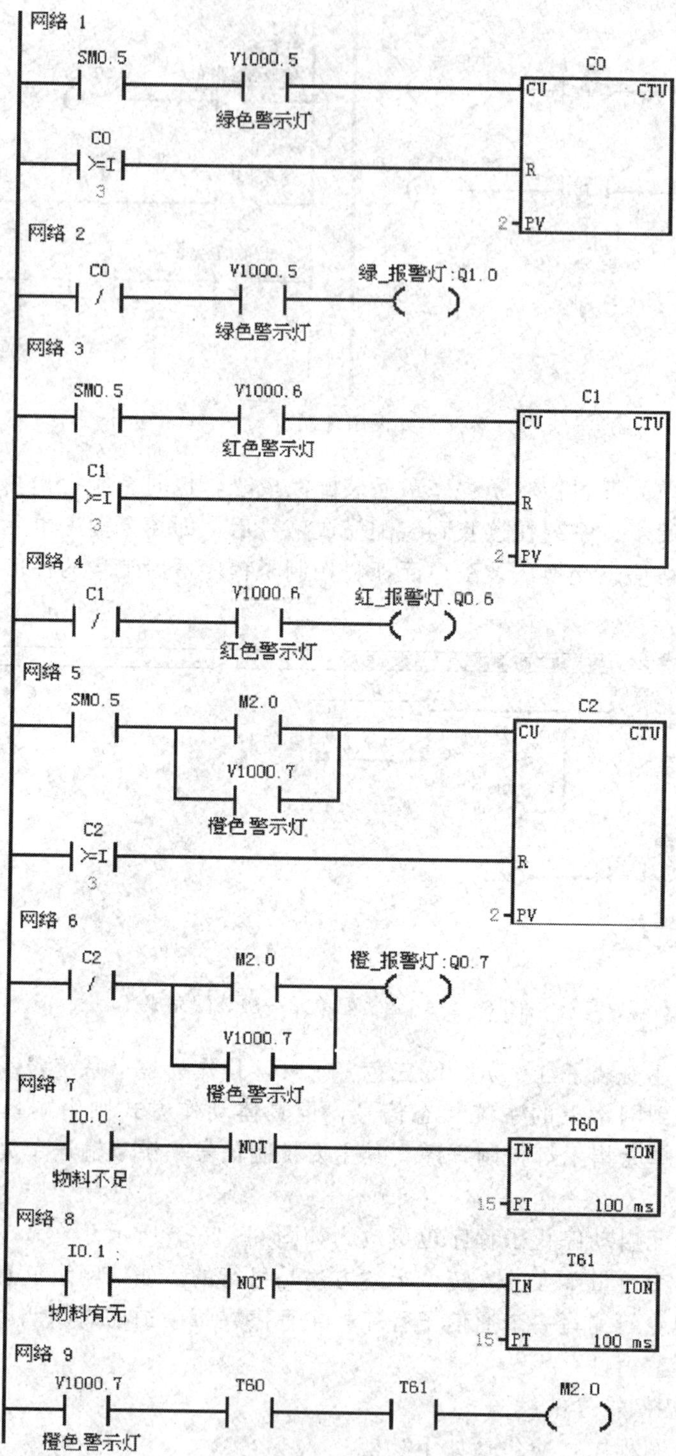

图 6—2—7　装配单元网络控制方式下指示灯控制子程序

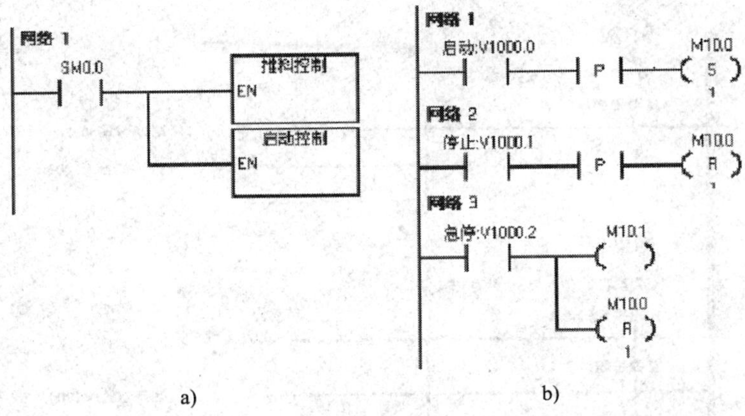

图 6—2—8　分拣单元网络控制方式下启动停止子程序

a）主程序梯形图　b）启动/停止子程序梯形图

（2）实现本工作站的工艺任务，包括步进电动机的定位控制和机械手装置的抓取、放下工件的控制。

（3）处理运行中途停车后（例如掉电、紧急停止等），复位到原点的操作。上述功能可通过编写相应的子程序，在主程序中调用实现，图 6—2—9 给出了输送单元主程序的梯形图。

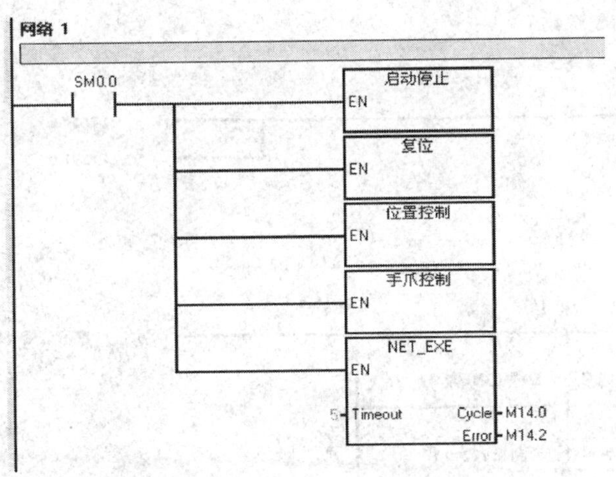

图 6—2—9　输送单元主程序

网络读写子程序 NET _ EXE 是借助 STEP7 V4.0 软件的指令向导生成的项目组件，在 PLC 的每一个扫描周期调用这个子程序，完成网络读写功能。NET _ EXE 的 2 个输出参数 Cycle 和 Error 分别传送到位元件 M14.0 和 M14.1，当网络正常读写时，M14.0 ON，通信错误时 Error ON。启动停止子程序、复位子程序、位置控制子程序清单分别如图 6—2—10 至图 6—2—12 所示。

输送站的工艺控制，主要是步进电动机的定位和机械手装置的抓取、放下工件的控制，是一个顺序控制过程。但复位、急停、左右极限越程等信号的输入都会中断顺控流程。为方便顺控程序的编写，单独编写一个位置控制子程序，完成 PTO 启动、复位、急停、左右极限越程等使脉冲输出停止的过程。位置控制子程序清单如图 6—2—12 所示。

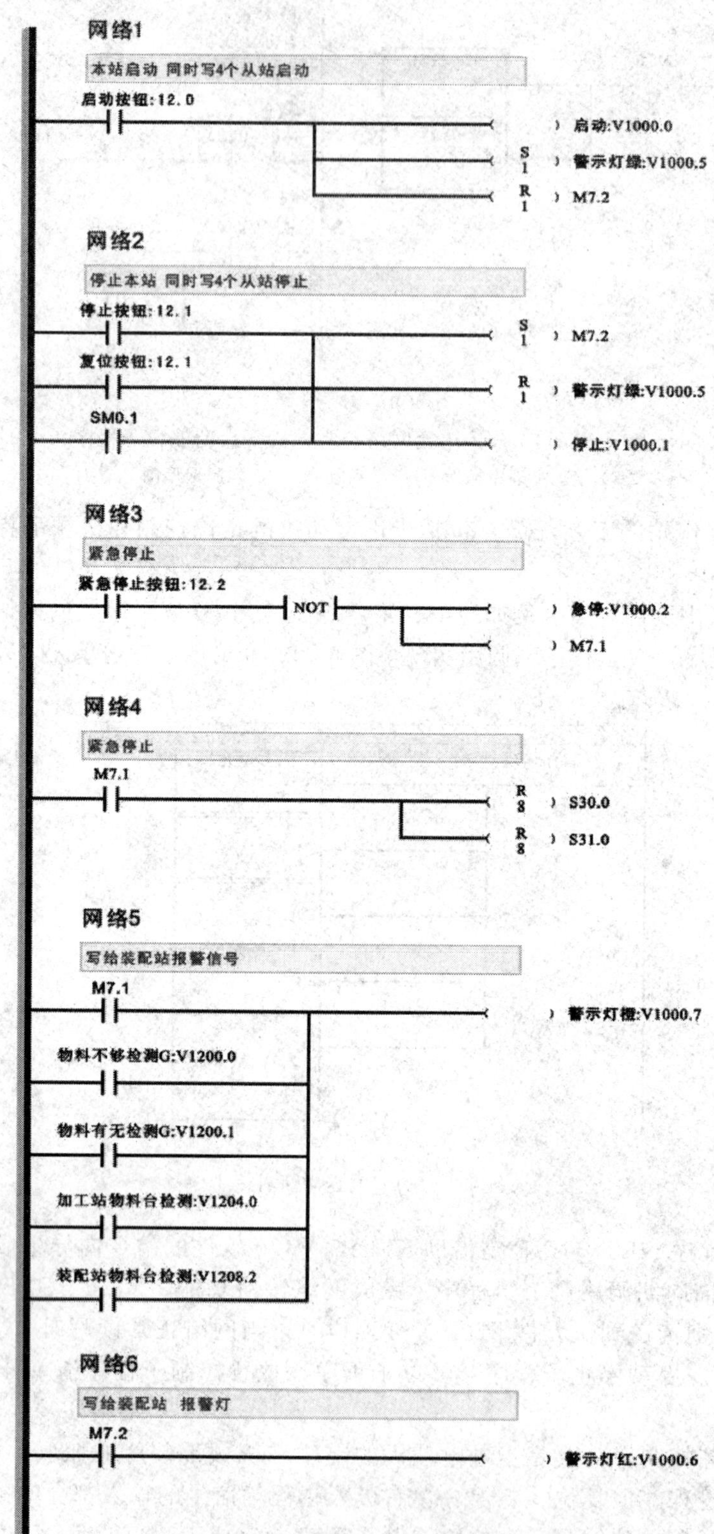

图 6—2—10 输送单元启动停止子程序

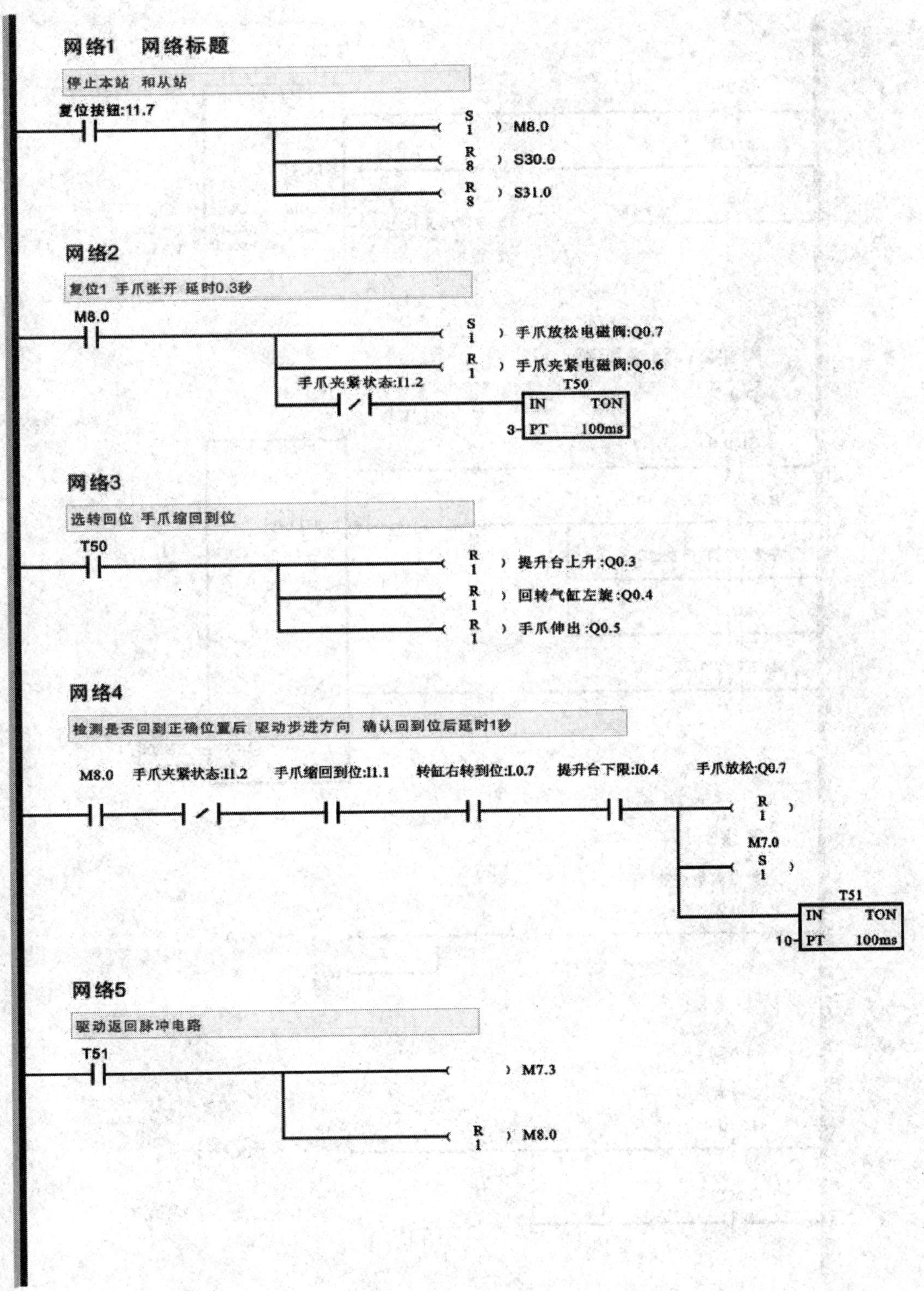

图 6—2—11　输送单元复位子程序

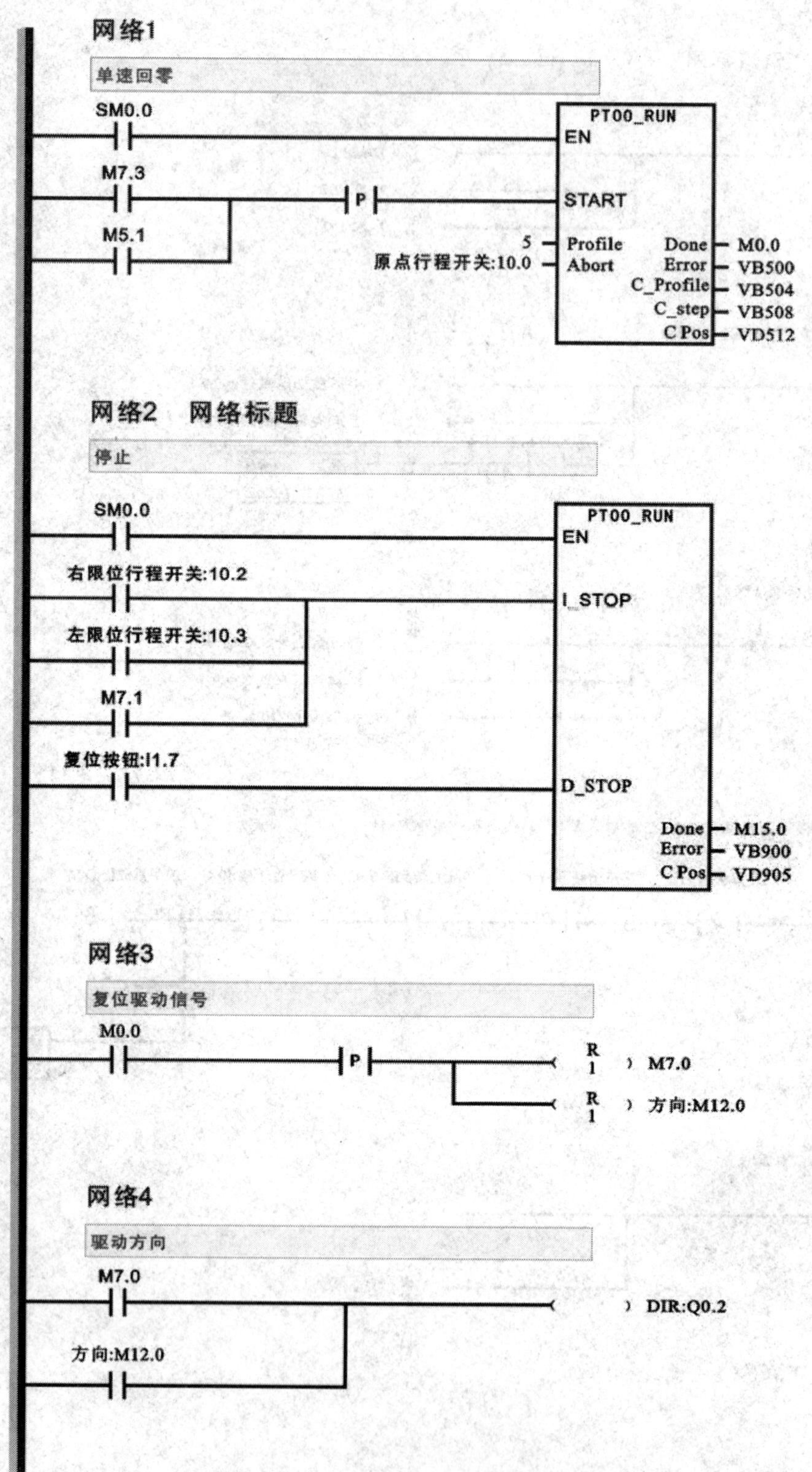

图 6—2—12 输送单元位置控制子程序

输送单元手爪控制子程序如图 6—2—13 所示。

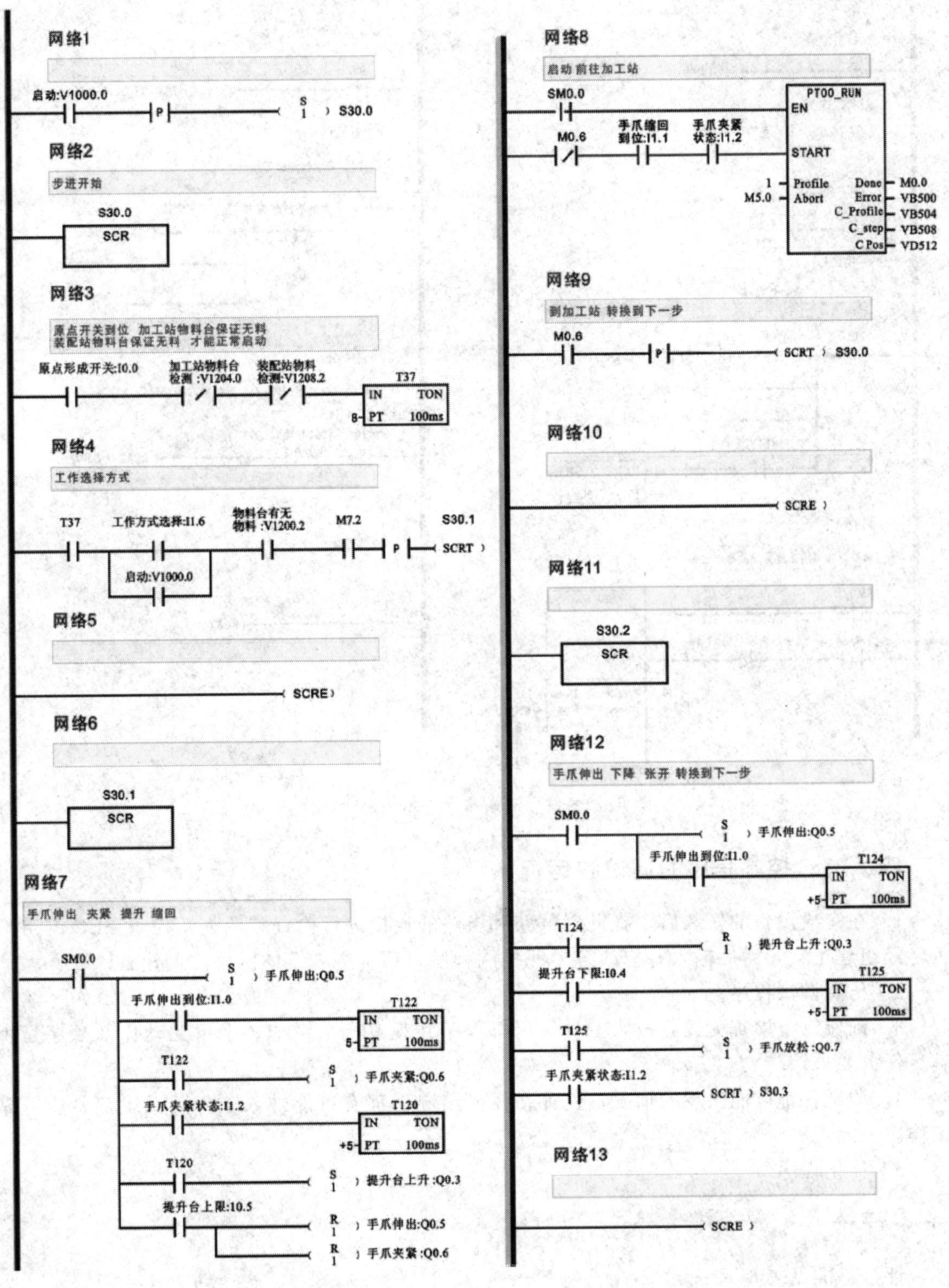

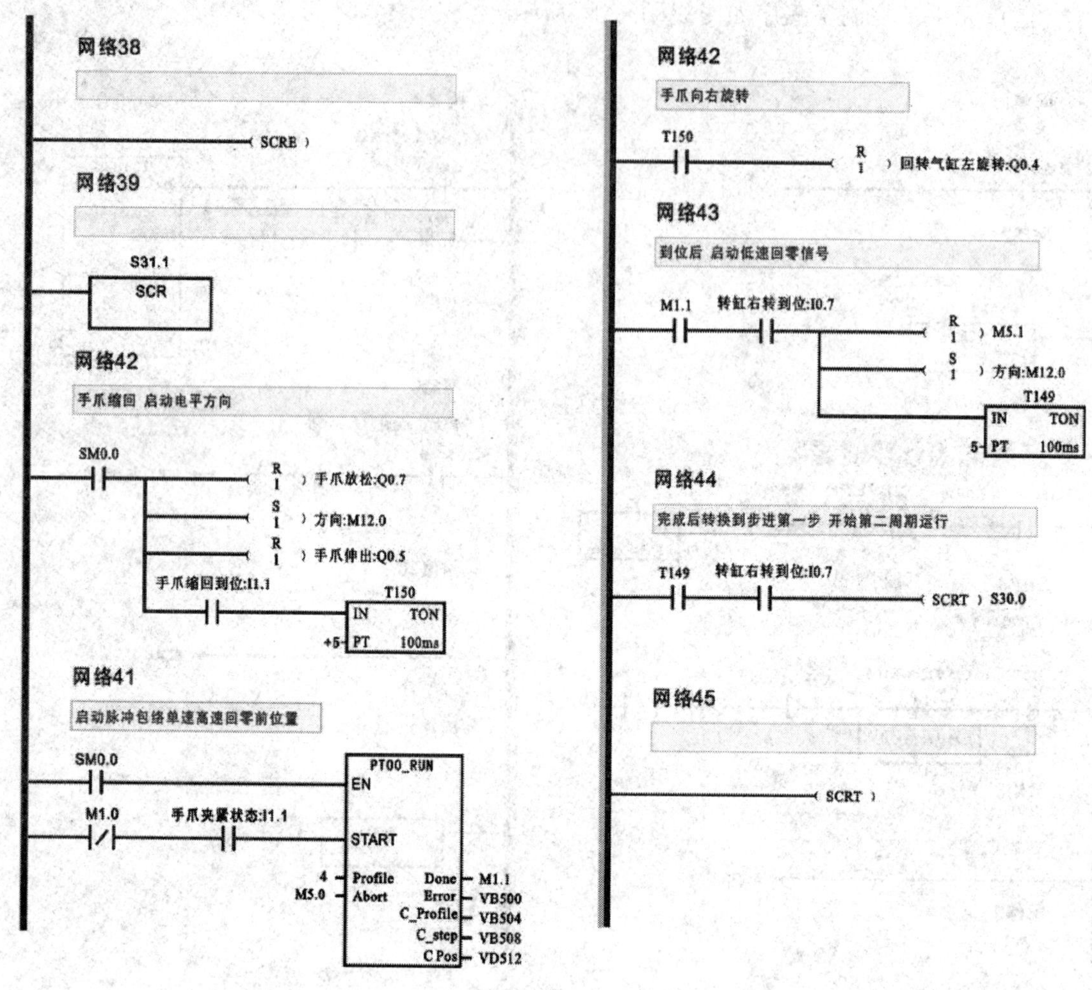

图 6—2—13　输送单元手爪控制子程序

四、PLC 控制程序的调试和运行

1. 在完成设备的安装后，在此对气路和电路的连接进行检查和调整，检查 PLC 网络是否已经组建正常，然后输入并修改各单元控制程序，系统进入整体网络控制模式。

2. 仿真调试程序。

3. 确保以上检查无误，放入工件，运行程序并观察整个系统各个单元动作及顺序是否满足任务要求。

4. 调试各种可能出现的情况，例如在任何情况下都有可能加入工件，系统都要能可靠工作。

5. 优化程序。

任务评价

评分标准见表 6—2—4。

表 6—2—4　　评分标准

序号	考核内容	评分标准	配分	得分
1	职业素养与安全意识	现场操作安全保护符合安全操作规程；工具摆放、包装物品等的处理符合职业岗位的要求	10	
2	团队协作与敬业精神	团队有分工、有合作，配合紧密；遵守纪律，尊重教师，爱惜设备和器材，保持工位的整洁	10	
3	PLC 控制程序的编写	能根据本系统网络控制要求完成 PLC 程序的设计；能熟练使用编程软件完成程序的编写和下传；程序逻辑正确，能实现控制功能	40	
4	PLC 控制程序的调试和运行	能正确检查系统电气回路与气动回路的总体连接；能够正确启动运行程序，并对程序进行监控和调试；能够排查程序中或线路连接中出现的问题，能尽快排除故障；能对程序进行优化	40	
	合计总分		100	

思考与练习

1. PLC 程序的调试中应该注意哪些问题？

2. 按照系统网络控制要求完成各个从站单元程序的改写，主要是各从站启动停止程序的改写。

3. 优化输送单元 PLC 控制程序并进行调试运行，验证整个系统在网络控制模式下能否正常连续运行。